孙潜 主编

程智鹏 鄢春梅 副主编

文化造园

孟兆桢 题字

中国林业出版社

第 2 页 共 页

水园，北宋创造了古代文化的高峰。元、明、清逐渐衰落。所以文化园是中国历史传承发展必立的结果。中华民族风景园林特色之一就是素面文心，"天人合一"的宇宙观和文化总纲使中国文学的境界是"物我交融"，使中国绘画的境界是"贵在似与不似之间"，与此密清，山水画有千丝万缕影响关系的中国风景园林造筑的境界影响着"虽由人作，宛自天开"了。讲究意境艺术，文化便在游览中生动自立地传承了。通过题名、额题、楹联和摩崖石刻等多种方术使用下来，建立了设计者与游览者心灵交流的平台。

"文化遗园"是在主编引领下的集体创作，博采众长而融为一体。引古纪今，图文并茂，内容十分丰富，论述也很清晰，由于有图版和些先佐证，可以深入浅懂，不足之处还望广大读者指正。我有诗赞中国风景园林的小作，含诸于后，广求指正。

综合效益化诗篇　　　　素面文心人调天
相地借景彰地宜　　　　意以境出美若仙

孟 兆桢

祝贺《文化造园》付梓发行

在中华民族文化大复兴时，中国梦就是综合国力的创新性提高，作为综合国力的组成部分——中国风景园林要融汇到中国梦中求索与时俱进的发展，以中华民族风景园林之特色屹立于世界民族园林之林。

我们学科在古书方面的专著不多，而相关的古书却浩如烟海，今书逐渐多起来了，但涉及文化的专业书又不多，因此《文化造园》的出版就有特殊的意义了。在此，我以中国风景园林学会名誉理事长的名义，对本书付梓发行致以同业诚挚的祝贺，并对参与该书工作的所有人员表示深深的感谢，感谢你们为中国风景园林的文库添砖加瓦。

文化者以人文化天下也。人类的文化伴随人类的产生而产生，自夏禹治水便有山水文化，东晋陶渊明创作了田园诗发展为山水诗，魏晋出现山水画，至南朝刘宋宗炳已有以山水为主题的山水画和理论，唐宋有了成熟的文人写意自然山水园，北宋创造了古代文化的高峰，元、明、清逐渐完善，所以文化造园是中国历史传承发展必然的结果。中华民族风景园林的特色之一就是"景面文心"。"天人合一"的宇宙观和文化总纲使中国文学的境界"物我交融"，使中国绘画的境界"贵在似与不似之间"，那么与山水诗、山水画有千丝万缕影响关系的中国风景园林追求的境界，当然就是"虽由人作，宛自天开"了。讲究"寓教于景"，文化便在游览中生动自然地传承了，通过景名、额题、楹联和摩崖石刻等多种方式传承下来，建立了设计者与游览者心灵交流的平台。

《文化造园》是在主编引导下的集体创作，博采众长而融为一体，引古论今，图文并茂，内容十分丰富，论述也很清晰。由于有图纸和照片佐证，可以让人读懂，不足之处还望广大读者指正。我有诗赞中国风景园林的小作，公诸于众，广求指正：

综合效益化诗篇，
景面文心人调天。
相地借景彰地宜，
景以境出美若仙。

孟兆桢

二〇一四年五月，于北京

Part I 第一部分 文化与园林
Culture and Gardens

10   论文化造园/孙潜

16   在融合中暗涌的情怀——中西方文化对当代园林景观实践的影响/程智鹏 邓涵

24   文化·印象——对具有文化内涵的景观设计的理解与思考/夏靖

30   庖丁解牛——西班牙风格景观小探/邓涵 程智鹏

40   文化造园：深圳人本园林新流派/周庆 程智鹏 张信思 吴宛霖

46   深圳园林的回顾与展望/张信思

49   花文化的灿烂明珠——深圳市迎春花市/姚建成

54   从主题景观到主题城市——论文化在城市景观中的应用/郑建平 肖家亮 何丽

60   论丰富和发展深圳城市公园的文化内涵/王菊萍 谢良生

64   城市公园的文化表达策略——以深圳市莲花山公园为例/陶青

68   浅析景观设计的人本主义原则/高育慧 周庆

72   我的中国心——浅析住宅区传统文化在景观设计中的运用/鄢春梅

78   科技创造园林之美——浅谈现代科技在园林中的应用/黄亮 黄煦原

86   浅析欧洲古典园林及其在中国的发展/占吉雨

94   生态设计思想在城市公园景观中的应用初探/张瀚宇

100   中国文化在风景园林设计中的运用/吴文雯

106   现代文化对园林设计的影响/张凯华

110   探讨新中式居住景观如何继承传统/陈小兵

114   中国未来居住环境设计：智能化、环保化/陈小兵

118   东汉魏晋时期的园林文化/刘挺

124   景观材料的新语汇/唐堃

129   施工图设计的再创作效用——以景观亭设计为例/詹煌煌

134   浅析日本园林的文化元素/邓大海 王晓红

142   水景观在园林文化中的运用/蔡胜陆 吴宛霖

148   东南亚园林文化及其实践应用/陈日港

156   浅析楚文化在现代景观设计实践中的应用——以武汉东湖壹号二期景观设计为例/周炳标

162   浅谈园林植物景观的意境营造——文化造园之植物文化内涵表现/黄英敏

目录 CONTENTS

10 Disscusion on Landscaping with Culture / SUN Qian

16 Practice on the Aesthetic Ideal of Traditional Chinese Scholar-officials in Present Landscape Architecture / CHENG Zhipeng, DENG Han

24 Culture·Impression—Understanding and Thinking of Landscape Design Which Contains Cultural Connotation / XIA Jing

30 Skilled and Magical Craftsmanship—Spanish Landscape Samples / DENG Han,CHENG Zhipeng

40 Cultural Gardens: New Genre of Shenzhen Humanistic Gardens / ZHOU Qing, CHENG Zhipeng, ZHANG Xinsi, WU Wanlin

46 Retrospect Prospect of Shenzhen Gardens / ZHANG Xinsi

49 Splendid Jewel of Flora Culture—Shenzhen Spring Festival Flower Fair / YAO Jiancheng

54 From Themed Landscape to Themed City—The Application of Culture in the City Landscape / ZHENG Jianping, XIAO Jialiang, HE Li

60 Enrich and Develop the Cultural Connotation of Shenzhen City Parks / WANG Juping, XIE Liangsheng

64 Cultural Expression Strategies of City Parks—Take Shenzhen Lianhuashan Park for Example / TAO Qing

68 Brief Analysis of the Humanism Principle in Landscape Design / GAO Yuhui, ZHOU Qing

72 My Chinese Heart—Brief Analysis of the Use of Traditional Culture in Landscape Design / YAN Chunmei

78 Science and Technology Creates the Beauty of Gardens—The Application of Modern Science and Technology in the Gardens / HUANG Liang, HUANG Xuyuan

86 Brief Analysis of Development of European Classical Garden in China / ZHAN Jiyu

94 Primary Exploration of Application of Ecological Design Ideas in Urban Park Landscape / ZHANG Hanyu

100 The Use of Chinese Culture in Landscape Design / WU Wenwen

106 The Influence of Modern Culture to Landscape Design / ZHANG Kaihua

110 Investigation of Tradition Inheritance in New Chinese-Style Residential Landscape / CHEN Xiaobing

114 Chinese Residence Design in the Future: Intelligence and Environmental Protection / CHEN Xiaobing

118 Landscape Culture in Eastern Han Dynasty and Wei-Jin Dynasty / LIU Ting

124 New Vocabularies about Landscape Materials / TANG Kun

129 The Effectiveness of Recreation of Construction Drawing Design—Take Landscape Pavilion Design for Example / ZHAN Huanghuang

134 Brief Analysis of Cultural Elements in Japanese Garden / DENG Dahai, WANG Xiaohong

142 Water Landscape's Application in Gardens / CAI Shenglu, WU Wanlin

148 Southeast Asian Garden Culture and Its Practical Application / CHEN Rigang

156 On the Application of Chu Culture in the Modern Landscape Design—Landscape Design of Wuhan East Lake No. 1 (Phrase Ⅱ) / ZHOU Bingbiao

162 On the Conception Creating of Garden Plant Landscape—Connotative Expression of Culture Garden's Plant / HUANG Yingmin

Part II 第二部分 文化景观设计实践
Design Practice of Culture Landscape

170　深圳东部华侨城天麓九区景观设计/吴文雯

174　河北唐山市凤凰新城地块景观设计/吴超

178　辽宁普兰店市鞍子河景观设计——水上莲城/吴文雯 慎海霞

184　遵义长征诗词壁——红色经典中的理性与感性/宋振

188　广汉·川师学府城景观设计/尹碧辉

194　活在当下，乐在托斯卡纳——辽宁盘锦盘山县地块景观规划设计/吴宛霖

200　山东缔景城居住区景观设计/梁寸草

206　让我们一起去游乐场吧！——儿童游戏环境设计思考/鲍文娟

210　莲花佛国，水上佛国——安徽九华山风情河景观设计/吴文雯 慎海霞

214　富兴·湖畔欣城景观设计/陈小兵

217　倾注热情 追求极致——在地产景观设计中的感悟/占吉雨

220　延承三国文化，展现古城新貌——赤壁市建设大道入口生态绿岛景观设计/王雪刚

224　中国科学养生兰州示范基地景观设计/金星星

228　重塑再生 整合链接——深圳市华丰创业基地环境景观改造设计/张凯华 吴宛霖

236　武汉市蔡甸知音文化广场设计——传统文化的现代运用/郭领军

242　大隐于世 皇家宫苑——太原万达广场C区豪宅景观设计/张仙燕

244　文化之"魂"在商业景观中的运用——西安大明宫万达广场景观设计/张瀚宇

248　合肥恒大中心景观设计/原雪刚

目录 CONTENTS

170 Landscape Design of Tianlu Mansion Zone 9, Oct East / WU Wenwen

174 Landscape Design of Phoenix New City, Tangshan, Hebei / WU Chao

178 Landscape Design of Saddle River, Pulandian, Liaoning—Water Lotus City / WU Wenwen, SHEN Haixia

184 Long March Poetry Wall, Zunyi—Sense and Sensibility of Red Classic / SONG Zhen

188 Landscape Design of Guanghan Sichuan University City / YIN Bihui

194 Live in the Present, Pleasure in Tuscany—Landscape Planning Design of Panshan, Panjin, Liaoning / WU Wanlin

200 Landscape Design of Shandong Dijing City Residence / LIANG Cuncao

206 Let's Go to Playground!—Design Thoughts on Children Playscapes / BAO Wenjuan

210 Lotus Buddhist and Water Buddhist—Landscape Design of Anhui Jiuhua Mountain Fengqing River / WU Wenwen, SHEN Haixia

214 Landscape Design of Fuxing Lakeside Xincheng / CHEN Xiaobing

217 Pouring Passion and Pursuing Perfection—Reflections on Estate Landscape Design / ZHAN Jiyu

220 Inherit Three Kingdoms Culture, Show New Image of Ancient City—Landscape Design of Chibi Jianshe Avenue Entrance's Ecology Green Island / WANG Xuegang

224 Landscape Design of Lanzhou Demonstration Base for Chinese Scientific Health / JIN Xingxing

228 Regeneration and Integration—Landscape Design of Huafeng Enterprise Base, Shenzhen / ZHANG Kaihua, WU Wanlin

236 Wuhan Caidian Zhiyin Culture Plaza—Modern Application of Traditional Culture / GUO Lingjun

242 Villa Landscape Design of Taiyuan Wanda Plaza District C / ZHANG Xianyan

244 The Adoption of Culture in Designing Commercial Landscape—Landscape Design of Xi'an Daming Palace Wanda Plaza / ZHANG Hanyu

248 Landscape Design of Hefei Evergrande Center / YUAN Xuegang

壹

论文化造园
DISSCUSION ON LANDSCAPING WITH CULTURE

作者：
孙潜 SUN Qian
关键词：
文化；元素；园林景观；作用
Keywords:
Culture; Elements; Landscape Architecture; Effect

摘要 Abstract

在中国园林行业高速发展的近三十年来，人们更多地关注园林景观作品的功能和审美属性，随之而来涌现出大量的庸俗化、同质化的问题作品。本文试图通过探讨文化元素在园林景观中的运用，论述文化元素在塑造经典园林景观中起到的重要作用。

During the last 30 years of rapidly-developed Chinese landscape architecture industry, people pay more attention to the function and aesthetics of a landscape work. As a result, plenty of vulgar and familiar inferior works emerge. The article tries to discuss the application of cultural elements in the landscape architecture to express how cultural elements play an important role in creating classical landscape architecture.

文化是一个概念广泛而难以清晰定义的词。《辞海》对文化的释义为：①广义指人类在社会历史实践中所创造的物质财富和精神财富的总和；狭义指社会的意识形态以及与之相适应的制度和组织机构。作为意识形态的文化，是一定社会的政治和经济的反映，又作用于一定社会的政治和经济。随着民族的产生和发展，文化具有民族性。每一种社会形态都有与其相适应的文化，每一种文化都随着社会物质生产的发展而发展。社会物质生产发展的连续性，决定文化的发展也具有连续性和历史继承性。②泛指文字能力和一般知识。本文中所指的文化系指广义的文化。文化作为人类意识形态的集中表现，实际上在古往今来的园林造园活动中一直存在。"运用在建筑、服装、绘画之类上的一些意象，凝聚着中华民族的传统文化精神，并体现国家尊严和民族利益的形象、符号或风俗习惯，都属于中国传统文化元素。[1]"我国讲究对立统一、中庸和谐的儒家思想及讲究无为的道家思想，就属于中国传统文化元素的范畴。文化造园是指在园林设计及营造过程中，通过各种表现形式，引入文化元素，让园林景观能够体现文化的内涵，从而形成持久的艺术生命力。

园林景观设计是人们通过物质元素（山、水、石和植物等）改造室外空间的活动，改造后的景观空间应具备基本的愉悦感知（审美）以及满足人们使用（功能）的属性。然而景观设计是一门综合性的社会学科，它与历史、人文、艺术、地理、自然生态等多门学科有着千丝万缕的联系，仅仅拥有审美和功能属性的景观作品多数情况下缺乏有意义的内涵。随着社会发展和人们生活水平的提高，越来越多的人意识到这点，他们希望通过对场地物质元素的感知（看、听、嗅、触等）刺激产生精神上的感想，从而对场地空间形成一定的情感投射和交流。而作为人类意识形态集中体现的文化活动，是创作这种环境空间精神体验新属性的重要融合性元素。这类既满足审美和功能的基本属性，同时又营造出刺激人们精神感想体验氛围，使得参与者能融入其中的环境空间，我们称之为文化园林，而创造文化园林的活动，就是文化造园。

1 古典园林中对文化元素的诠释

中国古典园林始于西周的囿、秦汉的"一池三山"，发展成熟于隋唐宋的山水宫苑，兴旺鼎盛于明清的"文人写意山水园"，代表作品是北方皇家园林和江南私家园林。这段时期中的园林作品多为达官贵人玩赏之物，造园手法多为引自然山水入园林、寄个人情怀于园景，讲究意境的营造。园林场地的功能基本为居住、游憩或避世等，而组成园林表象的文化元素（诸如亭台、楼榭、奇石、叠水、异树、匾额、楹联、书画、雕刻、碑石、家具、摆件等）的作用更多体现在审美或识别功能上。

图1 苏州拙政园一景

图2 苏州网师园一景："香睡春浓"

中国古典园林作品从最早期只是嵌有狩猎农耕文化浅痕的苑囿，到后期辉煌发展时期的写意山水园，造园手法均是对文化的高度融合和提炼。

首先，文化造园应当充分了解并理解传统文化，尤其是中华传统文化的精髓。

在园林设计中，我们要巧妙地运用这些文化作用下形成的特定的年代、空间、色彩、符号、肌理、质感及含义，就必须先厘清它们的来龙去脉及其对人们情感的映射，才能避免张冠李戴、照猫画虎。

中华上下五千年，孕育了多姿多彩的文化。老墨孔孟之道，成为中国人骨子里的情怀：探寻真理之源、修正生命之道、追求天人合一的道家文化，追求"仁义礼智信、温良恭俭让、忠勇孝悌廉"的君子文化，追求兼爱非攻的仁爱文化，都是中华先贤的智慧结晶。这些智慧，融入到了中国人文化艺术生活的每一个细节、每一个角落。

园林，作为文化行为中重要的一员，随着宗教礼仪、政治规格、农耕技术、建筑艺术、健康生活，始终陪伴着人类社会的发展。只有真正充分地理解传统的智慧火花，理解园林伴随岁月及思想的变迁，理解气候地貌与生活环境的关系，才能做出有根的设计，建设有根的园林。

文科景观规划设计院夏靖副院长多年前主持"黎阳in巷"项目时，长期深入当地的生活，与各个年龄段的居民畅聊原本的生活，一砖一石地寻找场地的记忆，在老街新用的基础上，把原有场所的意义如书画一般地展现开来，如同新时代的清明上河图。破落的门框石被保留了下来，看得见古人错门相让的礼节；古井被清理了

出来，摸得着这里围井成市的肌理；老旧的条石被搜集起来建成斜的石板桥，穿越时空在这里留下水中的倒影……在这深幽的市井街巷中，居者有其所，开发者有其用，游客能触摸到千百年来生活的记忆，感受到岁月流淌的痕迹，乐此不疲地流连其间，享受新时代的便利服务。在此，先人的智慧和后人的感悟，通过记忆这条长长的线索，细密地连成了一条线，这条线，就是文化。

其次，文化造园应当避免文化虚无或文化复古的思想。

中国传统文化的基本精神可以概括为"尊祖宗、重人伦、崇道德、尚礼仪"[2]，倾向于以德育代替宗教对人们的教育与感化[3]，因此形成了很强烈的以血缘、宗亲、家庭为核心的礼仪及习俗。

由于千百年来深受封建统治与重农抑商的影响，这些礼仪及习俗在现代社会显得无所适从，甚至有些显得过于繁琐、封建、迷信，甚至奴性，以至于当代很多人不分青红皂白地与传统划清界限，惟恐避之不及，于是在很大程度上滋长了文化虚无的思想及做法。体现在园林景观中，则表现为很多人认为传统的中国园林为"封资修"产物，腐朽落后，加上传统园林比较迂回内向、晦涩难懂，不适合新时代的需求，于是人们反其道而行之，开始大量模仿建设"在别处"的欧美园林、景观、建筑，似乎大河上下一夜间变成了欧美文化的殖民地。在好大喜功的政绩工程和炒作概念的商业地产的推波助澜之下，这些未经消化的"引进成果"大多显得粗制滥造，虚有其表，如很多政府门前的大法式广场和住宅社区的毫无亲和力的欧式花园，其园林蕴含的文化及人们的心理认同感及归属感更无从谈起。

图 3 苏州拙政园的小飞虹：文化意蕴深厚的传统园林

另一方面，传统文化一直是深深植根于中国人骨子里的基因。随着物质生活的丰富，人们开始重拾经典，寻找中国文化的意韵，甚至以历史、文化炒作城市形象。在这种文化寻根的风潮影响之下，园林行业也做了大量的尝试，出现了不少与新文化、新材料、新工艺结合的创新之作。与此同时，也有不少基于文化旅游炒作的重建、修复的项目，虽然其中有一些精品，但也出现了大量毫无意义的仿古街道、建筑、园林，既没有深层次的文化韵味，也缺乏真正意义的传统美感。曾经在中国的文化中心北京大量出现的中式大屋顶，以及全国南北不分青红皂白大量出现的马头墙，就是这类败笔的代表作。

对待传统文化，应该采用扬弃的态度，取其精华，去其糟粕。园林中对传统文化的运用更应如此，古人今人，在园林的功能、审美、空间、管理要求上已经有了天壤之别，现如今可选择的材料、工艺等手段上也与往昔不可同日而语。正是这些不同，推动了园林文化的发展变化。要在园林中发掘和发扬更多的传统文化，则更应当顺应时代的发展，巧妙地融合，做新时代的文化造园尝试。

文科景观规划设计院程智鹏副院长在担纲的"澳门大学横琴新校区"和"麒麟苑国宾馆"项目中，就做了很多有益的尝试。大学生和国家元首，是中国传统文化中"修身"、"君子"、"圣贤"、"仁爱"文化的主体。然而新时代的学生和元首，又有着不同于古人的学习和生活方式及理想和追求。大学和国宾馆，又是中西文化交流碰撞的场所。正是其中文化底蕴深厚的设计，把传统文化和现代文明、中国传统和西方文化、人的活动和自然生态，在适应新时代的需求之下，完美地熔合成独到的园林语言，让园林成为一个警世醒人、敦人向上的场所。

2 现代园林中文化元素的缺失

改革开放以来的三十多年，是中国经济腾飞的黄金阶段，也是工业化城市建设蓬勃发展的时期。在此期间，园林的涵盖范围大幅度延展。园林不再是少数权力阶层的私人珍藏，而从宅前屋后的富家庭院和围山独享的皇族林苑发展成为普罗大众可以共享的公共空间。同时"造园"的对象更加多元化：既有小微体量的单一住宅园林，也有结合旅游、养老、农业等较大体量的复合型产业园林，还有大体量的乡镇或城市绿地系统规划。新时代的"大园林"格局系统已经逐渐呈现。而在此期间的园林作品中，文化元素的表现更趋向于从单一的中国传统艺术的延续，转向多元的兼收并蓄、融会贯通。

20 世纪 90 年代，随着社会财富快速积累，人们开始憧憬并模仿西方发达国家的生活和文化。盲目的西方文化崇拜，加上房地产市场爆炸式增长带来的盲目的销售利益导向，使得很多住宅项目过分地追求园林景观作品的感官效果。这个阶段，大量的过度风格化住宅景观（欧式、东南亚、地中海、Art-deco 等）涌现，它们往往过分追求外在的形式表现，大量运用非乡土甚至不适宜当地气候环境的异国文化表象元素，看似豪华却毫无内涵，割裂了邻里的交流和融洽关系，结果导致全国上下的住宅形式千篇一律，许多为居者提供的"大气、宏伟、奢华"的社区园林却使用者寥寥。在过度风格化的住宅园林中，文化元素仅成为一种装饰或识别的表皮，表现得过分符号化或者克隆化，缺乏满足居者和生活习俗的情感投射场地所需要的氛围。

同一时期，公共建设类型的园林项目中，文化元素表现出较多过分具象化、

图 4 某社区中央的"埃菲尔铁塔"：庸俗的文化复制

图5 某政府办公楼前的法式大广场：大而不当，缺乏荫庇，无人使用

庸俗化、山寨化、同质化甚至是消费化的趋势。究其原因，一部分是由于物质利益在经济飞速发展中起到的突出作用，引发了一系列类似"拜金主义"的庸俗文化，扭曲了大众对美好生活的追求导向；另一部分是由于"唯GDP论"的政府官员考核制度所引发的城市化建设浪潮，忽视了规划基础中的对场地历史及人文的尊重。

"大干快上"的城市化建设给人们带来了前所未有的生活便利和物质财富积累，同时也带来了环境的恶化和精神的空虚。随着社会经济的飞速发展，一条条宽阔崭新的柏油马路、一栋栋高耸入云的摩天大楼展现在人们面前，克隆化的城市面貌同质化着全国各地人们对故乡的记忆，随之而来的是各种媒体三天两头的关于"鬼城再现"、"雾霾连天"、"行人跌倒路人漠视"的报道。基于功能主义设计思想的工业城市规划，无视自然生态，造成了城市环境的恶化；漠视每个城市的历史文化积淀，促成了同质化的城市面貌；忽视城市居民的人文习俗，催生了冷漠的人际关系，激化了各种社会矛盾。

无论是在城市空间还是住宅环境中，上述文化表现误区带来的危害都是显而易见的。首先，无视地方历史文化积淀而强行植入异国风情，使得景观设计与周围环境格格不入，让人们遗忘了对故乡的记忆，让下一代淡薄了对故土的感情；其次，短期利益导向加上无原则的复制与山寨，促使景观设计行业形成一种错误的思维定式并固化，使得披着文化外衣却和场地历史人文毫无相关的作品遍地开花；再者，在异国文化元素组成的景观空间中，国人几千年来形成的文化习俗显得有些水土不服，以致形成了仅仅用来观赏甚至是无人问津的场地。

城市美化运动在早期国内不乏效仿者，有些城市建造了大体量的城市水景和雕塑，却由于水源短缺难以为继；有些城市在中心地段修建了尺度巨大的广场，却发现由于难觅树荫导致场地大部分时间闲置；有些道路桥梁刚刚建成，就因为不符合新规划而开始大规模整改。这种以追求形式感为主要目标的园林景观，无疑是没有生命力的。

受功能主义的城市规划思想影响，国内很多城市按居住、工作、游憩的功能，将城市空间在位置和面积方面做平衡布置，同时建立一个联系三者的交通网络。但这种通过定性、定位、定量统筹安排规划的城市绿地空间和交通网络，往往只突出了商业、工业等的便利，却忽视了城市居民生活及情感体验的诉求。例如，宽阔的城市道路为车辆快速通行提供了便利，却令行人望而却步；充斥着现代形式高楼大厦的城市肌理，无法获得对故土充满记忆的市民们的情感认同；鳞次栉比的办公大楼间，缺失了让人惬意交流的公共空间，冷漠了城市居民间的人际关系等等。

3 文化元素使园林景观具有持久的生命力

面对诸多"千园一面"的景观现状，景观设计师只有充分挖掘传统文化元素，并将之融入现代景观的规划设计之中，以现代景观为载体再现传统文化元素，打造出具有传统文化特色的现代园林，才会使园林具有持久的活力和生命力。

3.1 文化元素为园林景观注入活力

仅具备形式美属性的园林景观是没有生命力的，而仅兼具审美和功能属性的园林景观由于缺失了能够刺激人们情感交流体验的环境氛围，也很难使人们对其产生欣赏与认同。如何让景观设计产生持久的生命力？在造园中植入文化元素不失为一种很好的尝试。在景观设计的审美和功能二维属性上，添加文化这一第三维度属性，就能让人们通过对文化元素的感知衍生出精神上的感想，从而达到某种程度上的情感共鸣，最终促使人们融

图 6 颐和园知春亭

入并认同所处的场地环境。更重要的是，由于文化元素本身就带有时间的属性，满足这种三维属性的景观空间，将随着时间的推移而慢慢沉淀为人们生活中不可或缺的一部分，从而具有持久的生命力。

3.2 文化和造园的结合

十八届三中全会之后的中央城镇化工作会议提出了关于"青山、绿水、乡愁"的新城镇化建设指导思想，实际上就是要求在顺应经济发展的大浪潮下，将"尊重自然生态"和"人性人文"作为城市规划和建设的核心指导理念。相应的，园林景观规划设计也应从尊重人性人文的角度出发，营造出有特色的、可持续发展的园林景观。

进行园林景观设计时，应通过挖掘当地文化元素，包括民俗、历史、民族、宗教、传说等各方面，并进行选择和梳理，找到适当的文化符号，然后通过装饰、壁画、雕塑、灯饰和色彩等各种表现形式，将其有效合理地融入园林景观设计中，从而使这些园林景观能真正地得到当地城市居民的共鸣。这正是我们园林从业者应反思和探索的方向，也正是本书筹划、付梓的要旨所在。

4 "文化造园"的未来展望

文化造园应当面向未来。

有人说，建筑是凝固的艺术；还有人说，建设的前提必然是破坏。而这些，终将在建成的瞬间成为历史，一切的不完美都将凝成画面。然而，人和自然是参与到园林中的活生生的载体，不断地流动、生长，伴随着场地、季节、气候、人们的活动及需求的变迁。新时代的园林设计，应当用动态的眼光看待场地，周详地分析场地发展的可能性，做出有前瞻性的引导，这才是符合新时代建设的工作方法。

随着设计技术的发展，我们不再像前辈一样缺乏可靠的资料和分析手段。GIS技术、BIM技术，各种模拟风、光、水、温湿度、植物生长、人的行为的虚拟模型，让设计更符合动态发展的趋势。其中对人的行为、自然生态变迁的关怀，正是新时代园林文化能够面向未来的精神所在。随着大数据时代的到来，新的园林技术，必将走上更科学、更完美的道路。

在文科景观规划设计院主导规划设计的"都江堰柳街镇生态农业旅游度假区"项目中，设计师正是运用了大量全新的技术和方法，模拟和指导新城镇建设发展的过程，更重要的是，始终把当地的水利文化、三国文化、川西坝子文化、林盘文化、农耕文化、旅游文化、道教文化、养生文化、生态文化等一一地发掘、保护，并有效贯穿运用到项目的始终，展现了从新农村改造 + 农耕水利体验，到短途休闲度假营地，再到综合旅游度假集散地，最后发展成为包含休闲、旅游度假、养生、养老，实现资源及能源循环再生并由物联网协调永续发展的生态文明建设全过程。

此外，文化造园应当选用富于内涵和感情的元素和方式。

不同的人心中有不同的哈姆雷特，文化造园的深层目的应该在于营造能刺激人们产生并持续情感投射的文化氛围，引导人们对生活、对环境产生共鸣，营造场地的归属感。人们对一个环境的精神共鸣是通过对场地元素的基本感知（看、听、闻、触等）而形成一定的情感投射（喜、哀、思念、联想等等）。某些独立的具象元素会引起人们的特殊情感（比如一张渔网可能会引起有着海边渔村生活经历的人们的美好回忆），但当周围物质环境不能和这个独立元素形成和谐的整体呼应时，人们的这种情感共鸣的状态大多不能持续保持。这样的设计割裂了人们对场地的整体感受，使人感觉突兀且无所适从。美国 911 世贸双塔纪念广场是一个很成功的将文化元素和场地紧密联系，从而使人们持续产生情感共鸣的案例。该设计通过深不见底的双坑（视觉）、强烈震撼的瀑布（听觉）、青铜板镂空刻字（触觉）等场地元素来刺激参观者感知，将人们带回到当时悲剧发生的现场；同时，统一而又简洁的树阵、广场、草坪结合双塔遗址的空洞组成的空间，在喧闹的城市中心形成了肃穆、安静的缅怀氛围环境。这种氛围形成了一条无形的纽带，将每一个参观者的缅怀、哀思之情感串联，产生了强大而统一的气场，从而使得参观者与场地融为一体。

文化元素在融入城市建设的过程中必然不会一帆风顺。随着社会经济的发展，城市建设与城市文化之间不可避免地存在着冲突和矛盾。无法承载随社会发展出现的新功能、新生活模式的旧城肌理，与升级换代或扩展后的新城区的融合共生，一直都是城市公共空间设计中热议的话题。我们不能因为要保护历史人文而固步

图 7 美国 911 世贸双塔纪念广场：深不见底的双坑令人震撼

图 8 美国 911 世贸双塔纪念广场：受害者的名字镂刻在青铜板上

自封，也不能为了顺应发展而全部推倒重来，而应深入了解城市现代化进程中的发展规律，找准其融入点，将矛盾的双方结合在一起。正如我们欣赏北京现代繁华的都市景色时，看到那星星点点的四合院点缀其中，心中不由得会有一丝欣慰，至少历史的痕迹还在这里静静地讲述着那个时代的人和事。

百年前，混凝土的发明运用使得全球城市肌理随后发生翻天覆地的变化；今天，声光电、互联网等高科技也在潜移默化地改变着当代人们的生活习惯和文化表象。人们的生活习惯在改变，文化在演变，城市在蜕变，而不变的是城市空间的建设者和使用者——人。在这个日新月异的大环境下，只有尊重人性人文和生态自然的园林景观设计作品，才会具有持久的生命力，不会因为时间和环境的改变而被快速淘汰。也许在不久的将来，3D 打印技术将彻底改变城市的肌理；虚拟的互联网交流方式将颠覆人们工作、娱乐和生活的行为模式；老龄

化的社会将改变人们对现有的社区居所框架的认识。到了那个时候，我们不知道强调轴线对称的欧式表现、强调奢华繁复的古典风格还能不能得到公众的审美认同；也不知道强调标准复制的高速开发、强调功能分区的城市建设还能不能大行其道；但可以肯定的是，具有强烈文化内涵的空间场所，一定会为不同时代的人们所认同。文化园林在不同时代由于时间的冲刷可能会呈现不同的面貌，但是它会持续不断地给不同时代的人们带来不同的情感投射，会形成一种传承、一种记忆，会在人们的生活中扮演一个不可或缺的角色。

5 结语

只有具有文化元素特质的园林才能从根本上提升园林景观作品的品质，只有具有文化内涵的园林景观作品才可能成为持续散发生命力的经典作品。因此，只有以"文化"来"造园"，园林作品才能随着社会进程的推进而不断生发和沉淀，并历久弥香。🐢

参考文献：

[1] 陈冲. 试论中国传统文化元素在现代环境艺术设计中的运用 [J]. 包装世界，2014(4):104-105.

[2] 司马云杰. 文化社会学 [M]. 济南：山东人民出版社，1986.

[3] 张岱年. 中国文化与中国哲学 [C]. 北京：东方出版社，1986.

[4] 孙百宁，等. 传统文化与现代城市公园景观的交融 [EB/OL]. [2014-09-26].http://www.chinajsb.cn/bz/content/2014-09-26/content_141332.htm.

[5] 张羽薇. 浅谈现代环境艺术设计中传统文化元素的运用 [J]. 建筑科学，2012(2):140.

[6] 林箐，吴菲. 风景园林实践的社会原理 [J]. 中国园林，2014(1):34-41.

[7] 斯蒂格·安德森. 氛围：景观设计中的质量、感知与时间概念 [J]. 景观设计学，2014(1).

[8] 汤敏. 房地产景观走向去风格化——房地产景观的内涵转型与美学进步 [EB/OL].[2014-07-01].http://www.xyzwin.com/linianpian/12984.html.

作者简介：

孙潜，出生于 1978 年 12 月，男，现任深圳文科园林股份有限公司副总经理兼景观规划设计院院长。

在融合中暗涌的情怀
——中西方文化对当代园林景观实践的影响
PRACTICE ON THE AESTHETIC IDEAL OF TRADITIONAL CHINESE SCHOLAR-OFFICIALS IN PRESENT LANDSCAPE ARCHITECTURE

作者：

程智鹏 邓涵

CHENG Zhipeng, DENG Han

关键词：

文化景观；交互式影响；士大夫文化

Keywords:

Cultural Landscape; Interactive Effect; Scholar-officials Culture

摘要 Abstract

园林景观是随着人们对理想的栖居环境的追求而发展起来的，除了人们最基本的功能需求、审美情趣会对它产生影响外，文化意识形态也对它有着深远影响，并赋予其更深刻的内涵。本文希望通过一些现象和案例，探索中西方园林文化的阶段性影响，并试图寻找出它在未来一小段时间内的发展态势。面对美好的事物，我们并非一定要做出非此即彼、鱼和熊掌的选择，接纳和融合同样符合当代发展之道。在这个过程中，中国传统士大夫文化和隐逸田园生活情怀的复苏暗涌，在当前铺天盖地的欧风大潮下，将逐渐焕发新的光彩。

Landscape architecture is developed with the pursuit of ideal habitat environment. Despite the basic functional demand and aesthetic taste influence, cultural ideology also deeply influences and gives deeper meaning to the development of landscape architecture. The article aims to explore the periodic influence of Chinese and Western landscape culture and find out its development trend in a short period of time of the future through some phenomena and projects. We don't need to make choices either this or that, to accept and fuse is also the way of modern development. In this process, the revivification of Chinese traditional literati and officialdom culture, and rurality complex will gradually glow new splendor under the tide of current overspread European style.

人类对美好事物的追求本无所谓始终，理想的栖居环境便是其一。园林景观，作为一种轻松而令人愉悦的文化艺术行为，几乎全程伴随着人类文明的发展与演变。

原始的崇拜、祭祀、统治场所（图1），逐渐发展成为世界各地文明中最庄重华丽、中轴对称、不可一世的宗教、宫廷式园林景观。

到了农耕时期，农田、林地、水渠以及放牧、狩猎场所，则逐渐出现东西方文化及审美情趣的分野，衍生出截然不同的表现形式。华夏先贤推崇道法自然、无为而治，寄情山水、人与天调，体态优美而气势磅礴的梯田（图2）便是其中的典范。

图1 玛雅人的祭祀场所轴线与颐和园万寿山的宗庙园林轴线

图2 贵州黔东南加榜梯田（绘制：程智鹏）

图3 几何形态的西方园林及水景

因而，中国园林重意境，形态景致多有比拟，一池三山、梅兰竹菊皆有隐喻，山石、树木、建筑、楹联作为美好愿望的寄托，却不需太多太大，巧于工而拙于形，因山就势，虽由人作，宛自天开。西方先哲则把数学、几何、逻辑思想普及并转化成为强大的生产、技术力量，引领人们去征服自然，改造环境。西方园林体现了先进的农耕、灌溉技术工艺形态（图3），十分注重规则与标准，一如西方美学思想奠基人亚里士多德所言："美，要靠体积和安排"，因而呈现出辽阔壮观的气象。

文化传承过程中的载体，往往决定着变迁的方向。在中华文化艺术传承过程中，有两个极为关键而集中的因素：士大夫阶层及其所追求的隐逸田园生活（图4）。士大夫，可谓中国社会历代的精英阶层、精神领袖；隐逸生活，则最终发展出了包括园林、山水田园文学、山水画、琴棋、谈玄、斗禅、品茗、饮食、游赏、渔稼、讲学著述、文玩收藏品鉴……直到养生延寿这样一个十分庞大而又高度统一的文化艺术体系。然而这个体系包含

图4 有关竹林七贤的画作

的，更多的是横向的并行结构，十分偏重于个人的感悟与喜好，讲究意会而非言传和逻辑传承。园林造景方面更是如此，主导投资与设计的士大夫自身就作为艺术家随心所欲，而负责工艺传承的工匠又处于被支配的地位，因而几乎没有形成能够推动园林技术与艺术交互发展、普及的完整系统，甚至流派。

而欧洲封建时代的社会经济结构是分散的，每一个庄园（图5）都是独立的经济单位；城市更是独立于传统农业文明之外，具有高度自治权，拥有完全不同于周围领主制社会的经济、政治、司法、军事等一整套独立

图5 爱尔兰阿黛尔庄园（Adare Manor）（绘制：程智鹏）

的社会组织和社会生活。在这种结构之上却受到共同的宗教、哲学、法理的影响，反而更有利于各种技术与工艺在各宫苑、庄园的对比过程中形成标准，并迅速普及、交互发展。在园林建设上，精通园林造景的画家和工匠有较高且较独立的地位，相互之间能有效地合作，最终形成较为完善的规划—设计—建造—维护体系。

因而，时至今日，中国传统园林从文化、艺术到时间、空间各层面都出现了传承上的断层。究其原因，首先是其本身追求高深晦涩，而又缺乏能够普及推广的营造法则。其次是主导园林文化艺术的士大夫阶层及文化已然出现了巨大断层，由于此前园林一直是士大夫阶层的玩赏之物，从未对普通民众普及甚至开放，因而缺乏继承的载体。更重要的是，新时代的公众享受自由平等的生活，园林不再是个人的玩物，而必须适应公众生活的需求，由封闭转向开放，由内向转向外向，由个人玩赏转向公众参与。再者，现代人的生活节奏远非古人可比，园林不可能再像古代一样处处追求九步一弯，步移景异，径

必羊肠，廊必九回。

与此同时，西方古典园林却在我们身边一度大放异彩，从市政公园、广场，到社区花园、私家宅园，甚至医院、学校园区，尤其是豪宅社区，几乎必称"欧式园林"，只是繁复程度或地域时代特征有所不同。虽然近两年西方园林热潮在逐渐冷却，却仍是市场的主流。究其原因，首先是西方园林的开放性、参与性正是中国公众对新园林建设看重的重要特征；其次是西方古典园林空间的豪华气派极大震撼了大多数刚解开禁锢心灵的国人，其新奇精巧的手法和细节也让人们感受到新生活的美好；再者，引入的新园林秩序井然，其工艺标准与建造中国古典园林时对艺术感悟的高度要求不同，工匠只需稍受培训，掌握标准工艺就能按图索骥，建造出合格产品。西方园林核心技术的开放性和标准化，为大量、快速、精准的产业化建设提供了极为便利的条件，因此，西方古典园林在中国的新时代建设尤其是新住宅社区的园林建设中，一度占据上风，产生了广泛影响。

然而，随着近几年人们物质与视觉需求的逐步满足，新都市精英的士大夫情怀又逐渐开始复苏。对山水、田园、自然、变化的追求，随着谈玄、斗禅、品茗、出游、文玩收藏品鉴等的再度兴起，开始逐渐复兴并呈现出新的情怀，与源自西方逻辑的系统化、标准化、数字化、网络化等新元素、新手段进行了很好地融合。笔者在主持的两个项目中，饶有兴致地玩味着这种对比和融合，且将个人理解拿出来与各位分享，以期抛砖引玉。

1 案例一：深圳麒麟苑宾馆（国宾馆）景观规划设计

国宾馆坐落在深圳某处深幽僻静的林间，占地约 28hm²。地块三面环山，重峦叠嶂，又有鱼塘垂柳，鸟鸣鱼跃，亲近自然（图6），要在其间

坡地上建设国宾馆，作为国家元首及外宾来访时的下榻、办公、会见、交流场所。室外园林既要满足安防要求、礼宾规格，还要满足针对元首订制的游赏、运动、洽谈的各项要求。建筑设计由中国建筑大师陈世民先生主笔，室内外园林景观设计则由笔者团队承担。此项目开创了新一代国宾馆建设的先河。

设计之前，我们仔细分析了场地的特征、项目的需求及可能性，最终拟定了如下策略。

图6 麒麟苑国宾馆所处的山水环境

1.1 中西结合

选址深得传统士大夫园林中"濠濮间"的意境，摒弃了以往国宾馆占据绝佳风景观赏点的做法，而仅选了一片僻静清幽、山间水上且不干扰城市景观资源之处，出发点已体现出深圳独有的务实精神。

濠濮是一种经典的园林格局，表现退隐山水的景象。北京北海东岸建有园中园"濠濮间"（图7），布置精巧，环境清幽，有曲径通幽、回环变化之妙。园子环山合抱，水狭长且低，有两山夹岸之感；护岸置石，植物探水，建筑其中，观鱼赏山，妙趣横生。清代的帝后、君臣们常在此处饮宴议事。

此意向出自典故"濠濮间想"。《世说新语·言语》中，简文入华林园，顾谓

图7 濠濮涧（绘制：程智鹏）

左右曰："会心处不必在远，翳然林木，便有濠濮间想也。觉鸟兽自来亲人。"追溯更早出处，"濠"指濠水，庄子和惠子濠上观鱼，在此争论是否知道鱼的快乐；"濮"指濮水，庄子在此斥退楚王求仕使者："往矣！吾将曳尾于涂中。"以神龟之愿表达自己宁可在泥浆中自由活着，也不愿让高官厚禄束缚了自己。园林借助特定的环境语言，表达了士大夫阶层独有的隐忍退让、淡泊明志，又与自然和谐共生的追求。

建筑亦摒弃了以往国宾馆占地较大的离散式布局，把元首及随员的居住、会见、会议、宴会、运动健身等功能巧妙地糅合在一个单体建筑中，其间又有合理的隔离和联系，从而形成一个高效、节能的整体（图8）。这又十分符合西方庄园宫苑中建筑占据主领地位并作为发散轴线的核心的态势（图9）。同时，由于国宾馆对安防、游览、观赏等的特殊需求，园林也势必与勒诺特尔庄园

图8 麒麟苑国宾馆平面图（绘制：邓涵）

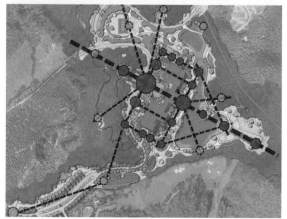

图9 麒麟苑国宾馆景观格局（绘制：程智鹏）

一般，通透、宽敞、一览无余（图10）。

因此，园林也形成了兼收并蓄的格局：将中国古典园林的思想意境作为大环境，融合西方古典园林的中央布局，正体现了深圳最值得称赞的文化包容性。

图10 麒麟苑国宾馆透视（绘制：邓涵）

1.2 三层景观

在上述格局的基础之上，设计对游赏的景点进行了精心的布置。由于国宾馆是各国元首精英的起居活动场所，我们在设计中巧妙地植入了中国人对"内圣外王"的理解，作为一种对环境的暗示及希冀。

"明明德，亲民，止于至善"，是儒家之道，是古人读书修行的最高宗旨奥义，更是圣人和帝王之道，其实现的途径即为格物、致知，诚意、正心，修身、齐家，治国、平天下。孟子曰："君子之守，修其身而天下平"，讲的就是从对环境的理解到自我的修行（内圣），再到处事管理（外王），通过观察、总结、反省、尝试等，对大道的领悟和运用的过程。园中设置山水之间的八个景点：格、致、诚、正、修、齐、治、平（图11），托物言志，赋予新时代精英的士大夫情怀。

其中，格，为池中钓鱼台，可赏莲观鱼，听鸟啼虫嘤；致，为花园远端高处的景亭，回瞰山水馆邑，豁然开朗，一目了然；诚，为山丘上一片遍植华南果木的林地，可品味春华秋实；正，为中轴线上的康复花园，种植各种康复疗养芳香植物，可静心休养；修，为林间的运动健身场地；齐，为镌刻《朱氏家训》的石台水阶；治，为治水景观，运用收集雨水循环利用形成的落差，结合华南特有的蚝壳墙，成为独特的蚝墙叠瀑；平，为高坡上的五色五方旗台，象征社稷及"登泰山而小天下"。

图11 麒麟苑国宾馆中的"圣贤八景"（绘制：程智鹏）

以此，园林呈现三个层次的景观体验：最宏观的山水田园景观；中层次的以建筑轴线为核心的西式庄园景观；点缀于以上景观格局上的八个传统文化景点。

1.3 低碳节能

作为新一代的国宾馆，园林中还引入了多种生态节能措施，尤其在雨水收集及其生态过滤、循环利用，以及深圳拥有多项知识产权的光伏+LED低碳照明方面，更是通过深入细致的研究将之有效运用到项目中，达到了很好的生态示范效应。

项目已于2011年深圳举办世界大学生运动会期间建成并投入使用，整体环境清静优雅，形象端庄，细节丰富，意蕴深远，获得政府与管理者、使用者的一致好评。

回顾整个过程，设计师在设计中很好地融合了中西方园林及文化在不同方面的优势与特质，同时采用系统性的设计方法、新技术手段，让新时代园林在特殊的条件下，很好地满足了使用功能、观赏体验、精神领悟等各方面的需求，把士大夫文化融入新精英阶层的生活环境中，这正是中西结合、古为今用的积极尝试。

2 案例二：澳门大学横琴新校区景观规划设计

项目占地1km²，地处珠海大横琴岛东南侧，与澳门一水之隔，最近处相距不过200m（图12）。项目虽在珠海，但已由珠海市政府授权澳门特别行政区对澳门大学新校区实施管辖，项目地块与横琴岛其他区域实行隔离式管理。

图12 澳门大学新校区区位关系（绘制：程智鹏）

建筑规划设计由中国建筑大师何镜堂院士主笔，勾勒了一个由书院单元组合构成的自由、平等、开放的校园。各个书院自成组团，每个书院都是满足同一系统的师生学习、住宿、交流、活动、娱乐的多功能合院组合，功能丰富，互动性极强。五个书院组团及公共组团之间各有8~30余米宽水道相隔，形成六个独立而又相互联系的岛（图13、14）。

经过与澳大师生及澳门政府的多次交流，设计师们逐渐明白这个校园对于师生们所具有的更深层次的意义。他们既对在荒芜的填海区上重建生态新校园充满期待，又在心底保留着对旧校区的眷恋，希望新校园能有更多更开阔的交流空间，能够让大家感受到荣耀感及归属感。这些理解，结合场地既分且联的岛屿关系，我们从澳大的校徽中找到了一个极具当代中国情怀的切入点——"桥"。子曰："君子和而不同"，"和"是一种和谐和联系，是一道桥梁。在澳大校园景观中，"桥"这个词，则有着更丰富的含义。

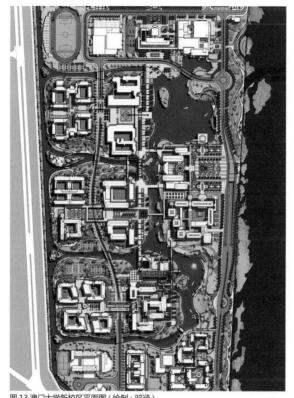

图13 澳门大学新校区平面图（绘制：邓涵）

图14 澳门大学新校区建筑设计图（来源：何镜堂大师事务所）

2.1 沟通文化的桥梁

澳门大学的选址是祖国大陆与澳门特区之间的重要联系纽带。澳大作为全球开放的大学，其校园是东西方人才、文化交流的场所。我们希望通过设计增强这种纽带的作用，因此，设计主张创造无限交流的可能。校园被设计成一个能激发各种交流的广义学习场所，自由、平等、多义。人与人、书本、艺术装置、建筑桥梁、花鸟

虫鱼、山水环境、旧校区（澳大原址）的遗物景致、中国传统文化以及以葡萄牙为代表的多国文化等的交流，共同构成了最广义的学习和教育，成为中西文化碰撞的熔炉。

如同克莱尔·库珀·马库斯在《人性场所》中所言："评价一个校园环境的重要标准是，她能否最大限度地激发学生、教师、游客、艺术作品、书本及各种活动之间的即兴交流……每个人的大多数受教育机会都发生在户外……只有当校园环境具备能够激发好奇心、求知欲，促进随意交流谈话的特质时，她所营造出的校园气氛才具有真正最广意义上的教育内涵。"在澳大校园的环境景观设计中，我们更注重景观环境的多功能性、可变性，而且只是在很大程度上提供一个平台和接口，把更多的可能性留给师生们在交流过程中去创造和改变，着力营造一个自由、开放、促进交流的环境，尤其是在一些林荫草坡、表演交流、艺术品和装置的区域。

文化，是跨越时空的联结因素，这些交流的宗义，被引导向"仁、义、礼、知、信"这五个儒家思想的要义。同时，这五个字也是澳门大学的校训。

设计中，五个书院组团的景观分别被赋予"仁"（温馨互动的岭南庭园——体育场馆、行政楼、文化交流中心）、"义"（轻松自然的南欧庭园——中央商业、附属学校、教职工宿舍）、"礼"（规则对称、礼仪感的台地花园——法学院、教育学院、未来学院）、"知"（信息化、高科技化的未来花园——科技学院、生命科学及健康学院）、"信"（山花大树、自由浪漫的自然风景园——文学艺术学院、设计科学学院、工商管理学院）的含义。而跨越珠澳两地的公共组团，则被赋予"和"（自由开放的生态广场——图书馆、中央教学楼、校史展览馆）的主题（图15）。这样，园林的功能、空间、形式与澳大的办学宗旨紧密关联，而又产生了各自的变化和特色。

南欧和岭南、原校址和新校区、记忆和现实，是澳大师生、澳门居民不能割舍的情怀。澳大原址有着浓郁的南欧（葡萄牙）园林特色；新址则位于华南，建筑布局有着独特的岭南风骨。由于气候的相似，岭南园林和

图16 澳门大学原校址的台地式园林（拍摄：程智鹏）

图15 澳门大学新校区的"君子六岛"（绘制：程智鹏）

南欧园林又有着非常多的相通之处。因此，园林景观在空间上吸取环廊、水院、树荫等适应当地气候特色的岭南风格构筑，在细节上采用有着浓郁南欧特征的材料、工艺、装饰，如葡国石铺地、粉绿色墙面、彩色瓷片装饰等。除此之外，设计中还迁移、复刻了原校址中十分受师生怀念的部分景点融合在新校园中，如龟池、九龙壁、孔子像、绿色马赛克装饰的阅读花园、毛石垒砌的叠台花园等，希望师生既能享受到更开放的新校园环境，又能感受到丝丝缕缕的回忆，温暖着内心的荣誉感和归属感（图16、17）。

2.2 联系生态的桥梁

新校园建设在盐碱化、荒漠化严重的填海浮土区，山（横琴山）与海之间的生态连续性被阻断。设计之初，生态重建与修复首先被提上议程。正因如此，我们才有机会创造一个人与自然和谐交流的山水环境。

（1）通过薄膜灌水静压处理，稀释土壤的盐碱度，并初步压实软基；

（2）在已降低高程的地面上覆盖种植土，并酌量置换，保证种植土厚度达到1.5m，营造出重峦起伏的自然地形，同时预留出建筑覆盖面及水面的区域，以减少种植土方量；

（3）按初步拟定的景观空间骨架，选种抗性强、耐盐碱的先锋树种，起到一定的防风固土、

构建生态骨架的作用；

（4）在预留的湖区及河道的指定区域，种植水生植物，稳定坡岸，并起到一定的地表水缓冲、过滤作用；

（5）配合建成建筑及最终景观设计，种植生命力旺盛的年轻苗木，营造空间、层次、特色景致，成为自由、开放的交流、学习场所；

（6）结合建筑屋面雨水收集及地表水收集，沿线设置草沟、沉砂池等设施，并将园区中的水系统接入湖中，再将湖水接至园区灌溉及冲洗系统，实现雨水及中水的最大化收集与综合利用，同时计算出雨旱季的水位变化区域，设置相应的景观缓冲区；

（7）按照生态交换效率的计算，在水域指定区域大量增植挺水、沉水植物，在水湾处增设植物浮岛，逐渐达到生态净化的饱和，维持水系生态自净系统的运作，使水边成为很好的学习、活动场所。

至此，园区生态系统逐渐得以重建，山—园—海的生态联系得以修复，花鸟虫鱼渐渐回到这片土地上，师生、游客、动植物可以在这片亲近自然的土地上自由交流、和谐共生。

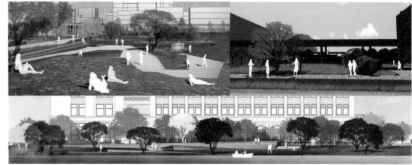

图17 澳门大学新校区中融合士大夫情怀及澳门风情特色的场景（绘制：邓涵）

2.3 作为景观的桥梁

实际建设中，由于水岛的隔离，我们需要设置大量的桥梁，来满足人车交通、促进互动交流。这些桥共有20余座，包括车行桥5座、主人行桥7座、次级栈桥9座以及部分轻型浮桥和汀步桥。

4.6km长的水系，1.7万m²的湖面，20余座风格、形态、功能各异的桥……还有哪个校园可以与之比肩呢？

哈佛的红墙、耶鲁的钟声、普林斯顿的雕塑、牛津的历史建筑和哈利波特球场、剑桥的牛顿苹果树和船、清华的清华园、武大的樱花……每一座美丽的校园，其园林景观都有着自己独特的符号和魅力。新澳大校园的"桥"及其所代表的"联系"，不正是澳大最独特的景观吗？从校徽上的桥，到校园中的桥，随着岁月的流逝，这些桥将会被赋予更丰富的装饰和内涵，寄托更深远悠长的寓意，让世人提及澳大就想起澳大的桥，提及桥就联想到澳大（图18）。

图18 数列计算而来的数学桥及木栈桥，呈现数学之美（绘制：程智鹏）

这些桥中，既有经典浑厚的连拱桥，也有精致通透、装饰着南欧风情铁艺和澳大校训的铁拱桥，还有岭南风骨的石拱桥，严谨周密的数学木桥，轻松简约、亲近自然的湿地栈桥……它们处处透着文化的碰撞、历史的烙印和时代的精神，将整个校园连为一体。

其中最重要的，当属纵贯校园南北的大学之道。它其实是联系校园每个书院、研究所、图书馆、礼堂的一条公共道路，架设在湖边，由多座连桥组成，联系起南北两个湖区。大学之道，源自孔子《礼记·大学》开篇中的"大学之道，在明明德，在亲民，在止于至善。知止而后有定，定而后能静，静而后能安，安而后能虑，虑而后能得。物有本末，事有终始，知所先后，则近道矣。"及德雷克·博克（Derek Bok）的《回归大学之道（Our Underachieving Colleges）》，寄托了澳大师生对新校园及澳大未来的期待和希望。虽谓之重要，设计却只创造了最基本的交通、交流、休闲、社团活动的场所，而把更多的装饰留给未来的澳大师生。我们在桥上预留了大量的装置安装及镶嵌节点，让师生们可以随着澳大的发展去镶嵌展示学校杰出成就的彩色瓷板画、安放澳大名人雕塑等，共同期待更美好的未来。

澳大新校园已于2013年澳门回归纪念日正式启用，其景观规划设计在新时代东西方文化的融合中焕发出了新的光彩。西方园林的开放、生态，提供了一个促进交流的平台；中国园林中的意境、隐喻，则创造了一个富于魅力和荣耀的意象。而这一切，又是这样自然、和谐地共生着。

3 总结

正是在这样一些项目的规划设计过程中，我们得以不断地思考园林景观的变迁及其对新时代新建设环境的适应。事物的发展并非从一个极端走到另一个极端，严格的非中即西的判断、中式古典的封闭或是西方古典的浮夸，都不是我们今天真正需要的园林景观。我们在"文革"期间错过了现代主义风潮，极简主义、功能至上都不能满足新时代的需求，融合之上的变化或许才是值得我们探索的方向。

论及这些融合和变化，2008年前后，人们开始收起先前的浮夸，更加关注生活的本质。人的心灵和物的品质被重新拾起、捧在手心，关注点从外在转移到内在，购买的目标从炫富的奢侈品，转向登山、徒步、高尔夫、游艇、潜水、骑马、滑翔伞等更私人的、订制的、修行性质的户外活动、极限运动、旅行度假、休闲养生、修行礼佛、文玩收藏……从收集炫耀的资本和出场的名片到自身的娱乐和享受，从视听的冲击到情感的体验，从器张的服饰显摆到安静的禅茶器物玩赏、品味、交流，从光怪陆离的都市迷离到静谧天然的田园生活，从机器的喧嚣到虫嘤雀啼，从追逐霓虹灯到再见萤火虫，从张扬到内敛，从挑战他人到挑战自我……虽然，我们不可能回归到魏晋时期的极致田园山水情怀，毕竟，我们需要现代社会带来的便利和舒适，但是，这些暗涌的变化，莫不是源自"骨子里的中国"？

中国的城市化建设进程远未止步，还有很长的路要走；西方古典园林仍有其长足的魅力和影响力，对西方园林的效仿亦不会戛然而止。然而，品味这种独有的士大夫情怀，以更开放的心态接纳各地生活的美好之处，寻找更符合中国人梦想的新栖居环境，仍是我辈以及未来的景观设计师义不容辞的职责。🌸

参考文献：
[1] 郦芷若，朱建宁.西方园林[M].郑州：河南科学技术出版社，2001.
[2] 傅晶.魏晋南北朝园林史研究[D].天津：天津大学.2004.
[3] 马晓京.略论魏晋南北朝隐逸与士人园林[J].中南民族大学学报：人文社会科学版，1998(2).
[4] 佚名.士大夫文化与园林[DB/OL].[2010-07-17]. http://wenku.baidu.com/link?url=4kMsNyLVtvhv1f1xtaGELT-DUvFeWnCTb0g2ImjIbO916h9rAG-7TzS1AefVannzW-RC9F8epZJib0OqkxLU9B44ND8l2OZKa8_N6k-v2EK

作者简介：
程智鹏，出生于1978年10月，男，现任深圳文科园林股份有限公司景观规划设计院副院长。
邓涵，出生于1981年4月，女，现任北林苑景观及建筑规划设计院创意总监、副总经理。

文化·印象
——对具有文化内涵的景观设计的理解与思考
CULTURE·IMPRESSION
—UNDERSTANDING AND THINKING OF LANDSCAPE DESIGN WHICH CONTAINS CULTURAL CONNOTATION

作者：

夏靖 XIA Jing

关键词：

风格化；主题化；文化印象

Keywords:

Stylization; Thematization; Cultural Impression

摘要 Abstract

时代的快速发展和人们审美意识的提高给景观设计提出了更高的要求。随着具有丰富文化内涵的景观设计得到普遍的重视和提倡，主题化设计逐渐成为一种趋势。对文化内涵的需求是主题化设计的基础，以文化印象为依据展开设计是一个比较有效率的思考方式。我们不应局限在仅有文化元素的设计，而要对文化现象及内涵进行提炼与总结，不断地追求具有更高审美品质的设计，避免庸俗化。对实际案例的分析可以帮助我们对这样的设计方式的可行性进行探讨与研究。

The rapidly-developed era and the improvement of people's aesthetic consciousness make a higher demand of landscape design. With the attention of rich-cultural landscape design, themed design is gradually a trend. The demand of cultural connotation is the basic of themed design, and to design through cultural impression is a more efficient way of thinking. We should not be limited in the cultural-elements-only design, but to extract and summarize the cultural phenomenon and connotation, constantly pursue more aesthetic design and avoid vulgarization. The analysis of practical projects can help us discuss and research the feasibility of this design method.

国内的现代景观设计正蓬勃发展、方兴未艾，但真正进入快速发展阶段也就是十来年的时间。随着国内用户市场、开发商和本土设计师对景观、环境艺术的认知不断提高和成熟，景观行业也由初级的学习和模仿时期，慢慢向品质化设计阶段转变，并通过总结和归纳，探索个性化的设计语言。具有丰富表现力的高品质景观设计作品正不断受到重视和提倡，概念笼统的风格化设计正逐步被文化内涵清晰的主题化设计所取代。设计中的文化概念和文化表达既是目前的时尚所趋，也是将来一个必然的发展方向。

关于由风格化设计向主题化设计的转变，景观设计师需要了解支持这种转变的设计基础，即对文化内涵的需求。社会文明的进步和经济基础、物质生活水平的提高，必然会带来人们对精神生活享受和对丰富的文化体验的追求。景观设计本身带有文化属性，其设计内容、使用对象和设计人员都不同程度地具备某些文化特征，其设计过程或多或少地都带有文化色彩。因此，景观设计离不开文化因素，脱离了文化内涵的景观设计是空洞乏味的，是缺乏生命力的。文化需求将景观

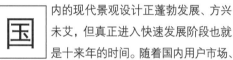

图1~6 法式园林文化元素

设计中的文化属性提高到了一个新的高度。

那么，使这种具有明确文化内涵的主题化设计得以发展和提高的设计依据应该是文化印象。之所以称之为"文化印象"，是因为不同的美好的文化现象和文化表达都能给人以深刻的印象，特别是具有长期历史积淀的独具风情的文化印象更是令人回味无穷。因此，文化的介入是园林、景观设计具有独特性，向多元化、品质化发展的有力保证。景观设计追求的是能给人们留下美好印象的文化现象，是要经过筛选和提炼的。比如说到法式文化，人们就会想到漂亮的几何形修剪绿化，巴洛克风格的建筑，美食葡萄酒，普罗旺斯的薰衣草花海以及大轴线式布局的宫廷花园（图1~6）；而谈到日本文化，脑海中则会浮现出整洁的次序化、精心修剪的植物造型，一丝不苟的禅意枯山水，还有如同戴着斗笠的石灯、小水钵等具有典型特征的元素和场景（图7~12）；关于东南亚印象，则一定是沙滩海风，种类繁多的花草树木，明亮灿烂的颜色，茅草亭中水果的清香，泳池中的凉爽（图13~18）……这些都是不同文化留给我们的各种印象，是大脑经过筛选、提炼后所留下的愉悦感受的印象，它不仅仅包括人们所能看到的视觉画面，还有环境和氛围以及诸如嗅觉、听觉等感官因素和文化元素带给人的综合性的感知和感受，它是具象与抽象相结合后所传达出的整体印象。

以美好的文化印象为依据，设计师才有可能真正设计出带有文化意味的设计作品，而这样的作品亦能推动文化的传承。它是经过提炼后的较为纯粹的文化再现，是与时俱进的时代性文化探索，是有生命力的可持续的发展，是令人尊重的追求。

但是，我们在这里所说的有文化意味的景观设计，绝不是曾经那种简单的复制、模仿和似是而非的臆造，那些设计是不能被冠以文化的名义的。虽然景观设计具有文化属性，但这并不代表景观设计就具备了文化品质，有文化属性的景观设计也有庸俗与高雅的分别，有品质高低的差异。一个优秀的景观设计师对于文化以及具有文化内涵的景观设计，不能以一种肤浅的方

图7~12 日本园林文化元素

图13~15 东南亚园林文化元素（拍摄：夏靖）

式来理解。

文化虽是一个很宽泛的概念，落实在景观设计中，却是需要实实在在地表达并能传达出一种切实的具有审美享受的印象。那么，如何才能做出这样高品质的设计呢？总结和研究是一个必需的途径。总结是在分析的基础之上，对所需的印象深刻的文化现象进行分析提炼的过程。这种分析过程包含了两个层面或者说是两个部分的工作。

一是对具体的文化元素的理解。在这一点上，大多数设计师都能做到而且乐于进行这方面的收集和运用，因为这是最直观的形象表达，也是景观设计中最便捷的表现手法。翻翻画册、找找案例，出去拍一些照片，这样，依靠组合就基本上完成了一套方案的设计。这样做效率很高但思考的成分太少，基本上是文化元素的复制和罗列，难以给人留下深刻的文化印象。如果认为几个文化元素和某些细节形象的使用就是文化设计的话，那就是理解上的简单化和表面化。这样的设计作品就如同一个贴牌产品，靠元素标签说话，是一种说明式的表达，缺乏内涵和生命力，少些个性。对于品质化的设计来说，这种思路和方法是不可取的。当然，各种元素如果运用得好，并且元素本身具有较好的品质，也是可以形成带有一定文化成分的设计的，也就是前面所谈到的风格化的设计。这样的例子很多，比如曾经流行的欧陆风、新古典、简欧风格、浪漫法式、地中海风情以及中国文化的中式古典和新中式等等。风格化设计虽然给我们带来过新鲜感，但随着使用量的增多，也就出现了越来越多的雷同。由于风格所包含的内容往往大而杂，如果不进行认真的细化与精炼，设计虽多，却仍是千篇一律。总的来说，这种风格设计是文化设计的基础，不是目标。

二是对文化印象的研究和思考。这是包含了文化元素在内的，对所需的具体文化现象所做的整体性的分析和理解，是归纳与提炼后得到的具有典型代表性的印象概念，是基于印象之上的更为广泛的形象思维和抽象思维的综合。那么印象是什么呢？印象是接触过的客观事物在人们的思维中留下的迹象，是认知主体对相关认知客体在头脑中的形态留存。认知主体一般会按照以往的经验将情境中的事物或者人物进行归类，明确其对自己的意义，使自己的行为获得明确定向，这个过程称之为印象形成。由此我们可以知道，印象是有明确定向的，在景观设计中，这个"明确定向"具有明显的主题化倾向，因此，这样的设计方式是一种主题化设计。以文化印象作为基点的主题化设计可以更精准、深入地对一种文化状况进行精细化设计，更容易传达一种印象整合后的符合某种具体要求的文化感受。这种方式目前在高端项目中得到较多的认可与提倡，同时也对景观设计师的文化修养、总结概括能力、设计经验等综合素质提出了更高的要求。举个例子，我们曾经策划的一个案例，基调是法式文化，但法式文化的内容是庞大而丰富的，那么设计应该如何避免雷同并令人留下深刻的印象呢？这就

图16~18 东南亚园林文化元素（拍摄：夏靖）

需要根据业主方的要求和愿望，根据项目具体的位置、业态、周边环境以及对气候状况、地勘资料的考察整理，确定一个主题化的突出点。我们最终确定的设计主题为"彩风普罗旺斯"。"彩风"是"采风"的谐音，采风是指对民情风俗的采集，这样从主题就可以了解到项目的景观氛围是对普罗旺斯文化现象的采集与综合。"彩风"一词的创意表达暗示出这是一个浪漫、多姿多彩的感受过程。设计的核心是依据彼得·梅尔对普罗旺斯的印象对"闲看庭前花开花落，去留无意，漫随天外云卷云舒"这一闲适意境的表现，是以文化印象而不是以具体元素展开的设计，并试图传达一种经过一系列设计整合后更加纯粹的文化印象。

这种设计过程需要广泛和深入的分析，对大量的分析信息给予总结、梳理和归纳，并依此进行多途径的探索，以期达到一定的创新性目的。总结、探索、追求创新性的设计工作，是完成有文化内涵的景观设计的必要因素和方式，与元素复制和简单模仿有着质的区别，是行业发展的大势所趋。

当然，景观设计不是文化宣传，而是要符合复杂的实用性要求，根据具体情况而具体作为的。以文化因素作为切入点的设计作品，应该将风格设计与主题化设计相结合，既要风格纯粹，也要主题鲜明，"尽精微，致广大"，采用以点带面的设计方法，达到明确清晰的印象感受。

让我们以一个刚刚完成的项目实例，探讨一下其中的设计感受。笔者于2009年10月开始黄山置地国际中心项目的设计，至今已进行了五年的持续跟踪设计。项目设计之初，笔者就感觉到简单的风格定义难以赋予项目时代感和个性化的文化特色。黄山市所处的皖南地区有着深厚的徽州文化积淀，令当地民众以此为骄傲，但古老的徽州文化不能满足现代生活方式和审美感受的需求，那么设计中就必然需要加入一些新形式和新内容，这就是大家常说的"新中式"风格。中国传统文化的悠久历史和广袤而环境迥异的地域，造就了众多个性鲜明的地方文化，如南方与北方、京津与苏杭、闽浙与湘赣等等都有着很大的差别。概念笼统的新中式风格往往缺乏地域特征。要做好这个设计，就必须要对所需的文化现象进行主题化的分析和探索，缩小范围，聚焦核心点，否则，不但会花费巨大的时间精力，还可能出现张冠李戴的现象。笔者就曾经见到过在西安以大明宫为背景的设计项目中出现了

图23 黎阳 in 巷项目实景（拍摄：夏靖）

大量的皖南民居的元素和色彩组合，这是很不恰当的。就本案来说，在庞大的项目地寻找本身特质的文化积淀是关键，广泛的收集和分析总结是首要工作。在纷杂的文化信息和资料中，项目地段上保存不善但又充满传说和典故的黎阳老街给我们留下了深刻的印象。经过多轮讨论和分析后，项目主题确定为"黎阳印象"，以老街的文化印象展开设计。主题的设定为设计思考确立了明确的导向性，使设计工作立即变得有条不紊。老街的良好形态没有得到妥善的保护，面目全非，十分可惜，但依然留有少量有价值的文化资源。基于诸多的实际状况，设计确立了保护、移植、创新的指导原则，拒绝仿古和仿制，以原汁原味的保留发掘和全新的再创造相混搭，共同营建有着时空穿越感的新的文化空间。全新元素的加入，使项目具有了符合时代的审美感受和使用价值。为了表达一种积极开拓与发展的观念，最终项目采用了一个更具时尚感的名字——"黎阳 in 巷"。这是典型的主题引导风格取向的设计思路，完全从以文化印象形成的概念入手，再传达出一种新的文化印象。项目的实施过程得到了当地居民的热切关注，曾经居住在这里的老邻居纷纷前来为我们提供各种老街信息并对设计提出建议，大家对文化的这种认同感给我们的设计工作带来极大的动力；项目完成后也成功地得到了当地社会的认可并获得了专业性的设计奖项。这就是有文化内涵的景观设计的魅力和影响力，也是基于文化印象进行扩展设计的较为典型的案例（图19~27）。

设计是一项艰苦但又充满乐趣的工作，随着社会的发展，整个景观设计行业也在不断进步。社会对有文化内涵的景观设计产品的需求和提倡，迫使设计师必须要持续地进行自我完善和提高综合能力，因为只有这样才会对景观设计

图19~22 设计构想图（绘制：夏靖）

注释：
1. 彼得·梅尔：生于 1939 年 6 月，英籍知名作家，广告公司主管，写过众多作品，其中三部有关普罗旺斯生活的旅游散文为：《普罗旺斯的一年》、《永远的普罗旺斯》、《重返普罗旺斯》。目前他和妻子隐居于法国的普罗旺斯地区。
2. "黎阳 in 巷"项目为笔者于 2009 年在前设计单位所承接的项目。2012 年笔者离开原设计单位后，依然受业主方委托，继续跟进该项目的设计工作至今。

作者简介：
夏靖，男，现任深圳文科园林股份有限公司景观规划设计院副院长兼北京分院院长。

图 24~25 黎阳 in 巷项目实景（拍摄：夏靖）

的文化需求有更深层次的理解，并进行游刃有余的应对，跟上时代的发展。但这不应形成文化负担。因为景观设计本身就是物质生活和精神生活需求的产物，是具有文化属性的，只不过我们所追求的是有个性的和有强烈表现力、符合高审美要求的景观设计作品。只有强调文化现象的介入，才能提供丰富的使用素材和设计依据；只有深入细致地分析和挖掘文化的深刻内涵，才能使景观设计各具特色；只有从文化印象入手，以总结和探索的方式进行不懈的努力，才会取得更好的成就。🏵

图 26~27 黎阳 in 巷项目实景（拍摄：夏靖）

庖丁解牛
——西班牙风格景观小探
SKILLED AND MAGICAL CRAFTSMANSHIP
—SPANISH LANDSCAPE SAMPLES

作者：

邓涵 程智鹏

DENG Han, CHENG Zhipeng

关键词：

西班牙文化；西班牙园林；摩尔园林；庭园

Keywords:

Spanish Culture; Spanish Gardens; Moorish Gardens; Patio

摘要 Abstract

西班牙式的园林景观，在我国尤其是华南地区有着长足的影响。笔者尝试结合自身游历和项目设计的经验，从地理、历史、文化及生活方式等方面抽丝剥茧地分析西班牙园林的沿革，探索这种影响背后的联系；并试图寻找一种地域性园林文化交流学习、参考的方法。

Spanish Gardens has a great influence on China, especially in south China. The author tries to analyze the evolution of Spanish gardens layer by layer through geography, history, culture and life style with his own travels and project design experiences, and to explore the relation from the back of this influence and try to find out a communication and learning method of regional garden culture.

1 西班牙印象

1992 年的巴塞罗那奥运会；凶猛却优雅的斗牛；充满活力的音乐《卡门·序曲》；游戏《大航海时代》中的西班牙无敌舰队；弗洛伦蒂诺·佩雷斯打造的皇家马德里"银河战舰"；时而激扬、时而低泣的西班牙吉他……最初，我们是通过这些接触并认识西班牙的。

这一切，都让热情洋溢的西班牙印象深深地烙刻在人们的心中。

随着不断地学习风景园林设计，越来越深入地去剖析园林景观和我们生活的环境、时代之间的关系，笔者愈发体会到西班牙的园林与本人所熟悉的生活、儿时的记忆是如此的相近。

当我游走在西班牙的大街小巷、宫廷别院的时候，内心产生了强烈的共鸣，竟有"这么远，那么近"之感。岭南的骑楼、筒瓦、彩色玻璃、瓷片花砖……在这里，都似曾相识，如同故地重游。

尤其是其中的骑楼，非常适合岭南的气候，可遮阴、避雨、通风，在西班牙随处可见相似的外廊。广东历来就处在对外开放的前沿，西体中用本不罕见，但是这种跨越重洋的默契，难道仅仅是某个时段的时髦？这让人不禁想去一探究竟。

西班牙风格的园林、建筑，的确在我们当代住区的开发、设计、建造中抹下了浓重的一笔，带来了不一样的体验。比如：深圳的曦城别墅群、万科城；上海的兰桥圣菲；南昌的香溢花城；北京的纳帕溪谷、滟澜山……

图 4~6 广东骑楼

图 1~3 西班牙的颜色、足球及弗拉明戈

附：中国住区园林风格化发展摘要

1. 更早，同宗居民的自然村落，民居聚落；

2. 20 世纪 50 年代，完整模仿前苏联的兵营式行列住宅组团，抹杀了原有民居聚落的地区特色和差异；

3. 20 世纪 80 年代以后，随着国家试点小区的推行和成熟，形成"小区－组团－院落"的三级组织结构，建筑多为带有国际主义色彩的宿舍群，但开始从植物景观方面寻求地方特色；

4. 20 世纪 90 年代开始，一些城市盲目开发欧式建筑，美其名曰"欧风"，出现了大批形制豪华却粗制滥造的建筑及城市景观；

5. 21 世纪，开始借鉴日本和东南亚园林，追求精细和生活感，并走向繁复；

6. 期间，北美、北欧、澳洲更简洁、自然的园林景观风格也产生一定的影响，带来清新、自然、简约、大气的气息；

7. 2005 年，西班牙风格开始大行其道，并从万科城开始，迅速席卷全国；

8. 其后，龙湖推出升级版的"托斯卡纳"风情，以"滟澜山"为代表；

9. Art-Deco、新古典、英式自然风景、现代自然等都在各自的领域有一定的影响。

西班牙（泛）风格建筑和园林究竟有何魅力，以致给我们的生活环境带来如此大的影响，而且在商业运作上还如此成功？作为设计师，笔者尝试把探讨的重点放在了常用材料、建造工艺、空间体验和生活感受上，而不仅仅是形式本身。

2 从西班牙的地理、历史、文化看西班牙园林

2.1 西班牙地理条件对园林的影响

2.1.1 地理位置

西班牙纬度范围和中国河北省相近，然而由于受地中海气候影响，气候条件却和广东相近。

西班牙东临地中海，北濒比斯开湾，东北同法国、安道尔接壤，西部和葡萄牙紧密相连，南部的直布罗陀海峡扼地中海和大西洋航路的咽喉要道，与非洲大陆的摩洛哥隔海相望。

2.1.2 地形地貌

西班牙中部为大面积的高原，除了阿拉贡和安达卢西亚，大部分地区群山起伏，因此不可能出现像法国园林那样一望无际的景象。实际上，西班牙园林大多依山就势，自成独立庭园，这跟意大利台地园和中国园林颇有相通之处。

2.1.3 气候

西班牙是欧洲天气最炎热的国家之一，大部分地区为温带地中海气候，夏季干燥，冬天则温度适中。在西班牙一年可以享受 3000 多个小时的阳光。因此，西班

图 7 中国住宅建设的缩影

图 8 西班牙地图

图9 西班牙民宅聚落

图10~12 西班牙庭园及花卉装饰（拍摄：程智鹏）

牙建筑和庭园具有以下特色。

外廊：防晒、通风，与岭南地区的骑楼十分相似。

高窗且窗洞偏小：防晒、通风，并与铁艺窗花一起成为山墙面的独特装饰，这与岭南地区的高窗（如客家围屋）也颇为相似。

水渠：西班牙年降水量总的来说偏少，年平均350mm，所以西班牙多封闭式庭园，这十分有利于雨水收集。水景多呈现为中央水景轴或十字水渠，这样既可减少庭园景观的用水量，同时有利于植物根部的均匀灌溉。

主要色彩：以暖色调（中北部山区）和白嵌蓝色调（东南沿海，与爱琴海边的圣托里尼相似）为主，颜色干净明亮，点缀鲜艳的纯色（空气透视好的区域都有此特征，如中国西藏、阿根廷布宜诺斯艾利斯等）。

2.1.4 物产

西班牙尤其是东部巴伦西亚地区盛产优质黏土、高岭土和长石，制陶业相当发达，其陶瓷产品出口到世界各个角落。本地也多见筒瓦屋顶、陶罐摆设以及彩色瓷片、马赛克装饰品。

图13 西班牙庭园及水渠（拍摄：程智鹏）

因此，从皇宫内院到平常百姓家，都可以看到大量的瓷片装饰。有的色彩斑斓，有的素净如画，还有的直接就在大片陶砖上绘制细腻精美的画面，再封釉烧制成独有的室外装饰瓷画，甚至大量店招、门牌等都是订制的彩瓷，历经岁月沧桑而华美如故。

图14 阿尔罕布拉宫苑鸟瞰图（来源：郦芷若、朱建宁《西方园林》）

西班牙的大部分地区都比较乡村化（相比中国的"城市化"），生活简单质朴，民众热爱生活，身边景观、建筑、装饰的手工劳作成分很高。

因此，手工制作的形式各异的铁艺、阳台和庭园里斗巧竞妍的盆花、浑厚朴素的陶罐等，跟手工抹灰的墙面一样常见，每家每户都有各自的特色亮点。惊艳之余，亲切而让人流连忘返。这该是一群多么热爱生活、怡然自得的人们啊，把自己的生活环境侍弄得如此曼妙，犹如人间天堂！

在国内看多了千篇一律的建筑、园林景观之后，再品味到这种千差万别的手工肌理带来的强烈的生活感，不禁让人内心燃起热烈的火焰。

图15~17 西班牙陶艺

2.2 西班牙园林历史

2.2.1 受古罗马帝国影响的古代园林（公元4世纪前）

在公元前35000年前后，西班牙就出现了智人。公元前9世纪左右，腓尼基人、古希腊人、迦太基人以及凯尔特人开始进入伊比利亚半岛。

公元前218年，罗马人开始占领伊比利亚半岛，随后进行了约600年的统治。罗马人的入侵对现代西班牙的语言、宗教、法律和园林产生了深远的影响。其中，对园林的影响主要体现在以下几个方面。

起源：创造相对舒适的居住小环境。

形式：以规则对称为基础，蕴含深刻的内在秩序和逻辑，讲究比例和尺度的协调，充满人文美感。这除了源自农耕社会的传统美感之外，更多地源自罗马人在数学、几何学、测量学及哲学、宗教、仪式等方面的深刻影响。

循山：受古罗马人的影响，庄园建在山坡上，将斜坡辟成一系列台地，围以高墙，形成封闭空间。

理水：常在低洼处设置湖泊、池塘存水，并引入水渠，分割园林空间。这样既能改善炎热干燥的小气候，营造清爽怡人的环境；同时还能为园林灌溉提供便利条件。

庇荫：受气候的影响，园林中通常有大量的外廊、连廊、葡萄棚架等庇荫设施，同时在行进路径旁栽植大量行道树、林荫树。

果树：喜在园林栽植果树或其他树木，尤其是独有的西班牙酸橙树。这也是源自农耕时代的朴素审美观，及原始的树木崇拜观念。

这一时期的西班牙园林，因其特征相对模糊，对我们的影响亦相对较小。但我们可以以此了解到西班牙园林的起源及基本环境特征。

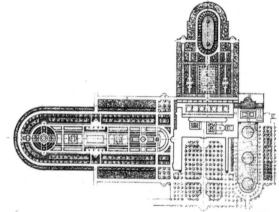

图18、19 西班牙的古罗马式园林（来源：郦芷若、朱建宁《西方园林》）

2.2.2 中世纪的摩尔式园林（5~15世纪）

711年，穆斯林摩尔人入侵西班牙，西班牙人为此进行了长期卓绝的驱逐入侵者的战争（即光复运动）。然而，在摩尔人被驱逐之前，这个穆斯林化过程达780年，这给西班牙打上了另一个深深的烙印——神秘的东方色彩。而此过程给西班牙园林更是带来了深远的影响。

庭园：庭园可谓西班牙园林中的明珠，它们通常小而封闭，类似建筑围合的中庭，与人的尺度非常协调。即使园址面积很大，也常被人为划分成一系列的小型封闭院落，院落之间只有小门相通，有时也可以通过隔墙上的格栅和花窗隐约看到相邻的院落。

序列：或华丽宽敞或幽静质朴的庭园，由狭小的过道串联着。如阿尔罕布拉宫的一系列庭园，一个个穿堂而过时，无法预见到下一个空间，往往能给人以悬念和惊喜。

框景：以柱廊、漏窗、门洞及植物组成的框景，

图20~22 西班牙的水景及彩色瓷片装饰

使各空间相互渗透、彼此联系，这在著名的格内里拉夫花园中有着惊艳的体现。

十字水渠：象征创世纪伊甸园中的水、乳、蜜、酒四条河流的十字水渠，是规则庭园中水景的终极形态。庭园大多为矩形，园内装饰物很少，典型的布局是以十字形道路和水渠将庭园分割为四块，种植同样的树种以达到协调。

中轴水渠：狭长水渠纵贯全庭，水渠两边各有一排细长的喷泉，水柱在空中形成拱架，然后落入渠中。这样的中轴水渠通常出现在带状庭园或系列庭院的中轴线、主入口等位置。水渠两端又常各设有一座莲花状喷泉。如格内里拉夫花园的狭长中庭，水轴长40m，而宽不足2m，纵深感及序列感、仪式感强烈。

中央喷泉：作为对景的视觉焦点，通常设置

在轴线转折之处。

装饰彩色陶瓷及马赛克：色彩丰富，对比强烈，极富特色。这在摩尔式园林及建筑中使用非常广泛，通常出现在水钵装饰、水渠底部铺贴、水池侧壁贴饰、地面

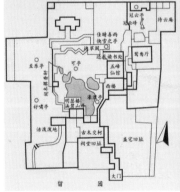

图23~25 留园与西班牙庭园的戏剧感

铺装的边缘及镶嵌、台阶踢面、坡道、坐凳表面、墙裙、亭廊柱体装饰等位置。

附：摩尔式建筑的基本特征

1. 变化丰富的外观：世界建筑中外观最富变化、设计手法最奇巧的当是伊斯兰建筑。欧洲古典式建筑虽端庄方正但缺少变化的妙趣；哥特式建筑虽峻峭雄健，但雅味不足；印度建筑只是表现了宗教的气息；然而，伊斯兰建筑则奇想纵横，庄重而富变化，雄健而不失雅致，说其横贯东西、纵贯古今，在世界建筑中独放异彩并不为过。

2. 穹隆：伊斯兰建筑尽管散布在世界各地，但几乎都必以穹隆而夸示。这和欧洲的穹隆相比，风貌、情趣完全不同。欧洲建筑的穹隆如同机器制品一样，虽精

致但乏雅味。伊斯兰建筑中的穹隆往往看似粗糙却韵味十足。

3. 开孔：即门和窗的形式，一般是尖拱、马蹄拱或是多叶拱，亦有仅在不重要的部分使用的正半圆拱、圆弧拱。

4. 纹样：伊斯兰的纹样堪称世界之冠。建筑及其他工艺中供欣赏用的纹样，题材、构图、描线、敷彩皆有匠心独运之处。动物纹样虽是继承了波斯的传统，但产生了崭新的面目；植物纹样主要承袭了东罗马的传统，历经千锤百炼终于成了灿烂的伊斯兰式纹样。

这一时期的园林、建筑，可谓我们心目中标准的西班牙经典。

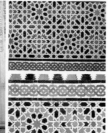

图 26~30 西班牙的装饰性拱门

前文中提及的，在西班牙园林中找到的奇妙共鸣，一方面源自儿时的时空记忆：西班牙与笔者生长的岭南地区气候条件相差无几，因此所运用的与气候相适应的园林、建筑处理手段也相似；另一方面则源自逻辑思维的共鸣：西班牙园林的空间处理手法，与我们骨子里萦绕的中国古典园林中的空间处理手法有着异曲同工之妙，

就如同是在地球的另一端找到了它的镜像。

封闭式庭园（patio）及其序列，在中国园林中有非常多相似的案例，绝妙的苏州园林——留园便是其中的佼佼者。无论西班牙庭园或是苏州园林，这种不可思议的序列可谓将园林的戏剧性展现得淋漓尽致——在一系列庭园内穿堂而过，犹如游走于逐个打开的盒子，你永远无法预见到下一个空间，这又如转换的话剧布景，蕴含各异的情感和感受。

框景与对景，在中国园林中亦是常见手法，与此类似的还有障景与借景。格内里拉夫花园的窗框，如同苏州园林中比比皆是的漏窗，又堪比我国皇家园林颐和园中的著名景点"画中游"，皆是基于相似的空间及情感体验来营造。西班牙庭园中的对景喷泉，则类似于中式园林中假山的地位。

与西班牙庭院中的十字水渠相似的，是中国庭院中的"玉堂富贵"：用十字形园路分割庭院，四角种植玉兰、海棠等有美好寓意的植物，从形制到雨水的收集利用都有异曲同工之妙。而与彩色瓷片装饰相类似的，则是中国园林中的花街铺地。

于是，这种记忆与体验的交织，形成了彼岸的西班牙庭园在此处的亲切感。这些相似的逻辑与规则，与中国传统园林的契合，使得西班牙庭园在中国大地上展现出旺盛的生命力；再加上其浓郁的手工感及个性化，更是让遭受过文化浩劫、经历了计划经济而逐渐公式化的国人，找到了个人情感的宣泄缺口。因此，西班牙风格一度大行其道，也是有着深厚的感情、逻辑、审美的根源的。

2.2.3 17 世纪（勒诺特尔盛行时期）

勒诺特尔（法式古典园林）以恢宏的气势、开阔的视野、严谨均衡的构图、丰富的装饰（花坛、雕像、喷泉等），体现出庄重典雅的风格，把规则式园林的人工美发挥到了极致。一直以来，勒诺特尔都被视为皇权的象征。

西班牙在起伏很大的地形上开辟勒诺特尔，是违反因地制宜的造园原则的。但是西班牙没有铲平山地来营造勒诺特尔，因此其勒诺特尔没有平缓舒展的空间和广衾深远的视觉效果。然而，起伏的地形加上西班牙传统的处理水景的高超技巧和细腻手法，使得园中水景千变万化。

西班牙的勒诺特尔中仍采用大量的彩色马赛克贴面，形成了浓郁的地方特色。

西班牙人还在勒诺特尔中更多地融入了人的情感，使得园林在局部空间和细部处理上，显得更加细腻、耐看。

这一时期的西班牙园林，值得我们借鉴的是其独特的台地式水景中轴的做法。

图31 西班牙式的勒诺特尔（来源：郦芷若、朱建宁《西方园林》）

2.2.4. 西班牙园林延伸

（1）殖民地时期

15世纪末，西班牙逐渐成为海上强国，在欧、美、非、亚均有殖民地。因此，西班牙建筑及园林对其殖民地产生了深远的影响。其中，影响最为显著的是美国的南加州。一则因其是西班牙人的登陆据点，二则因其地形、气候与西班牙非常相似。

这一时期的西班牙园林、建筑，可谓对世界豪宅有着长足的影响。加州作为世界富豪圣地之一，又反过来加强了西班牙风格对中国地产行业的影响。

笔者项目案例：南昌·香溢花城

广告语：去加州太远，到香溢花城。

（2）当代地产中的泛西班牙风格

西班牙风格在地产运用过程中，由于差异化竞争，出现了大量的变体。除了上述的加州风情之外，还有：

地中海风情：更多地采用地中海沿岸的海滨

图32、33 西班牙风格作品——南昌香溢花城（拍摄：程智鹏）

特色，或糅合了意大利台地园、希腊白色建筑等的混合形式。

托斯卡纳风情：某地产公司的西班牙风格升级版，在手工感强烈的景观元素基础之上，融入了自然风景园的空间处理，在别墅项目中独树一帜，尤以大片的草灌花卉、纯林为最。

安达卢西亚风情：更多地采用西班牙南部海滨的做法，以白嵌蓝色调抹灰墙加毛石及大量的室外阳伞、陶罐花卉为标志，竖向变化丰富。

卡泰隆尼亚风情：又称"西班牙皇室风格"。更多地采用中北部山区的做法，以暖色调及水轴、石材、铁艺装饰为标志，更强调轴线感。

3 西班牙文化及其在园林中的运用小贴士

（1）红、黄两色是西班牙人民喜爱的传统颜色。

（2）城堡和狮子是古老西班牙的标志。

（3）西班牙盛产柑橘和葡萄，因此多以柑橘（苦橙或称酸橙）为行道树，以葡萄为荫棚植物。西班牙橄榄树也很美。其国花为石榴花。棕榈类、英国柏、黄杨及柏树绿篱墙，很容易让人联想到西班牙风景。

（4）西班牙人热情、懒散而热爱生活。其建筑及园林也洋溢着慵懒而热烈的氛围，粗朴的手工下透出真挚的情感。

（5）很多人对西班牙的了解是从《西班牙斗牛士进行曲》开始的，所以"牛"也是西班牙的标识性符号之一。

（6）高迪式构筑物和彩色碎瓷拼花在世界上有广泛的影响力，但是主要适用于娱乐主题公园、主题休闲区和滨海休闲区。而白色手工抹灰墙＋天蓝色装饰，

图 34、35 西班牙的特色园林装饰小品

最能体现西班牙南部安达卢西亚沿海风情。

4 西班牙园林设计要素初探

4.1 空间

笔者项目案例：桂林·曦镇

空间性质：三个封闭庭园形成序列；各自有不同功能、主题及装饰。

空间序列：在离散的三个地块之间通过景观的逻辑性搭建秩序感；以数学与几何之美（尺度、比例、黄金分割、高宽比）来隐喻中国人骨子里的礼仪、哲学。

空间过渡：通过景墙、树阵等组织庭园之间的框景与借景，并辅助社区的围合管理。

交通组织：通过水钵、廊架等组织庭园之间的障景与对景，强化庭园之间的空间曲折与视线引导，达到小中见大的效果。

景观结构：短轴对景与交通节点形成网络，并组织近、中、远景的层次感。

完善并强化以上空间结构给人带来的体验和感受：温暖、阳光、安全、放松。

4.2 布局

笔者项目案例：青岛·海泉湾

规则庭园与曲折路径的对比：材料颜色、质感的对

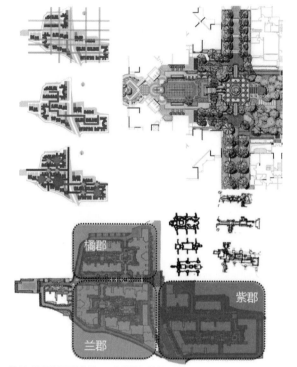

图 36~38 西班牙风格作品——桂林曦镇（绘制：邓涵）

比；尺度、围合感的对比；虚与实的对比。

规则庭园与自由边界的过渡：通常是植物、坡地或台地。

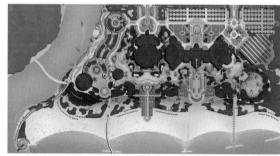

图 39 西班牙风格作品——青岛海泉湾（绘制：程智鹏、邓涵）

图 40 西班牙风格作品——青岛海泉湾（绘制：程智鹏、邓涵等）

图 41 西班牙风格作品——青岛海泉湾（绘制：程智鹏、邓涵等）

节点提示：材料变化或对景关系。

4.3 竖向

笔者项目案例：重庆·山顶道 8 号

空间界定：随空间性质、尺度的不同而变化；
如入口广场（气势）、演艺广场（边界）、交通
广场（中心）的不同。

庭园围合：虚——阵列的植物、花架、拱廊
（框景），水渠、低矮的台地、座椅（心理阻隔）；
实——建筑、围墙、绿篱。

围合界面：停留的感受（400mm 左右的高
度）；注意层次而不是装饰。

围合中心：观赏与提示（高于人的视线高
度）；注意装饰，形成视觉焦点与心理阻隔；
表演或者活动场地则反之（人作为观赏的焦
点）。

场地高差：台地化处理——秩序感、礼仪感；
自然坡地——轻松自然；陡坎或挡土墙——没有
比绿化覆盖更好的办法了。

4.4 装饰

中央水轴：入口、长的连接。

十字水渠：中央庭园。

铺贴材料：各类砖、暖灰色石材、白色及土黄色涂料、黑色卵石。

彩色瓷片与马赛克：局部提亮、标识物、台阶。

图 42、43 西班牙风格作品——重庆山顶道 8 号（绘制：邓涵 等）

图 44、45 西班牙风格作品——重庆山顶道 8 号（绘制：邓涵 等）

图 46 西班牙风格作品——重庆山顶道 8 号（绘制：邓涵 等）

图 47~49 园林景观中常用的西班牙风情装饰（拍摄：程智鹏）

图 50、51 园林景观中常用的西班牙风情装饰

铁艺：墙面上的视觉焦点或虚的隔离。
花钵：遮挡、对位。

5 结语

　　以上是笔者针对西班牙园林资料的整理及总结，并结合本人经历的项目做出的探讨，难免挂一漏万，惟希望能作为我们今后的设计、研究工作的参考，对大家有所裨益。

　　设计远不只是画图，更不是描摹某些形制。好的设计源自对问题的梳理和逐一解决，并结合巧妙的解决方式与视觉形象，形成设计师界定的独特空间体验。

　　这些解决方式、视觉形象、空间体验，自古以来人们都一直在探索，所谓存在之处皆有设计。作为设计师，我们在工作与生活当中应对其加以总结、梳理，厘清来龙去脉，做到知其然，亦知其所以然，如此才能为我所用，飞花摘叶，皆为利刃。❀

参考文献：
[1] 郦芷若，朱建宁. 西方园林 [M]. 郑州：河南科学技术出版社，2001.

作者简介：
邓涵，出生于 1981 年 4 月，现任北林苑景观及建筑规划设计院创意总监、副总经理。
程智鹏，出生于 1978 年 10 月，现任深圳文科园林股份有限公司景观规划设计院副院长。

文化造园：
深圳人本园林新流派
CULTURAL GARDENS: NEW GENRE OF SHENZHEN HUMANISTIC GARDENS

作者：
周庆 程智鹏 张信思 吴宛霖
ZHOU Qing, CHENG Zhipeng, ZHANG Xinsi, WU Wanlin

关键词：
文化造园；人本园林；深圳；新流派
Keywords:
Cultural Garden; Humanistic Gardens; New Genres

摘要 Abstract

深圳园林建设所取得的成就在改革开放后的中国园林史上占有重要地位。本文在深圳园林新流派研究探索的基础上，从风格、思路、成本等层面，剖析深圳园林的人本主义特色，明确提出了契合国家新型城镇化战略的深圳人本园林新流派。

The achievements of Shenzhen garden construction hold an important position in the Chinese garden history after the reform and opening-up. This article bases on the research and exploration of the new genre of Shenzhen gardens from styles, thinking and costs to analyze the humanistic characteristics of Shenzhen gardens, and clearly propose the new genre of Shenzhen humanistic gardens which corresponds to the national new-type urbanization strategic.

文化造园的内涵丰富，涉及层面广泛，目前尚未形成明确定义。本文所探讨的文化造园涵盖造园过程中的人文主义规划设计和严谨园林工程科学等模式和理念，因此本文将造园活动所涉及的思想、方法、机制、模式、程序等统称为"造园文化"。

中国的造园文化始于3000多年前，风景园林学中常见的"囿"、"圃"、"苑"、"园"等词可以在出土的殷商时代甲骨文中寻得踪迹。悠久的造园历史成就了中国造园文化深厚的造诣和蜚声世界的声望。中国式造园讲究生景、画景和意境，采用天人合一、以小见大、咫尺山林等写意手法，借景展现造园家的哲学思想和艺术情趣，折射人类努力与自然环境融合一体的历史变迁。因此，文化造园可以被认为是一种人工环境演绎文化的过程，如图1所示的周庄水乡演绎江南文化，生动而美妙地呈现了亭台楼阁、青砖碧瓦、小桥流水人家这些江南水乡文化特有的造园构件，犹如五线谱的音符，谱写出一篇篇清流萦绕、山石嶙峋、林木森森、竹影婆娑、移步换景的自然颂乐章。

与国际造园经验比较，中国的文化造园与世界遗产委员会于1992年提出的"文化景观"（Cultural Landscape）概念有异曲同工之妙。Fowler[1]明确指出"文化景观"侧重于地域景观、历史空间、文化场所等多种对象的有机融合，以促进和丰富人们对文化的认识和感知。显然，文化景观的外延内涵弥合了中国传统文化思维中自然与人文、有形与无形二元分立的裂痕，将融合自然与人文关系的空间类型带入人们的视野，是中国文化造园可借鉴的先进思路。

研究表明，陈从周[2]定义的造园既是科学又是艺术，他重点阐述了文化DNA（Deoxyribonucleic Acid）在中国文化造园实践中的重要性。综观中国造园史，纵然有南北地理之殊，风土人情之异，却都能够以无形之诗情画意，构有形之山水亭台；无论风雨晦明，景物皆能变化无穷，山山水水，草草木木都承载着文化因素，形成

图1、2 荔枝公园（拍摄：吴宛霖）

荔枝公园坐落于深圳罗湖区深南大道北侧，周边商厦林立，交通繁忙，这里却能闹中取静，坐看闲云。荔枝公园为各个年龄的市民提供了不同类型的休闲空间和游赏方式。

树下围合出一片小天地，望向宽阔的湖对岸，古建新建融合为一副都市景观画。

表1 深圳人本园林与中国园林三大流派的比较

	北京	苏州	东莞	深圳
园林风格	北方园林	江南园林	岭南园林	人本园林
项目代表	颐和园	拙政园	可园	莲花山公园
创作主体	政客官僚	文人墨客	商贾富豪	景观公司
使用权属	皇室成员	士大夫	广府大贾	市民大众
造园思路	大山大水	掇山理水	园宅一体	开放兼容
风格特色	皇家壮丽	江南纤秀	岭南轻盈	人本和谐
建设成本	不计代价	造价高昂	经济适用	市场招投标
园林精神	皇权象征	抱负寄托	重武轻儒	以人为本

注：莲花山公园位于深圳市福田区，由深圳北林苑景观与建筑规划设计院和美国SWA景观设计事务所合作设计[7]。

了誉满天下的北方园林（北京颐和园式）、江南园林（苏州拙政园式）、岭南园林（东莞可园式）三大流派。

时空变换，斗转星移，历史车轮已进入21世纪。在物质文明和科学技术飞速发展的现代社会，造园不仅要满足人们对生态环境、公共空间、生活品质和品位的需要，更要体现人们对文化和精神传承的需求。国家新型城镇化规划[3]明确提出城市建设须注重人文，因为事关人的生存条件和日常生活。出于对造园文化在"新型城镇化"国家战略下可持续发展的期望，笔者将通过分析对比深圳造园史中典型案例的特点，梳理深圳人本园林的特色与代表性。

中国的快速城市化进程，尤以深圳的城市发展为典型代表。深圳园林工作者一直探索着造园文化创新特点和鹏城造园思想[4]。谈健[5]在采访何昉的报道中指出，经济实力雄厚、人才聚集齐备、自然环境得天独厚的深圳，具备打造新园林流派的条件。在改革开放30多年的实践中，深圳已然交出了不错的成绩：1994年获得国家"园林城市"称号，2000年获得"国际花园城市"称号。

深圳文化造园的经典项目众多，位于城市中央商务区北侧的莲花山公园，就是市民津津乐道的城市后花园。深圳莲花山公园筹建于20世纪90年代初，由中外著名设计师组成的景观设计团队共同制定出"遵照场地启发规划的方式，建立活的博物馆"的设计理念。无独有偶，陈卓振[6]总结深圳造园特点趋于集古今中外园林于一地，从而形成中国园林之窗口。观察发现，深圳造园文化具有兼容并蓄的开放思路和人本主义的园林精神，务实地吸收了北方园林、江南园林、岭南园林以及世界各地园林之精髓，逐渐形成了深圳园林的创新DNA文化，即基于人本主义的园林文化——深圳人本园林。

表1梳理对比了深圳人本园林与以中国地域为代表的典型园林流派的不同特点。不同于北京皇家风格、苏州江南情调以及东莞岭南特色，深圳园林不可能跟随北方官僚不计代价地以大山大水的"颐和园"来象征皇权；也不会随波苏州士大夫失望于官场，需造山理水以配天地，寄托"拙政园"理想的政治抱负；或者完全效仿广

图3 莲花山公园（拍摄：吴宛霖）
进入到草坪区域后则是一番豁然开朗的景象，在这样一个寸土寸金的城市，竟有这样一片草坡，可以尽情欢笑奔跑、席地而坐，还可以与身旁刚认识的朋友谈天说地。

表2 深圳园林发展时间轴

类别\时间	风格	行业角色	参与性	代表项目
20世纪80年代	风格不明显,公共项目既有中国传统园林风光,又有现代化公园的色彩,手法简单,简单的绿化修饰	行业角色被动、未形成专业的行业称谓,初具规范化规模化意识	参与性不高,未形成互动,民众参与需求未成规模,不成熟	福利住房:园岭小区;公共:荔枝公园
20世纪90年代	地产行业欧陆风格盛行,移植外观样式,元素杂糅,公共项目风格不明确	受规划、地产行业牵引,效仿发达国家,逐渐形成行业规范	观赏性设计为主,参与性一般	住宅:百仕达花园;公共:莲花山公园
2001年起	受外来文化影响大,地产行业东南亚风格盛行,公共项目风格多元	同规划、地产行业合作互动,不断完善行业规范	调动了人们的参与性,越来越便民	住宅:金地蓝湾;公共:红树林滨海生态公园(现包含于深圳湾公园内)
2004年后	主动探究本国园林文化和宜居风格,中外风格相结合,趋向于简洁、生态	担任城市建设中的重要角色,与各国优秀机构合作,分工更加明确专业	全民化互动,人与园林的关系密切	住宅:第五园、金域华府;公共:深圳湾公园滨海休闲带、欢乐海岸

东商家富豪远离权力核心后的儒家文化,表现于"可园"不规范的园林建筑梁架、不讲究的文联匾对、以武家文化为主的岭南特色。

表1的分析比较展示出深圳文化造园的多元化特色。深圳园林除了采用兼容并蓄的造园思路和定向目标使用人群泛民化,让市民能够方便地使用公园设施,享用深圳文化造园成果外,还在造园文化风格、文化造园建设成本、园林精神象征等方面,均以人为本,追求人与自然、城市的和谐统一[8-9]。如果说外向型的纽约中央公园是美国史上第一个在繁华喧闹的曼哈顿中央商务区对公众永久免费开放的世外桃源[10],那么20世纪90年代末免费向公众开放的莲花山公园便是鹏城的公共场所精神象征,以其风景优美的文化环境和端庄质朴的造园风格吸引着广大市民和游客。据抽样调查研究表明,深圳市民对生态环境的满意度高达87.3%[8],这与深圳市政府坚持环境优先、以人为本、生态优先的理念有着密切关系。这些人本化造园的努力,是深圳文化造园成果与皇家的颐和园、士大夫的拙政园、广府大贾的可园三者之间的巨大差异之一。

何昉[11]指出,城市造园的深圳理念,既关注人文自然与原始生态的融合,又重视本地历史文化的发掘,在吸取国际先进理念和国内造园经验的同时,将历史文脉延续在"有界无界之间"。值得注意的是,其创新理念采用务实的方式实现,既注重技术和建设成本,又注重文化DNA的呈现。另一方面,深圳造园特色的形成也得益于深圳景观行业专业人才齐备、园林行业性价比优势

明显。深圳成功的园林案例比比皆是,每年都有深圳园林企业在"中国风景园林学会优秀园林工程奖"评选中获得金奖。笔者在香港某上市地产集团任职时,曾观察到深圳园林企业在北京、重庆、石家庄、郑州、苏州等景观工程项目招标中中标的百分比较高。深圳园林企业的市场已走出广东,迈向全国。例如,深圳文科园林股份有限公司的园林项目合作伙伴就包括了中国十大地产企业中的大多数,其工程和设计项目遍及全国30个省(市)。这些深圳品牌的造园企业进一步发展了借古通今的创新型人本园林文化,其造园文化特色和产品将为国家新型城镇化建设做出更大贡献。

深圳园林深受岭南文化的影响,如重商文化的传承、对实用主义的重视等。深圳这座城市就是经过设想计划进而不断建造的,它留有余地和全盘的统筹理念

图4 深圳湾公园(拍摄:吴宛霖)

深圳湾位于深圳市南山区,内含红树林生态保护区,在现代化的城市中实现了人与动物、植物和谐共存的共赢空间。

图5 深圳湾公园（拍摄：吴宛霖）
滨海休闲带分为上下两条通行道，下面主要通行自行车，上面主要是人行，是深受市民喜爱的健身骑行绿色通道。

无疑具有先进性，相对于交通、选址、落户、人口等问题固化且日渐严重的其他城市，深圳发展的经验虽然尚浅，但其以人为本的造园思想却是中国园林建设中的开路先锋，为沉寂已久的中国园林续上了新篇。在中国城市的发展历程中，深圳作为中国改革开放的前沿，在几十年间就由一个边陲小镇迅速发展成一座举世瞩目的现代化国际花园城市，因此，深圳园林景观的发展历史和现状对我国园林景观行业具有重要借鉴意义。

深圳作为我国第一个经济特区，吸引了港、澳、内地和国外的大批投资者前来洽谈商务和旅游，因此以旅游绿地开路，带动其他绿地发展，成为其发展特色：深圳先后兴建的旅游度假村，既满足了外地游客的需要，也部分解决了本地居民休闲的需要；此外，主题公园这种形式也是由深圳首创，再逐渐传播到全国各地的。

另一方面，深圳特区开了公园免费开放之先河。公园内绿化环境优良，服务设施齐备，而免费向公众开放，这在全国是最早的创举，体现了改革开放为人民、改革成果人民共享的人本主义精神。目前，深圳所有的郊野公园、森林公园、综合公园、社区公园都免费对市民开放。

在深圳城市化发展的进程中，人口数量与土地需求不断增加，市民对户外活动环境的要求随之提高，生态环境受到的威胁也在加大。1997年《深圳市总体规划1996—2010》编制并开始实施，在全市范围内规划了21个郊野公园，为市民创造了郊游健身的条件，也是维护整体生态格局的一项重要举措[12]。

从20世纪90年代后期开始，深圳市政府重视园林建设的成果开始显现，成片的绿地及适宜深圳气候的常青树种有规律地散布在各个城区，让整座城市四季如春，景色宜人。尤其是随着福田中心区以及华侨城片区等的建设，深圳在生态园林方面的建设成就，已经让这个城市发生了翻天覆地的变化。自1998年开始，深圳拆除了大多数的绿地围栏，让市民可以自由出入公园、绿地。此外，政府还加大了园林绿化投入，建设了一批街头小游园，将公园、绿地的设置按人性化的服务半径，均匀、合理地布局，加上大型的道路绿地、街心花园等，可保证居民能在10分钟步行范围内就近享受公园绿地。

有关绿地系统的规划，深圳先后修编了三次。

图6 生态广场（拍摄：吴宛霖）

位于南山区华侨城片区，广场周边绿树环抱，若是喜荫，就闲步于树下；广场中央喷泉舞动，若是喜阳，就绕着水景沐浴阳光。

2001年，建设部将深圳作为试点城市，对城市绿地系统规划编制的形式、内容及深度进行改革和探索，以应对快速城市化的实际需求。深圳市编制了《深圳生态市建设规划》、《深圳市生物多样性保护规划》、《深圳市生态风景林建设总体规划》、《深圳湿地规划》等一系列关于生态环境和资源保护的专项规划，作为城市生态保护和建设的行动纲领。

2005年，深圳划定了"基本生态控制线"，并出台了《深圳市基本生态控制线管理规定》，通过地方人大立法，把"生态绿线"以法律形式长期固定下来。对基本生态控制线的划定，除了给深圳静态的生态园林圈出一块保护地外，其更重大的作用在于，通过这一"法定图则"，确定了深圳将生态园林建设提高到全市战略高度。在此基础上，深圳首先形成了完整的生态网络系统。根据规划，深圳将市域生态绿地系统分解为"区域绿地—生态廊道系统—城市绿化用地"三个基本组成部分，通过建设8处区域绿地、18条

城市大型绿廊，将城市中逐渐岛状化的大型生物栖息地有机联系起来，形成连续的生态绿地网络系统。

2010年初，人居建设发展处提出的"深圳宜居城市建设发展战略研究"课题被列入政府2010年重大调研课题，以打造民生幸福城市、提升人居环境质量为主题，从生态环境、社会保障、公共服务、安全文明等方面入手，开展"宜居城区"、"宜居街道"、"宜居社区"等特色活动。

综上，我们可以清楚地看到，深圳市在生态绿地、城市宜居等方面的长远规划和举措是深圳园林发展的前提保障，因而城市园林建设才得以成为改变深圳城市面貌的重要因素。

为了进一步说明深圳园林景观日臻成熟的发展轨迹，表2总结了改革开放以来深圳园林建设的经典项目。可见，深圳园林建设一直践行着以人为本的造园思想，无论是本国古典园林还是国外的各色园林，深圳都乐于借鉴和学习，并结合自身社会的特点将其普及开来，这是一种基于民众的主流思潮和文化，深圳在这方面做出了表率。历经不断的量变与质变，人们生活的质量、生存的尊严和权利，在深圳这座园林城市得到了尊重和传承。

以人为本体现在滨海绿化带与绿道的结合，人与植物、人与水的关系密切。下班后或者周末节假日时，骑行、逛公园已成为深圳市民习以为常的生活休闲方式。在激烈的市场竞争环境下，深圳率先引领住宅绿化的浪潮，使居民区室外环境宜人、设施丰富，提升了人们日常生活空间的质量。此外，深圳的特色之一是园林绿化建

图 7 生态广场（拍摄：吴宛霖）

周边小树林清凉舒爽，树下小坐的位置很充裕，来往穿行间的尺度舒适宜人。

设按市场经济的模式运作，采用招标形式，吸取了国内外优秀企业和人才的先进理念及技术。

总体而言，深圳造园行业在体制创新、产业升级、结构调整、扩大开放等方面始终走在全国的前列。通过不断积累经验，深圳已成功建成了全国第一个风景式植物园（深圳仙湖植物园）、全国第一个荟萃各民族文化于一园的大型民俗旅游景区（深圳锦绣中华民俗文化村）等，这些成功案例的示范带动着全国园林行业的发展[11, 13]。这些造园文化经验在全国的持续传播，也在一定程度上塑造着深圳人本园林的新流派地位。

参考文献：

[1]Fowler Peter. World Heritage Cultural Landscapes 1992-2002. A Review and Prospect.2002. Cultural landscapes: the challenges of conservation, 11 November 2002, at Ferrara, Italy.

[2] 陈从周 . 说园 [M]. 上海：同济大学出版社，1984.

[3] 中共中央，国务院 . 国家新型城镇化规划 (2014 - 2020 年)[R]. 北京：新华社，2014.

[4] 张信思 . 深圳园林明天会更好——纪念特区成立 30 周年的回顾与展望 [J]. 风景园林，2010（5）：63.

[5] 谈健 . 深圳园林，将打造中国园林新流派 [N]. 广东建设报，2010-8-10.

[6] 陈卓振 . 深圳经济特区的园林特色——探讨城市生态园林绿地系统规划 [J]. 中国园林，1989（3）：28-32.

[7] 匿名者 . 深圳市莲花山公园 [J]. 世界建筑导报，2005（6）：40-41.

[8] 吕锐锋 . 人·城市·自然——深圳市创建国家生态园林城市心得 [J]. 风景园林，2007（2）：8-15.

[9] 周庆，史相宾，赵立志 . 基于 TOD 模式的绿色城市组团设计策略研究 [J]. 城市发展研究，2013（3）：29-34.

[10]Heckscher, Morrison H. and Metropolitan Museum of Art. Creating Central Park[M]. New Haven, Connecticut: Yale University Press, 2008.

[11] 何昉，庄荣，千茜，锁秀，李辉 . 城市大公园的实践者——风景园林的深圳理念 [J]. 广东园林，2009（S1）：15-25.

[12] 刘家麒 . 深圳园林绿化建设的发展创新之路 [J]. 风景园林，2010（5）：58-59.

[13] 熊志辉 . 关于深圳市建设现代化生态城市与园林式城市构想 [J]. 城市规划汇刊，2000（6）：73-80.

作者简介：

周庆，出生于 1968 年 10 月，男，北京大学深圳研究生院副教授。

程智鹏，出生于 1978 年 10 月，男，现任深圳文科园林股份有限公司景观规划设计院副院长。

张信思，出生于 1939 年 7 月，男，深圳市风景园林协会技术委员会主任，《都市园林》主编，广东省知名风景园林专家。

吴宛霖，出生于 1989 年 6 月，女，现任深圳文科园林股份有限公司景观规划设计院设计师。

图 8 生态广场（拍摄：吴宛霖）

名副其实的生态——低处的雨水花园收集了顺势而下的雨水，过滤后可补给植被用水，形成生态循环系统。

深圳园林的回顾与展望
RETROSPECT PROSPECT OF SHENZHEN GARDENS

作者：

张信思 ZHANG Xinsi

关键词：

深圳园林；生态；人本；诗意；兼容；创新

Keywords:

Shenzhen Gardens; Ecology; Humanistic; Poetry; Compatible; Innovation

摘要 Abstract

深圳园林成绩显著、举世瞩目，但也争议颇多，如"没有文化技术"、"用钱堆积而成"等等。作者以亲身经历及所见，从园林规划、公园建设、道路绿化、宅第园林、主题公园垂直绿化、绿道、湿地、特色植物等各方面的事实充分说明：深圳园林有文化有技术，有自己的亮点，继承与创新、兼容与特色并存；生态、人本、诗意突显，这些特质的形成都与深圳的地理、经济、人文、历史等密不可分。

The achievements of Shenzhen gardens are outstanding and remarkable, but still with lots of controversies such as no cultural technology, built by money, and so on. Through the author's experience and from garden planning, park construction, road greening, residence landscape, themed park vertical greening, greenway, wet land, featured plants, fully expresses that Shenzhen gardens has culture, technology and its own light spots, inheritance and innovation, compatibility and characteristic coexist; all the conspicuous idiosyncracies of ecology, humanity and poetry are close-knit with the geography, economics, humanity and history of Shenzhen.

转眼间，我来特区从事园林工作已 31 年了，不但亲眼见证了特区的飞速发展，更深切体会到深圳园林绿化的艰苦历程及辉煌成就。

1 回顾

20 世纪 80 年代初，深圳只有和平路、解放路几条煞风景的道路及残缺不全的中山公园、水库公园、文化宫小游园，绿化覆盖率不足 10%，贫穷落后，环境恶劣，人称"南头苍蝇深圳蚊，荒野岭小渔村"。但是，来自五湖四海的园林人与其他行业的人一样，以敢闯敢干的务实理念，以"时间为金钱，效率为生命"的文人精神，用青春和汗水，谱写了一曲举世瞩目的绿色篇章。

目前，深圳全市有公园 841 个，森林覆盖率为 44.6%，绿化覆盖率为 50%，建成区绿地率为 39.1%，人均公园绿地面积达 16.7m²，处于全国的领先水平。而且，深圳已荣获"全国园林城市"、"全国生态园林城市"、"国际花园城市"、"全国绿化模范城市"、"中国十佳绿色城市"、"全国环保模范城市"、"全球 500 佳城市"、"全国文明城市"、"保护臭氧层示范城市"等一系列盛誉，这些都是政府及相关部门给的奖杯。尤为可贵的是，老百姓也对深圳园林绿化有特别好的口碑："深圳绿树成荫，鲜花四季盛开，太美了"，"出家门不远就有公园，且不收门票，深圳是一个大公园"。网上也流传着《深圳绿化美如画》的诗歌："久闻深圳绿化美，亲历方知此言真。奇花异木盈满目，绿叶如茵果成林。大街小巷栽果树，芒果荔枝硕果累。清香扑鼻实可爱，馋煞外地北方人。"

从专业技术角度看，深圳园林有许多亮点，它与北方园林、江南园林、岭南园林相比有特别之处，这些既是深圳园林的特点，也是形成深圳园林流派的要素。

1.1 住宅园林

百仕达一期住宅，起初销售情况不好，后来园林搞好了，很快便销售一空。这应该说是开了商品住宅园林的先河。住宅园林充分考虑业主居住生活的方便度，在路边建避雨廊，设置小广场供业主健身娱乐，运用乡土植物精心配置住宅区，都是为了给业主创造优美舒适的居住环境。后来万科东海岸、华侨天鹅堡等商品住宅也纷纷开始建设住宅园林，从此住宅园林成为深圳的亮点，影响了全国各地。全国各地著名的开发商都来找深圳的园林企业做住宅园林。深圳文科园林就为恒大地产做了许多很好的项目。

1.2 道路绿化

深圳的道路绿化成就斐然，路人皆知。城市主、次干道两旁的绿化，少则 10m、多则 50m、100m，植物品种丰富，配置合理，形成了赏心悦目、景观优美、舒适宜人的绿色环境。滨海大道强调绿量生态和亚热带风光，坚持选用阔叶乡土树种为主，

图1 滨海大道（拍摄：陈卫国）

图2 深南大道（拍摄：陈卫国）

科学配置乔、灌、草植被，形成合理的生态群落结构和丰富的景观效果，其林缘线、天际线特别优美。深南大道在两侧合理增加乔、灌木的基础上，着重突出中间的花带（下面有地铁及其他设施，不能种乔木），在绿茵茵的草地上，种植以美人蕉为主，适当搭配其他草花，一年四季五彩缤纷，鲜花不断，美不胜收。特别是后来栽种了小叶榄仁，每年逢春嫩芽初发、充满生机的景色，着实优美。这两条路，不但让市民赞叹不已，也吸引了各地同行纷纷前来参观学习。

图3 荔枝公园一景（拍摄：陈卫国）

1.3 公园建设

在深圳全市的841个公园中，社区公园、市政公园、郊野公园及森林公园遍布全城，总面积达510 km²。深圳是名副其实的公园之城、和谐之城，每个公园都把居民的休闲、健身或娱乐放在首位，却又各有特色：大鹏半岛地质公园以有车一族登山，进行海上活动，欣赏山海风光，了解地形、地貌、地质变迁等为主；大梅沙海滨公园则以打工一族节假日游泳、沙滩活动为主；梧桐山风景区是市民登山、健身、观赏不同海拔高度分布的乔木及木本花卉的好去处；东湖公园以游人观盆景、赏菊花、垂钓、"饮水思源文化"为主；翠竹公园以竹子品种齐、数量多而得名，游人在园内健身、休闲的同时，可以领略各种竹子的风姿及韵味；洪湖公园以荷花及水生植物品种多、管养良好而闻名于世；人民公园的月季，每年春节前后都会吸引成千上万的游人观赏、拍照，已获得"世界月季名园"的称号；荔枝公园先以荔枝，后以优美的环境、丰富的文化内涵以及年年举办迎春花展而著名，游人量特别大；莲花山公园以市花簕杜鹃、邓小平广场、纪念园、风筝广场而闻名遐迩；2011年开放的深圳湾公园，以国际视野大气魄的设计，将15km海滨休闲带推至市民眼前，当之无愧地成为全国最美的公园。深圳还是全国首先开展星级公园评选活动的城市、全国首创公园文化节之先例的城市……篇幅所限，不能——述说。

图4 人民公园一景（拍摄：陈卫国）

1.4 绿道建设

深圳的绿道建设，就目前而言应是全国第一。深圳的区域绿道、城市绿道和社区绿道，已建成1200多km，2015年将建成2000km。吕锐锋副市长在谈到绿道时说，"有一条以绿色为基调的慢行道，叫绿道。她坐拥生态之美，践行低碳之风，绵延300多km，像一

图5、6 绿道让生活更美好（拍摄：陈卫国）

图7 鸟瞰深圳新貌（拍摄：陈卫国）

条绿丝带，将深圳的山、海、园、林串联成网。找点闲暇，携上三五好友，或骑车，或漫步在这条绿色长廊上，你可以登山揽海、观景赏花，还能打球下棋、品尝农家美食，悠然自得地过一天'慢生活'"。这是对深圳绿道的最好诠释。

1.5 生态背景林、滨海风光带

深圳的生态背景林、滨海风光带有特别之处。城之北面，东起七娘山，西至凤凰山，连绵起伏近 50 km 的生态背景林；城之南面，从大鹏半岛地质公园到沙井海上田园风光（现为湿地公园）迂回曲折近 100 km 的滨海风光带，山海相依，随着日出日落、潮起潮落、晨曦晚霞、云雾雷电，形成了无数妙趣无穷、绚丽多彩的绝美景色。尤为难得的是，在太阳的照射下，依山背景林、海滨风光带、城中的建筑（含屋顶、墙面、道路、广场）形成各不相同的温度带，城中建筑温度高，促使气流上升，背景林、风光带温度较低，从南北两边向城中补充新鲜空气，形成两个不断运动的、对人身心健康有益的气流圈；再加上城中 9 个组团之间宽广的绿化隔离带、城市道路两旁的绿带、各类公园的绿地，与城中建筑温度之差，更促进了气流的流通。深圳的园林绿化，由于总体规划好，在形成微循环、绿色气流方面具有一定基础。今后，通过测试和研究形成系统理论，继续努力，应可为改善人居环境做出更大的贡献。

图8 鸟瞰深圳新貌（拍摄：陈卫国）

2 展望

深圳的园林绿化已经取得显著的成绩，但与先进城市相比仍存在不少差距；深圳新老城区的绿化水平也不一致。所以，我们还得虚心学习，不断努力，要有赶超先进城市的雄心壮志。到底如何赶超？这是一个很大的题目，需要大家来研讨。

在这里，我抛砖引玉，提出几点不成熟的设想，与各位同行商讨。

（1）解放思想，改革创新，创建深圳园林特点，多做精品园林，形成深圳园林流派。深圳园林既承传了中国经典园林，又广泛吸取了世界各国造园精华，既有岭南园林的特质，又有北方园林、江南园林的韵味，进一步提炼、强化应可形成深圳园林的特点。

（2）加强园林绿化的科学研究，重视节能减排，重视通过绿化形成空气微循环、绿色气流的研究和实践。研究园林绿化对城市、对居民的影响，研究不同植物对人体保健的不同作用，从而使园林植物成为促进人类健康、快乐生活的好伙伴。

（3）重视运用先进科学技术，采用新材料、新工艺、新设备，提高机械化水平；改变依赖人工、打人海战术的状况，促进园林设计、园林施工、园林管理的标准化和规范化的不断发展。

（4）不断提高园林文化艺术，着力打造具有深圳地域、深圳历史、深圳人文特点的深圳特色园林。

（5）进一步提倡立体绿化，努力绿化建筑物立面及楼顶，增加绿量和提升水平。

（6）梳理现有绿化，改造林相，创造生态与景观相结合的优美环境；重新审视绿化配置模式，正确处理"加法"和"减法"的关系。深圳道路、公园普遍种植过密，既影响植物生长，又不通透，存在交通及治安安全隐患，易引发植物病虫害，也不美观，应适当采用"减法"，通过以生物学、观赏学特性为依据的科学梳理，促使植物的合理配置和健康生长，突显园林植物的群体美、个体美，以便让深圳有更多有影响力、承载历史的大树。

（7）进一步加强园林绿化管理，在管理中完善、创新、提高。

可以预见，深圳园林会越来越好，会继续占据中国园林的领先地位，会走进世界园林的前列。🌐

作者简介：
张信恩，出生于 1939 年 7 月，男，深圳市风景园林协会技术委员会主任，《都市园林》主编，广东省知名风景园林专家。

花文化的灿烂明珠
——深圳市迎春花市
SPLENDID JEWEL OF FLORA CULTURE
—SHENZHEN SPRING FESTIVAL FLOWER FAIR

作者：

姚建成

YAO Jiancheng

关键词：

花文化；深圳迎春花市；回顾

Keywords:

Flora Culture; Shenzhen Spring Festival Flower Fair; Review

摘要 Abstract

本文重点介绍了花文化的灿烂明珠——深圳市迎春花市的由来和发展历程，回顾了 1982~2014 年 33 届花市的举办情况和特色。文章还对迎春花市今后的发展提出了随想，相信花文化凸现的深圳市迎春花市会不断发展，推陈出新，以更新的文化内涵融入人们的心中。

This article focuses on the origin and development of the splendid jewel of flower culture—Shenzhen Spring Festival flower fair, and reviews the situation and characteristics of 33 flower fairs from 1982 to 2014. The article also proposes ideas for the future development of Spring Festival flower fair, and believes the fair will constantly develop and refresh to melt into people's hearts with newer cultural connotation.

1 由来

深圳市迎春花市是指每年农历腊月二十五或二十六开市、持续至除夕夜 24 点结束的花卉展示和销售活动。

一年一度的岭南迎春花市起源于珠三角，早已为世人所瞩目。春节前夕，特别是除夕前三天，珠三角各地的大街小巷都摆满了鲜花、盆橘，各大公园都在举办迎春花展，各地的主要街道搭起了彩楼和花架，四乡花农纷纷涌来，摆开阵势，售花卖橘，十里长街，繁花似锦，人海如潮，一直闹到初一凌晨，方才散去，这就是珠三角特有的年宵花市。

顺德、广州等珠三角地区以种花为业已有一千多年的历史。一年一度的迎春花市，是 20 世纪 60 年代初才形成的。那时的花市除卖鲜花外，还卖古董、杂架、年宵品等。改革开放以来，随着商业经济的发展，迎春花市更加繁荣了。

花市盘桓
令人撩起一种对自己民族生活的
深厚情感
我们和这一切古老而又青春的东西
异常水乳交融
就正像北京人逛厂甸
上海人逛城隍庙
苏州人逛玄妙观所获得的
那种特别亲切的感受一样

图 1 花市上的黄金果

图2 手工制作的假花，色彩斑斓

图3 花市上的金橘

图4 花市上的水仙

作家秦牧曾写道："花市盘桓，令人撩起一种对自己民族生活的深厚情感，我们和这一切古老而又青春的东西异常水乳交融，就正像北京人逛厂甸，上海人逛城隍庙，苏州人逛玄妙观所获得的那种特别亲切的感受一样。"迎春花市，已成为普罗大众的快乐大事，每年这时，人群熙来攘往，甚是热闹。

截至2014年，深圳市迎春花市已举办了33届。1982年，深圳特区成立还不到两年时间，当时虽然一切才刚刚起步，但为了顺应民意，市政府于1月在工人文化宫举办了深圳市第一届迎春花市。此后，深圳市迎春花市通常都在春节前五天举办。

1.1 迎春花市得益于深圳市的天时地利

深圳毗邻香港，是广东省最南端的一座海滨城市，属南亚热带季风气候区。从气候学上讲，深圳是没有冬季的，其无霜期长达355天，常年温暖，年平均温度22.4℃，最高温度36.6℃，最低温度1.4℃，年平均降雨量1948.6mm，雨量充足。寒冷月份最低平均温度通常不低于10℃，常年主导风为东南风，从每年9月至翌年5月是温带草木花卉生长的黄金季节，因此，花木四季常青。而迎春花市的举办时间适逢1月下旬至2月中旬之间，此时北方正处于寒风凛冽、冰天雪地的"三九天"，不可能在室外进行花卉的展示与销售。而深圳市此时正是风和日丽的日子，这得天独厚的条件使深圳迎春花市可在室外进行。

1.2 深圳市迎春花市也得益于人和

因地制宜，借品牌效应。众所周知，广州是中国历史名城和中外闻名的花城，是花市的起源地，其花市的历史相当悠久。早在两千多年前的南汉时期，广州市郊就已出现专业种花出售的花农；到清朝中叶，一年一度的除夕花市逐渐形成；新中国成立后，继续发扬节日传统，从1960年开始，已发展到分区开设花市，所以迎春花市是广州的一张名片。

深圳位于广州以南，气候类型与广州相同。在特区成立之初，深圳有很多外地人，这些人大多来自广东省其他地区。为了丰富市民的春节文化生活，充分利用有利的地理和气候优势，深圳市政府参照广州办花市的经验，于1982年在工人文化宫举办了第一届迎春花市。

迎春花市是广府文化中独有的民俗景观，既可营造节庆氛围，传承民族风俗，

图5 深圳市第三十三届迎春花市现场

图6 深圳市第三十三届迎春花市现场

还能让商户在岁末小赚一笔，图个"好头好尾"的吉利，让大姑娘、小媳妇甚至学子幼童体验捡个趁手便宜的欢喜。除夕夜，北方人少不了"包饺子"，而广东人则非要逛一遍"花市"，这辞旧迎新的功夫才算得上圆满。

2 历程

深圳迎春花市指的是罗湖区花市，花市起初由深圳市政府主办，从1986年开始改由罗湖区主办。建设路、工人文化宫、滨河东路、嘉宾路、人民南路、东门南路等先后成为花市举办地。1998年开始，罗湖区的爱国路成为花市举办地，如今这里已成为深圳每届迎春花市的固定举办地。

随着市民生活水平的不断提高和对花的需求的不断增加，深圳迎春花市的规模逐年扩大，花卉的品种越来越丰富，品质越来越高，如今它已成为深圳的一张重要文化名片，也是深圳市民除夕夜必不可少的文化大餐。现在，在深圳的花市购花、赏花已经不是广东人的专利了，岭南文化早已慢慢融入到了深圳市民的生活之中。

2.1 第一阶段（1982~1990年）

深圳市迎春花市刚举办时多是地摊式，由花农自行摆卖、销售，而且花卉以菊花、剑兰、水仙、大丽花为主，盆栽则以橘为主，大多是一些比较低端的花卉，但依然有很多人来买花、赏花。

1988年在国贸中心前举办的花市多了一个新亮点，当时有公司专门搭建了15m²的装饰花屋，吸引了大量游客、赏花人的关注。此后，花市便慢慢出现了很多专门搭建的销售摊位，花卉品种也增加了不少，包括玫瑰、康乃馨、百合、马蹄莲等，盆栽方面则出现了比利时杜鹃、凤梨科观赏盆栽、荷兰风信子、郁金香等。

2.2 第二阶段（1991~2003年）

迎春花市在最初举办时并不被人们看好，但在政府相关部门的带领下和热心的园林、花卉公司、有关花卉的研究单位及花商、花农的鼎力支持下终于慢慢地成长起来了。

这一阶段深圳市迎春花市已步入壮年期，得到了广大市民的认可，并已成为大家欢度春节的一项重要活动。

此时迎春花市已搭建起专门的销售摊位，气势也壮观了不少。摊位开始变得紧俏，花卉的各种展示层出不穷，展销的产品中开始加入了同春节喜庆相关的产品，如灯笼、对联、即兴书画等。各种民间艺人也出现在花市上，有文化内涵的产品开始获得市民追捧。当时，甚至有公司一口气订购了32个展销位，在花市入口两边各设置了16个花档，全部采用钢架结构，按照品种分区摆设，单鲜花花艺插花区就有12m长、2m宽。当时销售的花卉除传统花卉外，还增添了不少进口花卉，如大花蕙兰、郁金香、蝴蝶兰、比利时杜鹃等，令人耳目一新，成为当时迎春花市的一大亮点。据说，当时的进口花价可以说是天价，如一盆组合的大花蕙兰（大概4葶）价格高达8000元，而且销售还极其火爆。

这一阶段，花市还出现了不少学生军，高峰时有数百人之多。他们利用寒假，自由组合参与迎春花市，通过花市勤工俭学，接触社会。他们的营销手段往往别具一格，为迎春花市增加了一道靓丽的风景线。年轻人的活力吸引了大量市民的关注，据了解，不到一个星期的勤工俭学销售，每个学生即可盈利2000元左右。

每到除夕夜
逛花市的人密集到人挨着人
其中不少是全家出动
老少三代兴高采烈地边逛边看
如后浪推前浪般行进采购
真是其乐融融
尽显天伦之乐

图7 花市上的立体贺卡

图8 花市上的工艺品

在这一阶段，为了增强竞争力，新颖而有艺术特色的插花花艺也大量涌现，不同流派的花艺及表现喜庆氛围的作品大量面市，层出不穷，深受市民的喜爱。也有些公司通过展出旋转的灯笼和喜庆花车，祝贺市民新春快乐。现场观者如潮，人山人海。

2.3 第三阶段（2004年至今）

深圳迎春花市的铺位开始是免费提供的，后来随着参加展销的人员不断增加，铺位已供不应求，所以从2004年开始，主办方采取公开拍卖的方式出售花市铺位的使用权。1982年举办的首届深圳迎春花市才100多个摊位，入场人数2万多人，成交额仅十几万元。而2012年迎春花市人流量已超过110万人次，交易额达4000多万元。如今一年一度的迎春花市，已为世人瞩目，其规模庞大，整条街道布满上千个摊位，每年可吸引数十万人前往采购各类商品。游人逛花市买到鲜花，寓示大吉大利、大展宏图，所以逛花市、买年花也已成为深港居民辞旧岁、迎新春的一项传统生活习俗。

近十多年来，深圳迎春花市已慢慢深入民众心中，随着需求的日益增长，在罗湖区办的迎春花市已远远不能满足人们的需求了，所以各个区纷纷办起了自己的迎春花市。2006年南山区举办的迎春花市甚至持续到元宵节才结束。

另外，在农科中心花卉超市、莲花山花卉世界、南山区花卉世界举办的迎春花市，更是占了天时地利，成为深圳的年前超级花市。其中，精品及传统花卉应有尽有，而且花市时间比深圳市迎春花市提前20天左右，是绝大多数迎春花市小铺主采购年花的必去之处，也是深圳市民提前逛花市的好地方。

这一阶段，迎春花市的管理更趋于市场化、规范化。如：规定铺位禁止经营服装、食品（含饮料）及封建迷信产品；严禁易燃易爆的危险物品进入花市范围内；禁止铺位专门销售陶瓷制品为主等。只要按上述规定经营的，任何自然人、法人、境内外人士（含港澳台）均可参加经营。

很多现已成为知名企业的园林花卉公司都曾参加过迎春花市，如深圳文科园林股份有限公司就曾参加过几届迎春花市，与市民共襄花文化的盛典，取得了令人瞩目的成绩。

3 随想

笔者曾从1987年到2002年连续参加迎春花市的展销工作，深深感受到了岭南花文化的明珠——深圳市迎春花市所带来的巨大而又深远的影响力。

每到除夕夜，逛花市的人密集到人挨着人，其中不少是全家出动，老少三代兴高采烈地边逛边看，如后浪推前浪般行进采购，真是其乐融融，尽显天伦之乐！

图 9 各色花卉，姹紫嫣红

　　深圳迎春花市除了给民众搭建了一个愉快交流的平台，另一深层次的影响是让花逐步进入了千家万户。而且把花买回家后要考虑怎么摆设、陈列，这又把人们对美术、艺术的鉴赏引进来了。为了营造一个幸福、祥和、喜庆的家，各种艺术手法更是勾起了人们对花文化的向往。

　　另外，可以说很多园林公司的发展都始于花卉，从迎春花市进入到园林花卉产业，然后逐步涉足园林。他们通过在迎春花市中得到的启示，逐步将花文化展现在园林景观设计中，为人们创造出了美好的园林文化。

　　相信花文化凸显的深圳市迎春花市会不断发展，推陈出新，更以新的文化内涵融入人们的心中。🏵

作者简介：

姚建成，出生于 1940 年 11 月，男，现任深圳市花卉协会秘书长。

从主题景观到主题城市
——论文化在城市景观中的应用
FROM THEMED LANDSCAPE TO THEMED CITY
—THE APPLICATION OF CULTURE IN THE CITY LANDSCAPE

作者：

郑建平 肖家亮 何丽

ZHENG Jianping, XIAO Jialiang, HE Li

关键词：

主题景观；主题城市；文化

Keywords:

Themed Landscape; Themed City; Culture

城市发展过程中的"千城一面"现象引发了人们对城市文化的重视，并开始通过主题建构来推动城市发展。作为城市主题的注脚和城市文化的载体，城市景观的作用不可忽视。文章从景观设计的角度，探讨文化在城市主题建构和景观建设中的应用，以及主题景观的多种设计手法，并结合中旅地标的项目成果论述主题城市的景观表现形式。

The phenomenon of "thousands of cities look like the same" during the development of cities causes people's attention to the city culture and pushes city development through theme construction. As the footnote of city theme and carrier of city culture, the function of city landscape is crucial. From landscape design, the article discusses the application of culture in the city themes and landscape construction and various design methods of themed landscape, expounds the landscape expression of themed cities with the project achievements of Dibrill.

从本质上来说
城市景观设计是一种高度融合了
人类物质、精神两方面文明成果
的人文行为
促使很多具有不同地域风貌的城市
成为特色鲜明的"文化有机体"
发挥着文化传承、城市美化和
社会教育等功能

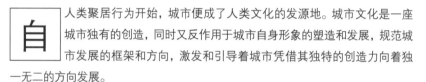

自人类聚居行为开始，城市便成了人类文化的发源地。城市文化是一座城市独有的创造，同时又反作用于城市自身形象的塑造和发展，规范城市发展的框架和方向，激发和引导着城市凭借其独特的创造力向着独一无二的方向发展。

然而，城市往往会在建设与发展过程中迷失自我。从16世纪起欧洲的巴洛克城市建设模式，到19世纪末美国以城市中心地带的几何设计和唯美主义为特征的"城市美化运动"，再到中国改革开放以来如火如荼的"城市化妆风潮"，盲目跟风和"物质崇拜"的现象始终存在。有人形容，中国"200个城市如同一母同胞"，文化内涵被忽视，地方特色被舍弃，没有主题的城市"千城一面"，如同失去了灵魂。

随着这一现象的愈演愈烈，人们开始关注城市主题的挖掘，"文化"作为城市软实力而日益受到重视。在城市主题文化的建构过程中，主题景观的作用不可忽视。本文旨在从城市景观设计的角度，探讨文化在城市主题建构和景观建设中的应用。

1 主题景观与主题城市

1.1 城市主题景观

城市景观的历史与城市一样久远，并随着人类文化的发展而日新月异。凯文·林奇（Kevin Lynch）曾说过："城市景观是一些可被看、被记忆、被喜爱的东西。[1]"英国规划师戈登·卡伦（Gordon Cullen）认为，城市景观是一门"相互关系的艺术"，即城市景观是城市中各种视觉事物及事件与周围空间组织关系的艺术，它是诉诸人的主观感受的客观存在，与人的视觉思维相作用[2]。

这些定义都阐述了城市景观与人的主观意识之间的关系，也因此对应了"文化景观"这一概念。从本质上来说，城市景观设计是一种高度融合了人类物质、精神两方面文明成果的人文行为，促使很多具有不同地域风貌的城市成为特色鲜明的"文化有机体",发挥着文化传承、城市美化和社会教育等功能。

在追溯文化景观的由来时,多数学术研究都会回归至1925年加州柏克莱大学风景园林系教授韶尔(Carl Sauer)的论述:"文化景观是由文化团体对自然景观之作用而形成的。文化是原动力,自然是媒介,文化景观是结果。"而对美国文化景观保护工作有重要影响的著名景观地理学家杰克逊(J.B.Jackson)认为:人们在日常生活过程中,建造经营出有地方特性的空间或景观活动,就是所谓的"文化景观"[3]。因此,文化景观是人与自然相互作用的产物,即"自然与人类的共同作品"[4]。

1.2 主题景观的重要意义

无论是具有美化和纪念意义的雕塑景观,还是作为活动场所的建筑景观,或是可供休闲通行的公共空间,都体现了文化景观对于城市的多重功能。而从更深的意义层面考虑,基于独特文化的城市主题是城市发展的软实力,也是提升城市竞争力、增加城市附加值的重要内容。主题景观则是城市文化的注脚和城市精神的象征,在城市主题的建构中有着以下重要意义。

(1)城市文化的直接反映。人们来到一座城市,通常不会关注这座城市的经济现状、人口结构和功能布局等情况,而是对其主要景观印象深刻。任何一座城市都具有其独特的历史文化和地域特色,城市景观则是城市文化的最直观体现,也是人们认识城市、识别城市的重要窗口,是城市文化在空间上的形象表达和时间脉络上的载体。

丹麦首都哥本哈根,因为是童话家安徒生的故乡而被誉为"童话之都"。城市中大大小小的博物馆、公园、雕塑均与童话相关,整个城市弥漫着梦幻般的童话气息。城中的"童话之城"趣伏里乐园是斯堪的纳维亚半岛最受欢迎的主题公园和欧洲游客量排名第三的公园。乐园环境优美,剧场、电影院、音乐厅等娱乐场所充满童话元素。在散落于城市各个角落的童话角色雕塑中,最负盛名的"美人鱼"雕塑成了哥本哈根的城市标志和文化象征。

(2)城市形象的塑造元素。很多城市在搞形象建设时一味追求"最高最大最强",而忽视文化的力量。以中国为例,据2012年《摩天城市报告》显示,若以152m为统计基线,截至2012年美国有533座摩天大楼,中国则有470座。预计至2022年中国摩天大楼总数将达1318座,是美国536座的2.5倍[5]。而第三次全国文物普查统计数据显示,近30年来全国消失了4万多处不可移动文物,其中有一半以上毁于各类建设活动。城市建筑的高度和文化底蕴的失落形成强烈对比,引人深思。

与以体积征服市场的各种"地标建筑"相比,象征和体现城市文化及精神的主题景观,则可引导城市形象建设从简单的"化妆"到"内外兼修"的转变。如上海的新天地,通过对"里弄"这一特色建筑的巧妙改造而成为我国旧城改造的经典案例。里弄建筑是旧上海社会、经济与文化的精妙荟萃,而新天地所在的太平桥地区是为数不多的几个石库门里弄密集区之一。保留其上海传统文脉,并将其塑造成经济脉搏活跃、文化底蕴深厚、生活方式高雅的现代商住典范区,让新天地实现了文化与商业的双重共赢。

(3)城市营销的重要手段。随着城市化进程的加速,城市的竞争力越强,对资源的吸纳力度就越大,城市品牌营销就成为提升城市竞争力的主要手段之一。作为城市文化直观载体的主题景观,对于城市品牌建设和营销的意义甚至比地域特色更为重要。北京的天安门、西安的大雁塔、拉萨的布达拉宫、巴黎的罗浮宫等著名景观在城市品牌建构中的作用可谓有目共睹。

2 主题景观的设计手法

景观是城市主题文化的外在表现形式,城市主题则是景观设计的灵魂所在。城市景观的设计与城市主题建构、城市整体规划息息相关,需在城市大主题的统领下结合文化特色和主题内涵进行由内而外的精雕细琢。景观的设计不但要在视觉上表达和谐美感,还要注入文化以深化内涵。有意义的景观才能与人产生深层次的情感交流，才能更好地服务于城市主题的构建。那么，主题景观的设计具体有哪些手法？

2.1 独特性的萃取

每座城市都有其独一无二的地域特色，这是城市不可复制的宝贵财富，也是城市最具识别性的资源优势。在景观设计中，萃取城市地域的独特性并赋予其深层次的文化意蕴，可使景观在独具特色的同时，成为城市特色文化的最佳展示载体。

素有"冰城"之称的哈尔滨，充分发挥其冰雪资源丰富的优势，以各种冰雪主题景观塑造了城市迷人而独特的形象。其中"冰雪大世界"是融天下冰雪艺术之精华、集冰雪娱乐活动之大成的著名景观，被称为当今世界规模最大、冰雪艺术景观最多、冰雪娱乐项目最全、夜晚景色最美、活动最精彩的冰雪旅游项目。"太阳岛雪博会"则是全国雪雕艺术的发源地和龙头，是哈尔滨冰雪节的重要组成部分和当地冰雪旅游的最大亮点。这些冰雪主题的景观浓缩了当地人的精神梦

图1 天下第一灯（来源：中旅地标）

想，也展示了哈尔滨特色鲜明的冰雪文化和城市魅力。

2.2 视觉化的创意

城市景观是创意与文化、视觉表达和内涵诠释的统一体，外形的创意设计不仅使其充满美感，也让城市文化更容易被解读和认可。充满创意的城市景观往往具有意想不到的影响力，甚至可以让整座城市的形象得到升华。

以"流浪"为主题的西班牙城市巴塞罗那，其城市主干道为著名的"流浪者大街"。街道的正式名字"兰布拉大街"却鲜有人知。大街上随处可见由西班牙著名建筑师安东尼奥·高迪设计的各类造型独特、充满艺术感的路灯。东头的哥伦布纪念塔正好体现了流浪的真正精神。这条聚集了世界各地流浪者的大街并没有潦倒、落魄的气息，反而充满了浪漫的流浪气质，成了巴塞罗那的城市标志。

在注重视觉化创意的同时，不能忽视景观文化语境的影响。"景观文化语境"是指某种景观图式得以如此产生与采用的特定文化传统氛围，具体表现为特定国家、民族的传统惯例，如中国景观设计中的"山水图式"和西方景观设计中的"几何图式"。因此，决定景观设计的重要因素是所创造的景观是否合乎由特定文化语境所决定的视觉惯例[1]。

2.3 新科技的运用

在科技发展迅速的今天，各种新科技被应用于现代景观设计中。文化的内涵结合新科技的力量，让城市景观拥有了更多元的展示手法和创意来源。声光电技术、喷泉水景、高科技建筑材料、多维景观、虚拟互动等新产品应运而生，带来了新的感官体验。尤其是多媒体技术的应用，赋予了景观更生动的元素和更强的生命力。

位于新加坡金沙酒店附近的滨海湾公园是一座高科技"超级花园"，花园中18棵高低不等的超级树便是新科技的产物。树干上种着热带攀援植物、蕨类和附生植物，白天可遮阳、调节温度，晚上可创造娱乐环境。树顶还安装有太阳能光伏板，可以为旁边的巨型温室提供电力。

2.4 生活感的融入

以人为本是城市空间的本质功能，若忽视了人的行为、隔离了生活气息，城市景观的建设将失去意义。在城市景观的设计过程中，可在城市公共空间融入生活感，通过提供公共活动、社交行为和集合等开放性场所来实现人与景观、人与城市的互动。而在城市公共空间中，广场和街市不仅是城市文明的重要象征，也往往是城市景观中最具活力和魅力的部分。

位于纽约曼哈顿西区的"TIME & LIFE"广场，通过设定主题来体现城市公共空间对普通人日常生活的关注。广场一侧由三个U型蓝色铸铝形体垂直平滑连接

构成的超现实主义抽象雕塑象征着"USUAL"一词，暗示人们平凡的日常生活。广场另一侧宽大的二级水池中，平静的水面和动感的喷泉形成强烈对比，似乎暗示着寻常生活的平静和起伏。水池的边缘被设计成休息座椅，可供人们停留和休息。广场通过对空间的设计和营造，发挥了其作为城市景观的休闲功能和启示意义。

好莱坞环球影城步行街是其外围景观的重要部分，这里是主题商品和特色餐饮聚集区。步入街区如同进入了一个运用"蒙太奇"创造的电影场景中，许多店面采用超现实手法制造"意外的"视觉事件，如从房间里冲破墙壁的机械装置和在入口站立的西部牛仔等。步行街尽头的圆形广场周围的喷泉、水池等景观则为游客提供了丰富的亲水环境。广场中的棕榈树和爬满藤蔓植物的建筑一起营造出充满生机的绿色环境。步行街是好莱坞环球影城影视文化的延伸，也是人们从环球影城的虚幻空间走向现实环境的过渡。

3 主题城市的四种景观表现形式

城市主题文化的规划是一个复杂的有机系统，需以城市的核心特质为理念依托，形成统一的且被市民及市场认同的思维方式、情感方式、行为形式、社会结构、功能形态、城市意象等层次，并逐渐外化为城市的物质世界。景观则是城市主题文化的外在表现和内涵载体。如何通过景观来表现城市主题？这一部分将结合中旅地标的项目成果，来探讨主题城市的四种常见景观表现形式。

3.1 文化主题公园

集休闲、娱乐、教育和文化传承功能于一体的主题公园不仅是展示城市文化的最佳窗口，在转变城市旅游产业结构、提升城市形象方面也发挥着重大作用。下面以宝鸡市的"中华礼乐城"为例进行说明。

宝鸡是"炎帝故里"、"青铜器之乡"、"周秦王朝的发祥地"，是周文王演绎《周易》、《周礼》之地，与周礼文化血脉相依，文化积淀深厚。依托该地深厚的文

图 2 青铜滴漏

图 3 八音编钟长廊

化底蕴，中旅地标规划设计并实施了一座以周文化为核心元素、引导宝鸡市由工业城市向旅游城市转型的城市整体改造设计项目——中华礼乐城。

中华礼乐城又名"周城"，总规划面积 2.9km²，是我国反映周文化内涵的第一个主题公园。项目由天下第一灯广场区、《周颂》大型水景表演区、青铜滴漏广场区、月光球、吉祥大道、八音长廊、十二工坊、乐坊等景观组成。景区既有古朴、凝重、严谨的历史厚重感，又有时尚、科技、

图 4 宫灯大酒店（来源：中旅地标）

现代的生命动感，构成了一幅物之宝、水之灵、光之彩、乐之魂的盛世和谐美景。项目通过再现周代礼治天下的盛世文明，创造了一座特色鲜明的城市文化地理新坐标。

3.2 文化主题建筑

建筑是城市的基本元素，也是城市文化最具象的表现。正如已故建筑大师戴念慈所言："建筑可以像音乐那样唤起人们某种情感，例如创造出庄严、雄伟、幽暗、明朗的气氛，使人产生崇敬、自豪、压抑、欢快等情绪。"[6]德国文学家歌德也曾把建筑比喻为"凝固的音乐"。无论是保护旧建筑以留住城市历史，还是创造新建筑演绎城市文化，都是表达城市主题最常见和直接的手法，如"宫灯大酒店"的设计。

由中旅地标设计的宫灯大酒店是中国第一座宫灯文化建筑艺术精品，是中国宫灯艺术的结晶。酒店将传统宫灯造型和现代建筑艺术相结合，使建筑主体玲珑剔透而又不失大气，犹如一尊气势非凡又不失精致的艺术品。

酒店建筑以雍容华贵的宏伟造型和古典高雅的审美意蕴，铸造出繁华都市的视觉制高点，彰显了深厚的中国文化气质和尊贵的东方皇家气派，并昭示着城市国际化商旅服务理念的全新创新。宫灯大酒店更以浓郁东方色彩的"宫灯"文化为主题诉求和意向延伸，融合了酒店、会所、商业、办公、5D 影院等多元化商务休闲功能，打造出一个前所未有的主题式商务酒店综合体，

凝聚了都市商圈人气新热点。

3.3 文化主题道路

道路对城市的功能分区、交通系统、景观设计和空间布局都有着举足轻重的意义，城市文化也多体现在道路名字、出入口设计、沿街建筑风格、雕塑小品等道路风貌上。如深圳滨海自然风景带滨海大道、东莞绿化与交通合一的东莞大道、西安古风肆意的曲江路等，无不体现了道路作为城市文化载体和使用空间的重要性。由中旅地标规划设计的沪宁高速句容北互通城区连接线——"句容道"也不例外。

句容位于江苏省镇江市西南部，是镇江重要的农业、旅游业、服务业等产业发展基地，有"华夏第一福地"之美誉；同时位于南京东部，被誉为"南京后花园"。"句容道"项目纵向连接沪宁高速与句容市中心，是进出句容的必经之路。

项目秉承"传承、融合、创新"的理念，传承句容的历史文化脉络，融合当代景观设计要素，以"一线四段多点"的规划布局和中国画卷序列手法，打造彰显现代景观元素、多元文化交流的道路景观空间。通过"道之风"、"农之芳"、"艺之彩"、"佛之光"四段道路主题分区规划，展示句容"道教福地 + 艺术之乡 + 农业之乡 + 佛教圣地"的城市脉络，并通过绿色景观的布局、艺术小品的点缀和空间层次的设计，充分展现句容的地理风貌、历史文化与城市精神。

作为进入句容的第一印象和交通要道，项目同时承担着句容生态环境展示和文化导游的双重角色，将体现句容民俗艺术的传承、宗教文化的再现、生态农业景观的延续，以及对未来发展的展望，成为句容新风貌的惊艳一笔。

3.4 文化主题街区

街区往往是城市景观中最充满人文风情和生活气息的地方，甚至可以成为一座城市的名片。时尚大气的纽约第五大道、充满浪漫情调的巴黎香榭丽舍大街、古典优雅的伦敦牛津街以及亦古亦今的莫斯科阿尔巴特大街，其功能早已超出了文化展示、商业贸易的范畴，而成为世界著名的旅游目的地。由中旅地标规划设计的四川"峨眉象城"便是一座依托佛教文化而开发的主题游憩商业中心。

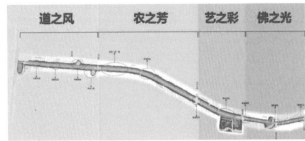

图 5 句容道规划图（来源：中旅地标）

图 6 句容道效果图（来源：中旅地标）

图7 峨眉象城鸟瞰图（来源：中旅地标）

图8 峨眉象城效果图

"峨眉象城"以普贤菩萨的坐骑——六牙象王为设计主题，取"吉祥"、"祥和"之意，是大佛禅院的辅助文化项目工程。项目位于大佛禅院的山门外，规划为五大区域，即"礼佛商业区"、"滨水文化休闲区"、"城市游憩商业区"、"庙会商业区"和"主题客栈区"，以特有的规划表征，力求体现"灯秀"、"水秀"、"乐秀"、"剑秀"、"斋秀"五大传统文化特色内涵，做到四大结合：商旅结合、商景结合、情景结合和城景结合，使之成为连接大佛禅院和十方信众、游人的桥梁。

项目是峨眉山普贤文化、武术文化、民俗文化的展演地，乐山及周边地区的游憩商业中心（RBD），峨眉山市首个也是唯一一个集合了大型商业中心、特色游乐设施、精品时尚百货、特产展销、游客接待服务、旅游商品、宗教用品、文化休闲、餐饮娱乐、酒吧茶社、禅院客栈、民俗风情、歌舞表演、室内健身、电子游艺等于一体的综合型佛教文化主题游憩商业中心。

4 结论

"文化开启了对美的感知"，爱默生如是说。文化是一座城市的灵魂，同时也是开启城市魅力的钥匙；文化是城市主题的核心价值，同时也主导着城市景观的内涵。只有在城市建设中注入文化的力量，城市才能形成自己独有的特色和个性，并在时间的长河中积淀自身的辉煌。

作为城市文化的注脚和城市主题的物化形式，城市景观的塑造影响着整个城市形象的建构。只有掌握合理的景观设计手法和表现形式，在景观设计中注重文化的挖掘、形式的创新和生活感的融入，选择最适合景观文化语境的视觉惯例和表现形式，才能在城市规划中最大限度地展示城市主题，推动城市从"千城一面"到"一城千面"的风貌转变。 ✿

参考文献：

[1] 孙成仁. 城市景观设计 [M]. 哈尔滨：黑龙江科学技术出版社，1999.

[2] [英] 戈登·卡伦. 城市景观 [M]. 天津：天津大学出版社，1992.

[3] 林欣慧. 看见社子岛——从文化地景到地域性 [D]. 台北：台北科技大学建筑与都市设计研究所，2005.

[4] 实施保护世界自然与文化遗产公约的操作指南 [S].2005 版.

[5] 刘德炳. "摩天"的冲动 [J]. 中国经济周刊，2014（2）.

[6] 戴念慈. 建筑学 [G]// 中国大百科全书. 2 版. 北京：中国大百科全书出版社，2003.

作者简介：

郑建平，男，深圳市地标城市规划设计有限公司总经理，城市与旅游设计专家

肖家亮，男，深圳市地标城市规划设计有限公司策划所所长

何丽，女，深圳市地标城市规划设计有限公司策划师

论丰富和发展
深圳城市公园的文化内涵
ENRICH AND DEVELOP THE CULTURAL CONNOTATION OF SHENZHEN CITY PARKS

作者：

王菊萍 谢良生

WANG Juping, XIE Liangsheng

关键词：

园林文化；城市文化；文化建园；深圳

Key Words：

Garden Culture; City Culture; Cultural Gardens; Shenzhen

摘要 Abstract

本文分析了公园的文化属性和文化内涵；通过剖析深圳城市公园的文化危机，阐明了丰富和发展城市公园文化内涵的深刻意义；并从明确公园的文化取向、掌握公园文化的表现方式、实现传统文化与现代文化景观的结合创新等几个方面提出深圳公园文化建设的措施。

This article analyzes the cultural attribute and cultural connotation of parks, expounds the deep meaning of enriching and developing the cultural connotation of city parks through analyzing the cultural crises of Shenzhen city parks, and proposes measures for the cultural construction of Shenzhen parks from defining cultural orientation of parks, mastering manifestation mode of park cultures, realizing the combination and innovation of traditional and modern cultural landscape.

在 新中国的造园史上，"以园养园"的建园方针早已成为过去，"文化建园"却将永不过时。自"文化建园"提出至今，十多年的建设实践已经证实：这个方针适应现阶段的经济发展水平，符合园林事业的发展规律，为全国城市公园的建设和发展指明了正确的方向。要有效丰富和发展深圳城市公园的文化内涵，必须深刻理解公园的文化属性，突出强调公园文化的意义，掌握公园文化建设的方法和发展方向。

1 正确认识公园的文化内涵

1.1 传统园林的文化内涵

园林不仅是物质的，也是精神的。自然是园林的基础，文化则是园林的灵魂。中国园林最基本的文化内涵是把自然人化和人自然化的艺术方式[1]。简言之，自然的人化就是造景，人的自然化就是返璞归真、回归自然。追求深刻的园林文化内涵，必须明确造景是根本，特定文化的表现要从景观本身出发，不能偏离景观，否则只能是简单地往园林上贴文化标签，或附会历史典故的畸形文化现象。例如，公园、景点的主题和题名必须与公园本身相贴切，情景交融，要让游人触景而产生共鸣。园林的文化内涵应基本包含3个方面的内容：

（1）具有深刻的主题意境，能体现深层次的文脉意义；

（2）具有较高艺术性的造园手法和表现形式；

（3）具有相当内涵的构成要素，包括建筑、雕塑、山水、植物，以及书法、园林题咏、诗文楹联等艺术和工艺。

1.2 城市公园的文化内涵

中国已有几千年的园林史，但现代城市公园只是近百年来园林发展的新兴产物。由于近现代的环境危机，以及城市居民对美好人居环境的渴望，人们重新认识了传统园林，并将它和现代文化相融合，形成了现代的城市公园。城市公园除了满足市民户外健身娱乐活动的基本需求之外，更多地反映了生态文明的特征。在文化内涵上，现代城市公园与传统园林有着较大的差距，究其原因主要有以下两个方面。

在服务对象和功能表现方面，现代城市公园是提高城市品质、改善市民生活质量的基础设施，是"平民化"的公共园林，不再是达官贵人独享的离馆别苑，或文人雅士的风花雪月、小桥流水。城市公园以生态效益和社会效益为取向，首先必须满足绿地率和人均占地面积指标，其次才提倡文化内涵的提升；而传统园林是将意境与文化韵味放在第一位的，首先满足的是园主人的精神和审美需求。

在设计、投资、建造、意境表现等方面，现代公园靠的是有限的建设资金、个别的设计公司和施工单位，并且受工期的限制也很大；皇家园林动用是综合国力，是经过无数文化巨匠的精炼，体现的是国家在不同历史时期最高的科技文化发展水平和艺术境界；私家园林的园主人多为文人雅士，个人的艺术品位和审美意识都具有较高的水平，私家园林所表现的艺术最高境界以小家碧玉的园林形态呈现，塑造出许多微缩的世外桃源。

由于以上原因，现代城市公园的文化内涵虽然在很多方面不及传统园林丰富、深刻，但是融入现代"生态文明精神"的现代园林却是在传统园林基础上的一个飞跃性发展。

1.3 深圳公园文化的特征

园林文化主要分两个方面，即自然与人文。深圳公园也一样，其自然文化是以融入"生态理念"为核心的热带滨海文化，人文方面可以概括为历史文化和开放兼容文化。

热带滨海文化主要体现在提倡生态优先、生境多样、地域特色鲜明。特色生境的有山地公园，如莲花山公园、笔架山公园、海山公园；滨海公园，如红树林海滨生态公园、大梅沙海滨公园；湖泊公园，如洪湖公园、荔枝公园、人民公园。总之，深圳公园十分注重公园的生态效益，很好地保护和利用自然资源，创造出多样的生境，体现了城市的热带海滨地域特色。

人文方面主要体现在文化的多元化，包括改革开放前后的历史文化和开放兼容文化。但是，在现代城市公园的建设中，两者似乎有被割裂的倾向，在文化的价值取向上，更加强调后者，时常会看到深圳是座"一夜城"的说法。深圳市是在改革开放中迅速崛起的新城市，但也不能忽视，这个地方已有了 1600 年的城市史、6000 年的文明史 [2]。深圳还有诸多鲜为人知的历史文化有待我们去挖掘，有待在园林建设中得以宣传和体现。

2 塑造城市公园文化的意义

2.1 公园的文化危机亟待解决

深圳市的海洋文化、客家文化、革命文化、改革开放的新文化等传统与现代文化都十分丰富，但是在公园建设中却较少体现。公园的文化危机主要表现在文化景观水平、景观形象、生态文明建设等方面的危机。在全球化的背景下，受外来文化和我国市场经济转型时期资本至上及时尚文化盛行的影响，部分决策者单纯追求政绩、盲目攀比，设计人员迷茫浮躁、不顾本土文化、互相抄袭等，导致城市公园越来越雷同，民族和本土的文化性逐渐消失。广场、硬质铺装、景观大道盛行，山林、湿地等自然环境遭到严重破坏，市民离自然也越来越远。因此，重视公园的生态文明、园林文化建设，塑造公园文化特色，对有效解决城市公园的文化危机具有重要意义。

2.2 提高市民文化素质的需要

公园是供游人休闲娱乐、健身活动的公共场所，优雅文明的公园环境对游人有着潜移默化的影响。公园在满足市民的一般户外活动需求的同时，举办观赏、娱乐、教育、体育等文化活动也十分重要。在公园中学习、了解公园的文化，进而了解城市的历史、地域特色等文化内涵，对于丰富市民的文化生活及提高市民文化素质、道德修养、美学素养具有重要意义。

2.3 塑造城市文化特色的需要

在当今经济、社会飞速发展的时代，城市的面貌正在趋于同一化。城市的文化内涵，很大程度上是通过城市园林绿化来表现的。深圳的地域文化以及改革开放近三十年的发展历程，都具有很强的特殊性，也有在园林中得以体现的例子，如市政府门前的"拓荒牛"雕塑对改革开放精神的弘扬、中心公园的白衣天使浮雕对"非典"时期护士们英勇无私的团结战斗精神的赞美等。城市的文化应尽可能地在城市绿化尤其是城市公园的建设中突出体现，以便让人们能够从日常的活动中了解和认同深圳的文化特色。

3 丰富和发展公园文化内涵的措施

3.1 把握城市文化定位，塑造地方特色

我国的传统文化与园林息息相关。园林文化是城市文化的重要组成部分，公园文化的发展方向应与本市的文化价值取向相一致。

深圳被普遍认为是个没有文化积淀的新城市，公园的文化内涵也不可能深刻，其实不然。深圳地区在历史上是海洋特色文化的融合地，并长期处于广府、客家、潮州三大文化圈的交汇处，移民文化特色突出。深圳传统文化遗产丰厚，如"宝安县文化"、大鹏所城、客家围屋、南头古城，还有已经被破坏殆尽的宝安"祥溪禅院"等。另外，深港两地一脉相通，"中英街"就是一个见证。在近代革命时期，深圳也担负了革命老区的重任，例如"东江纵队"，另外还有蔡屋围已不复

图2 厦门园博园"海上生明月"（拍摄：王菊萍）

存在的"怀懦公祠"。改革开放以来，邓小平名人文化、拓荒牛精神、主题公园文化等成了深圳新时期的文化主流。

丰富和发展深圳城市公园的文化内涵，首先必须发展和宣扬城市的主流文化，塑造宏观文化特色，让城市公园成为城市文化的宣传板，也因它所承载的城市文化而更富有艺术水平和文化底蕴。

3.2 掌握公园文化的表现方式

中国传统园林文化的表现方式主要有：立足地域，突出主题意境，体现文脉意义；利用传统的造园手法，营造丰富的空间艺术；利用造园要素，挖掘园林景观文化内涵。这些文化的表现方式在现代城市公园中同样适用。

3.2.1 突出公园主题意境，体现地域文脉意义

园林作品应当具有深厚的文化底蕴，并能与人们心中的美很好地交融，让人产生共鸣，陶冶情操。城市公园应立足当地地域特色，在公园的规划阶段，根据造园的功能、园址的文化遗韵、造园的特殊时期、园林与文学诗词的联系等，在综合调研的基础上确定公园的主题意境，并注重文化上的继承和文脉上的延续；在设计阶段，公园的结构、布局，景点的塑造等都要与主题相贴合。园林意境是通过园林的形象所反映的情意，使游赏者触景生情，产生情景交融的一种艺术境界。园林用各种构成元素首先创造自然美和生活美的"生境"，然后进一步上升为艺术美的"画境"，进而升华为理想美的"意境"，最后达到三者互相渗透、情景交融的境界。例如，佛山的亚洲艺术公园，是由防洪调蓄的湖泊建设成反映佛山文化艺术的公园（图1），其题名是因举办第七届亚洲文化艺术节而来；厦门园博园的"海上生明月"景观（图2），是园址特征与"海上生明月，天涯若比邻"诗句的完美结合，突出了园博园滨海园林的特色。

3.2.2 利用传统造园手法，营造丰富艺术空间

对于中国自然山水园营造而言，园林本身就是一个三维空间艺术实体，体现人对自然山水的依恋。所谓"寄情山水"是园林文化的重要组成部分，无论是假山水池，还是一树一石，都经过推敲锤炼，注入文心诗意，从而收到了笔少气壮、景简意浓的艺术效果，在咫尺之地表现出大千世界的美景。因地制宜、以小见大、情景交融等经典的造园手法值得我们传承下来并在城市公园设计中加以运用，通过营造起、承、转、合的景观序列，组织观赏视线，利用借景、障景、对景等手法，塑造丰富的植物和建筑空间，形成布局合理、景观丰富、功能贴切的园林设计，营造艺术空间来提升公园的文化水平。

3.2.3 利用现代造园要素，诠释传统文化内涵

公园的文化属性要通过造园要素的巧妙设计和组合，形成视觉形象传达给游赏者。造园要素中的山水、植物、建筑、雕塑小品、园路铺装是文化的承载体。随着新材料、新技术的不断应用，现代公园文化景观的表达方式也在不断地推陈出新。例如，深圳园博园的"云梦福田园"采用多种现代艺术方式，体现中国传统"福"文化（图3），通过现代艺术形式与传统造园手法相结合，营造出一个富有南亚热带地域特征、独特形式美感、诗情画意与审美梦境相交织的现代花园，充分表现出福田区的自然、历史与文化特色，反映其充满生机与创造力的城市特征[3]；深圳荔香公园的主题雕塑"南山明珠"，则用现代的材料、抽象的形式，展现了深圳的"荔

图1 佛山亚洲艺术公园　陶艺雕塑"亚洲艺术之门"（拍摄：王菊萍）

图3 深圳园博园《云梦福田》
现代的手法体现传统"福"文化

图4 深圳荔香公园主题雕塑
"南山明珠"体现岭南"荔枝"文化（拍摄：王菊萍）

图 5 北京朝阳公园 一家五口在公园中尽享天伦（拍摄：王菊萍）

图 6 上海世纪公园 简易水车吸引着好动的游人（拍摄：王菊萍）

枝"文化和"岭南四季风情"（图 4 ）。

3.3 传统文化与现代文化景观的结合与创新

3.3.1 创新传统的园林生态文化观，构建现代生态文化

在呼唤生态文明的 21 世纪，城市园林文化应反映绿色文明、生态文明的特征，弘扬人类共同的价值观。传统园林的许多设计理念和设计手法在今天仍然有指导和借鉴意义，如中国园林崇尚自然，讲究人与自然和谐统一，这与现代园林的发展方向也是相吻合的。中国传统园林中的"天人合一"、"人的自然化"等理念，是传统文化自然观的体现，更是一种朴素的生态观念。现代园林所弘扬的生态文化，对解决近现代的环境危机，有根本和直接的影响。"园林城市"、"生态园林城市"、"最佳人居环境奖"的评选，"山水城市"、"生态山水城市"的创建等，均是对我国传统园林文化的传承、创新和发展，这与当代的"可持续发展观"、"科学发展观"、"和谐社会"等理念不谋而合。2006 年，建设部提出开展节约型园林绿化建设，倡导根据各种符合生态可持续发展的原则建设园林，最大限度地实现节地、节水、节能、节财。同期，建设部确定深圳为创建"国家生态园林城市"示范市。可以预见，以生态理念为核心价值、体现时代和地域文化特色的现代园林生态文化，必将在未来得到更深入的探讨和实践。

3.3.2 积极开展活动创新，丰富公园娱乐文化

园林作为一种创造人类优美环境的综合艺术，其任务就是向人们提供亲临自然之境、享受自然之趣的良好氛围。城市公园与城市居民生活日益密切，公园文化活动是市民的生活习惯和生活方式的展现，也是城市活力和时代特征的体现。深圳市公园文化应围绕"自然、和谐、康乐"，结合休闲、文化、教育、体育、娱乐开展创新型的娱乐活动，这样既能增添公园的文化内涵，还能满足不同人群的娱乐需求。如在公园中设置骑自行车、踩水车等项目，既能健身，还能促进人们的感情交流。佛山千灯湖公园、北京朝阳公园、上海世纪公园等，都在公园文化活动方面开了先河（图 5、6），值得借鉴。

3.3.3 创新固有的公园形式，塑造城市景观文化特色

园林的发展是无止境的，主题公园也是现代城市公园发展到一定阶段的产物。1989 年 9 月 21 日锦绣中华的成功开业，就是深圳市敢于创新的成果。当时，锦绣中华原本定于在上海建设，但是上海市一时难以接受这样的造园形式，深圳市便借机果断地争取到建设锦绣中华的机会。现在，主题公园的普遍存在已经塑造出深圳的园林特色。

公园形式的创新不应该仅限于主题公园，发展以民俗手工艺、茶文化等为主题的其他公园形式也是值得探讨的。目前，上海市已经出现将餐饮文化引进公园的例子。

4 结语

改革开放以来，深圳市十分重视城市园林的发展。为加强公园文化建设，深圳市于 2006 年举办了首届公园文化节，到 2013 年底，第八届公园文化节也已圆满落下帷幕。随着公园建设的深入，深圳市应本着"扎根传统，立足地域，创新未来"的原则，在现代高科技、新材料的支撑下，不断创新进取，探索建设出有深圳文化内涵和特色的现代公园，并通过加强公园文化建设，丰富公园文化内涵，提高群众文化素养，提升城市文化品位，使城市公园文化建设更好地服务于社会，服务于城市居民。

参考文献：

[1] 金柏苓 . 理解园林文化 [J]. 中国园林 , 2003（4）: 51-53.

[2] 汪洋 . 建设深圳特色文化 [N]. 深圳商报 , 2002-03-03（2）.

[3] 李敏 . 深圳云梦福田园 [EB/OL].[2008-01-11].
http://www.chla.com.cn/html/c50/2008-01/5646.html.

作者简介：

王菊萍 , 出生于 1979 年 , 女 , 华南农业大学园林植物与观赏园艺硕士 , 风景园林设计高级工程师 , 现在汕头龙光地产股份有限公司工作。

谢良生 , 出生于 1966 年 , 男 , 教授级高级工程师 , 现任深圳仙湖植物园副主任。

城市公园的文化表达策略
——以深圳市莲花山公园为例
CULTURAL EXPRESSION STRATEGIES OF CITY PARKS
—TAKE SHENZHEN LIANHUASHAN PARK FOR EXAMPLE

作者：
陶青 TAO Qing
关键词：
城市公园；文化；策略
Keywords:
City Parks; Culture; Strategies

摘要 Abstract

无论城市公园设立的初衷是什么，迄今为止，能被推崇为世界名园的公园，无一例外都具有独特的文化内核。文化的表达应该且必然成为公园设计与营建的立足之本。本文试以国家重点公园——深圳市莲花山公园为例，探讨城市公园的文化表达方式和路径。

No matter what the original intention for establishing a city park, all the world famous parks have special cultural cores so far. The expression of culture should be and must be the basic of park design and construction. This article takes national key park—Shenzhen Lianhuashan Park for example to discuss the cultural expression methods of city parks.

文化，是由人创造、反映共同价值取向、经过了传承和发扬的动态演替而沉淀形成的一种认同。现代城市公园发端于 19 世纪中叶，是人类现代文明生活的标杆之一。自从有了这种供公众游憩、休闲和交流的户外公共空间之后，城市大众的生活景观才有了展示的舞台，这类自然天成或人工打造的优美之地，才不再是少数贵族所赏玩的奢侈品，公园——公众的或者公开的园林从此名副其实。也是从这第一天起，文化成为城市公园不可或缺的表达内容。

创建一座城市公园，冀望其成为城市生活的有机载体，随着城市的演变而"不断进化和繁荣"[1]，并最终成为城市记忆和标识的一部分，是每个公园设计者、建造者和管理者的终极目标，其中最核心的便是确立公园的文化定位、制定公园的文化表达策略。

1 研究目标

深圳市莲花山公园地处深圳市中心区，面积约 181hm²，是该市最大的城市公园之一，1998年由世界著名建筑大师黑川纪章进行概念规划，2003 年由美国 SWA 设计公司和深圳市北林苑景观规划设计有限公司编制完成总体规划[2]。规划定位于"保存、恢复、创造生物多样性的自然生态环境，达到人与自然和谐共存，营造具有郊野性质的生态公园"；按照"生态优先尊重自然、布局合理以人为本、地方特色内涵突出"的原则，为市民打造出一座能观察和体验自然或近自然生态系统功能的"活的博物馆"。

十余年来，莲花山公园按照总体规划推进着各项建设内容，基本达成了既定的规划目标，成为一座保育有据、生境自然、初具特色的自然型城市公园，并于 2008 年被住建部评为国家重点公园。如今，怎样在一个已经完成了初始规划要素的平台上，将公园推入世界级公园的发展演进轨道，是摆在公园建设决策者面前的紧迫课题。

2 策略鉴析

通过对有关实例的研究、对公园实地状况的了解、对已有规划的分析，笔者认为：塑铸莲花山公园的文化之魂才是打开晋级之门的钥匙，而只有制定恰当的文化表达策略才能搭建起步步前行的台阶。

2.1 策略之一：寻定独有的文化识别特征

一座城市公园之所以能有别于其他公园，就在于其具有的那些独一无二的特点。而文化的特质，通常成为该公园唯一的身份认证密码。提到"都市里的自然乐土"，人们一定会想到纽约中央公园；东洋习俗"樱花祭"必然是和东京上野公园联系在一起的。那么，莲花山公园有什么呢？从自然文化属性和人文文化属性两个方面都可以找到答案。

2.1.1 自然要素的文化属性——市花文化

根据"一园一花"的定位，深圳市的每一座市属城市公园都有一个对应的花卉（植物）品牌。如东湖公园的菊花、洪湖公园的荷花、人民公园的月季等等，莲花山公园的特色花卉被确定为簕杜鹃花。这座位于城市中心区的市政公园被规划嵌入了这座城市的市花主题，其中能够被想象和延伸的文化意义是不言而喻的。

2.1.2 人文要素的文化属性——纪念文化

邓小平，是中国改革开放的总设计师，也是深圳这座改革开放先锋城市的圈定者和推进者。屹立于主峰灯旗岭山顶的全世界第一座室外小平雕塑，赋予了莲花山公园成为"纪念性文化公园"独有的名牌效应，而纪念文化恰是世界名园文化内涵的重要成分。如纽约中央公园有披头士巨星约翰·列侬园、伦敦海德公园安放着平民王妃戴安娜纪念像、东京上野公园的镇园之神是日本维新巨匠西乡隆盛等等。这样的例子不胜枚举，可见任何世界名园都不会忽视时代和国家的伟人以及重要事件与自身的关联度。

这座位于深圳市城市中轴线上、呈行走状的伟人雕像，正大步迈向举目即触的香港地界，去完成他未达成的心愿；同时他也俯瞰着这座由他签发出生证的城市的中心区，注视着它的成长与演变。莲花山公园作为纪念邓小平功绩、记录改革开放成果的载体具有不可替代性。

2.2 策略之二：制定持久的文化培植规划

公园的文化气质和品位不可能一蹴而就，而需要经年的建立与培育。文化本身具有叠加性和内在演化规律，只有施以"宛如天成，实为人作"的引导，才能渐渐展现出厚重的年代积淀效果。

对莲花山公园而言，可通过持续打造"市花节"绘制出簕杜鹃文化的篇章。具体如：制定市花的年度及长期展出计划，确定各不相同但又相互关联的展示主题，逐年丰富展览形式，开展诸如花卉笔会、花艺诗台等衍生花艺活动等，规划建造一系列簕杜鹃主题的硬质景观精品等。这些都会在公园里强化市花文化的氛围。

在纪念文化方面则更有创新的空间：在"小平园"和"改革开放 30 周年纪念园"的基础上，可策划"特区改革功勋（群英）谱"概念，即无论是领导者，抑或是普通人，只要你对这座城市有过贡献，就应该让深圳的后来者铭记。被纪念者的个人命运因为和这座城市发生了联系，也注定有一段不平凡的经历。另外，还可以在深圳建市的整数年份，继续筑建"深圳改革开放 50 周年、

图 1 莲花山公园纪念性景观（拍摄：陶青）

100 周年大事记园"。

假以时日，莲花山公园必将成为见证这座城市生长的"活的博物馆"和记录社会变革的"留声机"———座有生命的城市公园。

2.3 策略之三：提炼典型的人文活动内容

以往公园文化建设的意义多是表述人文的"过去式"和"被动式"，其实这忽略了公园里任何人和事物都可以成为公园文化的特定表达，尤其是当某种活动已成为一种集体的表现时。例如，纽约中央公园有着闻名于世的"绵羊草坪"的称谓，其实是笑喻纽约人裸身晒日光浴的壮观场景。这个例子生动地说明城市公园里的自然美景固然是吸引游客的最好理由，但已然不是唯一的理由。人，每一个来到公园里的生动个体，本身也能够成为鲜活的被观赏的对象。观看其他同类个体在公园里的行为足以成为你进入公园的理由。这方面的例子不胜枚

图2 纽约中央公园、伦敦海德公园和东京上野公园文化景观

举，如：樱花盛开的四月，东京人会选择邀朋唤友去公园，不是看完即走，而是在花下铺席搭棚、通宵达旦地围坐、咏诗吟曲，体会花开花落的意境。许多游客到上野公园参加"樱花节"，赏花只为其一，看东京人如何过节更能代表樱花文化的内涵。伦敦海德公园的"演讲者之角"，自19世纪起，每个周日都允许任何人展开自由辩论和演讲，据说列宁和马克思都曾在此宣扬过自己的理论，如今它已经成为该公园的文化景观标识。

莲花山公园在建园之初就明确了"风筝大草坪"的概念。每到节假日，公园广阔的草坪上，千人拥坐、百筝竞翔。十多年间，相信超过一半的深圳孩子都有过在莲花山的草坪上追风筝的记忆。公园规划者有意识策划的"芳草竞鸢"已经成为和莲花山公园画等号的文化符号，这项"放风筝"和"看放风筝的人"的人文活动已经融入深圳人的血液中。

在中国的城市发展史上，深圳具有其特殊性和不可比拟性，其建城的速度与规模屡屡突破记录，而被称为"深圳速度"。三十多年来，这座城市从无到有，拔地而起，来自五湖四海的建设者和新时代的客家人建构起一座移民城市。"来了就是深圳人"，他们抛弃旧有的关系链条，重新铺连起新的人际网络。他们具有共同的特质：开放——意味着包容的气度；开拓——代表了创新的风范。这些特点在日常休闲活动中潜行着、发展着。城市公园作为居民休闲活动的主要场所，本身就是一个"活着的、不断演变的体系"。

塑造具有新文化特色的
参与性强的市民文化活动空间
才能完成"公园＋深圳人"的身份融合
形成"要看深圳人，就到莲花山"
的"最"深圳气质

梳理莲花山公园的各种活动类型，可以发现其中已具备深圳地标性潜在基因的人文活动雏形。作为公园建设者，应该有意识地选择这些经过时间历练的、反映深圳城市特质的活动加以培育和塑建。如"爸妈相亲角"就极具移民城市的特色：孩子只身来到深圳闯荡，缺少同学网乡亲群，忙于工作疏于社交，爸妈探亲便自担相亲责任。游人走到此处，看到相亲主角的照片挂在纸上，主角的爸妈们聊成了亲家，也聊走了寂寞。有人主动招呼寒暄，有人热情自报家宝。小小的相亲角落静静地占据公园一隅十几年，不知道成就了多少姻缘。公园相亲就是一篇独特的"深圳人的故事"。到莲花山公园来，看一出这座城市日常小事的剧集，带走一份不同以往的逛公园的感受。

2.4 策略之四：引建新式的公园文化项目

有的放矢地引进并提升适合莲花山公园气质的文化活动，符合公园现阶段自我充实内涵的需求，也符合居民和游客对公园的更高要求。

图3 莲花山公园相亲角（拍摄：陶青）

莲花山公园地处的城市中心区也是深圳的文化中心区，分布着包括市音乐厅、市图书馆、市城市规划馆等多座市级文化建筑，其中深圳书城西广场已经成为颇具规模的户外文化广场。公园应该积极地融入其间，引建利用公园环境与周边文化活动形式互补的艺术活动类型，逐渐形成一个以莲花山公园为基核的泛文化圈。

建于1933年的南京中山陵音乐台根据凹地集声的原理，建设了一个纯自然效果的演出空间；2012年美国华盛顿纪念碑广场的景观改造方案则是建设一个以华盛顿纪念碑为背景、利用缓坡草地形成的森林剧场[1]，以给每位游客带来与众不同的观赏体验。借鉴上述成功经验，莲花山公园可以充分利用山形草坡和森林树屏的特点，规划建设一个草地剧场，选择每年的特区成立纪念日举办露天电影节，放映有关深圳人和事的风光片、纪录片和故事片等，也可邀请名家名团举办草地主题音乐会，将之逐渐培育成一个普通人参与的、具有独特地标性的高雅文化活动场所。

只有塑造具有新文化特色、参与性强的市民文化活动空间，才能完成"公园＋

深圳人"的完美融合,形成"要看深圳人,就到莲花山"的"最"深圳气质。

2.5 策略之五:创意新颖的文化读取方式

有了参与,文化才有存在的价值,才有演进的活力。设计具有吸引力的研读文化景观方式,应该成为公园规划者的必修课。

主打纪念文化的莲花山公园,可以参照美国波士顿市的做法,将有关纪念性的景点用地面红色标记线联结起来,有意识地引导游客在园中自主性地展开"纪念之旅";甚至可以将中心区内有关改革开放的纪念性建筑或景观都用这根红丝带串联在一起,拓展这座城市纪念性景观的观赏范围;还可以将公园园路命名体系设定为以改革开放名人录的形式,同时配合塑像或文字介绍等表现方法。

另外,借助现代科技手法,立体呈现文化景观,可以加深现场感受。例如,可以将记录主要文化景点和文化活动的影像,如相亲角、山顶纪念广场、草地音乐会和簕杜鹃节等,利用 wifi 全覆盖和二维码技术,让游客随时可以查看资料,以丰富观景体验。

图5 纽约中央公园和奥地利美泉宫草地音乐会

3 结语

"园的最低层次为适人即宜人,最高层次为可人即乐居",这是中国古典造园名著《园冶》中对"园"的等级的诠释[3]。它从中国人的审美角度,对"园"的发展方向给出了指引,即高层级的园林应该是实用性和艺术性的结合体,而所谓艺术性便是各类文化景观的综合表现。

深圳的城市建设目标是"传承岭南文化,打造宜居生态城市"[4]。公园是城市主要的生态元素,也是城市的文化细胞,二者的有机结合就是公园建设的终极目标。只有掌握了一个公园的文化表达策略,才能最终完成从公园到名园的蜕变。

参考文献:
[1] 美国国家广场设计竞赛 [J]. 风景园林, 2012 (5) : 33-37.
[2] SWA, 深圳市北林苑景观及建筑规划设计院 . 莲花山公园总体规划 .
[3] 陈望衡 . 《园冶》的环境美学思想 [J]. 中国园林, 2013 (2) : 17-18.
[4] 宋建春 . 传承岭南文化,打造宜居生态城市 [J]. 风景园林, 2012(6): 91-93.

作者简介:
陶青,出生于 1965 年, 女,深圳市梧桐山风景区管理处规划室主任,高级工程师,主要研究方向为景观规划设计。

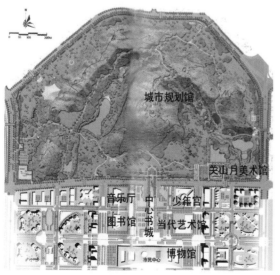
图4 莲花山公园泛文化圈位置图(绘制:陶青)

浅析景观设计的人本主义原则
BRIEF ANALYSIS OF THE HUMANISM PRINCIPLE IN LANDSCAPE DESIGN

作者:
高育慧 周庆
GAO Yuhui, ZHOU Qing

关键词:
景观设计;人本主义;舒适;生态效益

Keywords:
Landscape Design, Humanism, Comfort, Ecological Benefits

摘要 Abstract

景观规划设计是现代城市设计的重要组成部分,且十分强调人本主义。本文从景观设计规范入手,从工程施工的实践、工程使用的方便和舒适,以及工程养护的费用、创造为人受益的生态价值等方面,详细阐述以人为本的景观规划设计作品应该遵循的基本原则和需要重点考虑的相关细节。

Landscape planning and design is an important component of modern urban design, and is keen to emphasize humanism. This article starts from landscape design criteria, elaborates the basic principles which should be observed and related details which need serious consideration in people-oriented landscape design works in the following aspects: the practice of engineering construction, the convenience and comfort of engineering, the expanse of project maintenance, the creation of ecological benefits and so on.

"以人为本"具有深刻的内涵。根据《辞海》的解释,"以人为本"中"人"为核心词,其含义可为:①人类;②指某种职业或身份的人;③每人。而"本"则解释为:①事物的根源或根基;②重要的,中心的。因此,在景观设计领域,我们可以将"以人为本"理解为一切景观设计作品都要围绕服务于"人"来开展,要以人为出发点和中心。换言之,景观规划设计的中心不是景观设计作品本身。正如美国著名的景观设计师约翰·西蒙兹曾说:"景观设计师的终生目标和工作就是帮助人类,使人、建筑物、社区、城市以及他们的生活——同生活的地球和谐相处。"

然而,现实生活中,景观设计作品并非都是"以人为本",令人不满意的景观设计四处可见。笔者认为这种现象的成因包含诸多因素,一是景观设计师的个人素质;二是景观设计师在实践中受制于诸多实际条件约束、未能遵守一些景观设计基本原则,导致不能在最后的景观设计成果中充分体现以人为本的思想;三是施工单位的僵化施工等。

基于上述分析,本文主要探讨景观规划设计中的人本主义原则,即应该遵循哪些基本原则才能更好地实现以人为本的景观设计实践。本文从以下四个方面进行阐述。

1 设计师要考虑景观设计是否能让景观的使用者身心舒适

景观设计产品是为人服务的,因此,基于以人为本的基本原则,景观设计产品的可使用性是设计师需要考虑的首要因素。以现在国内流行建设广场为例:许多广场景观设计得气势宏伟、流金溢彩,而且大都使用高档的天然石材进行精细施工,完美地达到了景观设计的视觉观赏效果,但其中很多广场却缺失了以人为本的基本原则。人们无论是路过广场或者到广场散步,需要休息时却发现没有合适的设施可供使用,可谓"累死人"广场;如果是三伏天,人们在使用广场时却找不到一处可以荫凉休憩的地方,可谓"晒死人"广场。笔者前不久去一个地级市出差,就参观了一个坐落在市政公园的"累死人"广场。整个广场占地面积上千平方米,雕塑造型优美,地面全部采用花岗岩石材铺贴,施工精细;但是,仔细观察整个广场,发现除了在广场尽头孤零零矗立的雕塑外,再无它物,更不要说供人休息的设施了。整个市政公园居然连一张椅子都没有,排水设施也不健全。这样的广场,不管其景观建得多美,由于没有考虑到使用者(人)的需求,完全违背了以人为本的基本原则,缺乏必要的基本设施,让人们使用起来很不舒适。

此外,如果大家留意我国各个城市的火车站、高铁站、城市广场之类的重点工程,"累死人"广场和"晒死人"广场比比皆是。一些高尚住宅小区项目的商业街区或

图1 规划设计不以人为本,城市中心的广场再大也是拒人千里之外的

表1 园林设计中常用规范数据

序号	规范项目	规范要求	备注
1	室外座椅的椅面高度	38-40cm	
2	扶手高度	90cm	
3	园路坡度	不能超过4%	
4	园路路面	路宽不小于135cm	材料要防滑处理或设置
5	园路台阶踏面宽度	30-35cm	
6	园路台阶踏步高度	12-17.5cm	
7	小车车位宽度	大于2.2m	
8	赏花距离	小于9m	
9	出入口宽度	大于120cm	
10	出入口坡度	小于10%	

商业地产项目的广场,在景观设计中被设计师忽略必要的休息、纳凉设施也是常普遍的。由于设计师没有坚持以人为本的基本设计原则,这样的广场即便满足了"广场"的功能性,使用起来也会让人感觉很不舒适。

在我国,基于人本主义的园林设计规范已经比较完善。景观设计师在景观设计实践中应该严格遵循国家园林设计规范。例如,按照景观设计规范,汀步一般设计为60~70cm的间距,但现有的景观设计产品中常常出现汀步间距设计过小或者过大的情况。这样的情况大多是设计师受限于实际景观设计条件而擅自简单处理的结果,但是人们在这样的汀步上散步就会很不舒服。笔者整理了园林设计中常用的规范数据以供参考(见表1)。

实践表明,如果在景观设计中不按照国家园林设计规范进行,所形成的产品往往会让使用者感觉不方便,甚至会造成严重的后果。以安全栏杆的设计为例,按照规范,临水或临空安全栏杆高度应不低于1.05m,或6层以上临空的安全栏杆高度不低于1.1m。如果在设计实践中,这些安全栏杆的高度未严格按规范的要求设计,就可能导致安全事故,设计者将承担被追责的风险。

综上,一个优秀的景观设计师,在面对一项设计任务时,必须坚持以人为本的基本原则,需要认真考虑如下细节:设计方案里是否有供人们休憩的设施,数量上是否足够,功能上是否能够满足不同年龄人群的使用;设计的道路是否符合人们的行走习惯;道路的形式、材料的选择是否适合它服务的对象,道路的布局是否方便到达各目的地;设计的设施结构的坚固度;植物配置是否合理,有毒、有刺、飘粉、落花、落果植物的配置是否合理;铺装材质是否利于行走而不易导致行人摔倒;灯光的配置是否会形成亮度照射死角等。设计无小事,一个优秀的设计师应该谨记国家的设计规范并坚持以人为本的设计原则。

图2 单纯的草坪绿化,需要更多的后期养护费用(拍摄:高育慧)

2 景观规划设计必须考虑到施工方便可行

景观设计的可实施性是景观设计师需要考虑的基本要素。设计的最终目的是把图纸变成实际的景观,这个过程由施工单位配置相应的人员和机械设备完成。如果设计师在设计过程中未能很好地考虑图纸转化成景观成果的可能性,则设计的图纸最终会被修改,或者会给施工人员造成很大的困扰,这也是一种违背以人为本基本原则的表现。比如,架空层、顶楼或者车库顶板上盖的景观设计未考虑下层结构的承重;景观规划设计未考虑场地的通过性而在场内使用较大规格的雕塑、苗木等需要大件整体移动的个体。如果场内大型起重器械无法进入,且无法用塔吊协助,这样的大件物体是很难移动并放置、栽植到位的。

例如,笔者所在公司在施工过程中曾遇到过一份"天才"设计图纸:天然花岗岩冰裂纹的厚度被设计师设计为5cm。冰裂纹要产生较好的效果,一般是在整块石板铺贴后,按照规范的要求进行现场切割,最好切透。5cm厚度的石材,用小型手持切割机切透的难度是非常大的,工作量也大,尤其是两条切割线的交角位置,切割较深易"切过头",效果也不美观。后与建设单位沟通,建设单位要求设计单位进行了变更,将图纸中所有的冰裂纹变为2cm厚度,这才让现场的师傅如释重负。

有的设计图纸，在平面上表现得很好，但忽视了施工现场的坡度；有的图纸，设计的雕塑、小品片面强调高、大，但未考虑这些产品定制后的运输、吊装问题和场地的通过性；还有的设计图纸，在广场、入口处大量使用结构复杂的拼花、异型，在效果图上看着很美观，感觉上档次，但到施工报价环节，建设单位却要求施工单位降低成本、压低报价，这样就很难达到当初的设计效果。如此图纸，在施工过程中，可能需经过反复折腾，才能最终"落地"，也容易使得各方互不信任。因此，设计师在进行景观设计实践中，需要基于以人为本的基本原则，认真分析在景观设计实施过程中可能存在的问题，在设计阶段进行处理、消化，以便施工单位将设计师的意图完整地在施工现场表现出来。

3 景观规划设计必须考虑使用过程中的维修养护成本

景观设计产品的使用维护成本是设计师必须考虑的重要因素之一。例如，为了响应建设单位单方造价的限制，设计师在园林设计中使用大面积的草坪代替乔木、灌木。显然，使用大面积的草坪，在施工阶段降低了一些造价，但在后期使用中却需要持续不断地投入人力和物力进行养护和维护，从景观产品的使用和维护角度来讲是很不经济的。例如，仅消耗水资源一项，其费用就非常可观了，此外还需要除杂草、施肥、草坪更新等维护费用。再者，大面积使用草坪给道路使用者也带来不便，有的管理者千方百计阻止人们踩踏草地，以维护大片草地的良好"观赏价值"，这些都违背了以人为本的基本原则。

据研究显示，绿化中使用乔木—灌木—草坪（地被）（即"乔灌草"搭配）立体绿化会大大降低后期维护成本。例如，深圳的深南大道，自1997年始，在道路两旁特别是立交桥所在区域，

在原有草坪上增加了100多种灌木、乔木植物，从早期的"盖黄土"式的绿化转变为后来的乔灌草搭配三维绿化，增加了绿化层次。改造后，绿量增加16倍，噪声降低37dB，制氧量增加100多倍，整个道路的两侧绿化形成了一个闭合的生态系统，系统内部即可达到生态平衡，无须过多的人工干预，各层级植被即可茁壮成长，大大降低了养护成本。据测算，深南大道新洲立交段绿化改造后，每平方米每年可节水0.2349吨。

从园林养护的实践中看，景观设计如果单纯使用大面积密植的灌木，虽然其景观表现出色，绿量大，易于被使用者接受，但在后期养护中，修剪管理比较困难，亦会增加成本。所以，单一的草坪、灌木的绿化设计不值得提倡。另一方面，过于强调乔灌草的搭配，见缝插针的密植式的绿化设计亦不可取。如果一个封闭的生态系统过于致密，则会无形中拒人千里之外，使人们反而不容易亲近自然。所以，乔灌草的合理搭配，加上适当的开阔空间，在景观规划中是非常必要和可取的。

因此，景观设计师需要从设计之初就考虑到后期的养护、维修、更新的成本，尽量避免后期养护中成本的浪费。例如，有些景观设计，设计师煞费苦心使用复杂的水景，但项目交付之后，管理单位却为了节省电费和维护费用，基本不开水景的水泵，这样就造成了浪费；有的水景设计使用的材料较差，没过多久，材料便生锈、腐蚀，如果管理单位更新不及时，就会显得破破烂烂，大煞风景，成为景观垃圾。近年来，我国北方很多地产项目和市政园林项目开始大力进行园林绿化的营造。有些北方园林设计盲目地照搬南方的园林，却忽视了南北气候的差异。在南方，营造复杂、精细的水景是可以的，只要满足建设单位的预算就行。但在北方则不然，尤其是冬季结冰的地区，复杂的水景不利于上冻前的水排空，如果水景内部有残余水，冬季的冻胀会破坏水景结构，其后果就是结构漏水，即便反复维修，漏水的根本问题还是很难解决，除非废弃整个水景。

笔者留意到，近年来获得国家大奖的住宅区景观项目，其景观设计一般具有如下特点：使用天然的石材而不是廉价的人造砖作为铺贴主材；绿化设计流行密植的小径级乔灌木，辅之以草坪见缝插针式的点缀；软景以绿量大取胜，硬景以少而精取胜；不同的建设单位以差异化的园林提升品质并营造宜居的师法自然的景观。以上诸多趋势，总结起来，一是能够给人们提供可亲近自然的环境，二就是大大降低后期的养护成本。

图3 密植的小径级乔灌木的设计能有效降低后期养护成本（拍摄：高育慧）

4 景观规划设计应该考虑到生态效益

充分考虑项目的生态问题是景观设计师需要重视的基本原则。近年来流行大树移植，是不生态和不环保的。这些大树均非苗木场从小苗开始培养长大，来源无外乎从野外直接挖来，或者由道路改造管理者截枝、断根而来，到苗木场假植一定时间后出售。因为大树本身就是稀缺资源，加之市场需求量大，近几年有价格逐步走高的趋势。但如果大树来源于自然环境，那么大树经过挖掘、截枝、运输（可能需要推土机在野外开辟简单的运输道路）的过程，其实对原生态环境已经产生了破坏。如果大树种植后死亡，会对生态造成二次破坏。因此在园林设计上，不提倡过多使用大树。

注重乡土树种的应用也是提升生态效益的好方法。广东周贱平等学者对南亚热带 13 个主要城市的 1667 条主要道路行道树生长状况的研究结果表明，共有 101 种乔木适合作为行道树，其中乡土树种占 53.47%，但综合外来树种和乡土树种的长势、抗病虫害和自然灾害的能力，周贱平等学者建议，在园林景观的规划中，乔木配置应尽量多应用乡土树种。

实践表明，园林设计构筑生态环境最基本的做法，即构造乔灌草坪的立体绿化格局，增加绿量，使之逐步形成闭合的生态圈，并使三者达到互利共生的效果。草坪能够截流降雨，缓冲雨滴对地面的直接击溅，减缓径流速度；乔木和灌木发达的根系对土壤亦有固结作用；乔、灌木的落叶和落花还能为草坪提供养分。另外，乔、灌、草坪分布在不同的空间层次，能较多地吸收太阳光照。根据试验，在严格封闭的情况下，乔灌草在栽种四年后，乔木、灌木和草坪形成了一个相对闭合的生态系统，三者均能保持较好的生长态势，能够基本上控制水土流失，土壤状况也得到明显改善。而且，乔灌草园林绿化体系能够为居民提供一个舒适的、宜人的、生态的、自然的人居环境，具有亲和性，使人愿意接近，这样的景观设计符合以人为本的基本原则，能够最大限度地改善城市人居环境。

图 4 深南大道的立体绿化，使得养护成本低，生态效益高（拍摄：高育慧）

5 结论

以人为本的景观设计思想和原则要贯穿于景观规划设计的全过程。只有坚持这一基本原则的景观设计作品才经得起推敲，经得起时间考验而成为景观设计精品工程。拥有这样的景观设计成果的设计师才会被人们感念，实现景观服务于人的核心价值。设计师的最高境界，也无外乎此。🅜

参考文献：

[1] 郭燕平 . 城市园林以人为本的设计研究 [J]. 延安职业技术学院学报，2013(8).

[2] 张馨芸 . 创造 "以人为本" 的居住区景观设计浅析 [J]. 课程教育研究，2013(8).

[3] 黄伟文，等 . 谈以人为本的住宅区景观设计 [J]. 城市建设理论研究，2013(3).

[4] 张华艳 . 探讨遵从自然与以人为本理念在园林设计中的应用 [J]. 现代园艺，2013(4).

[5] 高育慧，邓云燕 . 城市绿化要注重生态效益 [J]. 城市建设理论研究，2011(16).

[6] 施仍亮 . "以人为本" 园林设计理念的实现 [J]. 中国农资，2013(28).

[7] 徐文军，吕军利，郝晓红 . 以人为本的生态意蕴 [J]. 生态经济，2006(10).

[8] 张丽冰，李锦 . 探讨遵从自然与以人为本理念在园林设计中的应用 [J]. 建材发展导向，2013(7).

[9] 郭晓亮 . 以人为本，景观设计的最终目标 [J]. 黑龙江科技信息，2013(2).

[10] 周贱平，李洪斌，陈李利，余凤英，卢俊鸿，钟惠红 . 南亚热带主要城市行道树树种调查研究 [J]. 广东园林，2007(5).

[11] 黄明钢，郭仪 . 深圳立交用地树木成林 [N]. 深圳商报，2007-07-19.

作者简介：

高育慧，出生于 1975 年 5 月，男，园林高级工程师，现任深圳文科园林股份有限公司副总经理。

周庆，出生于 1968 年 10 月，男，北京大学深圳研究生院副教授。

我的中国心
——浅析住宅区传统文化在景观设计中的运用
MY CHINESE HEART
—BRIEF ANALYSIS OF THE USE OF TRADITIONAL CULTURE IN LANDSCAPE DESIGN

作者：

鄢春梅 YAN Chunmei

关键词：

中国传统文化；居住区；景观设计；运用

Keywords:

Chinese Traditional Culture; Residential; Landscape Design; Use

摘要 Abstract

近年来，居住小区正以空前的速度和数量递增，居住区的景观设计与营造越来越被人们所关注。本文通过阐述中国传统居住区景观形态的历史演变过程与发展趋势，分析了中国传统景观的优势以及对居住区景观的影响。笔者通过对曾参与的居住区景观设计案例进行具体分析，探讨中国传统文化在现代居住区景观设计中的运用，寻觅珍藏于每一位中国本土景观设计同仁心中永远铭记、不可掩饰的中国心。

In recent years, residential quarter is growing at an unprecedented rate in number. More and more people pay attention to the landscape design and creation of residential quarter. Through the elaboration of historical development and trends of landscape morphology in Chinese traditional residential quarter, this article analyzes the advantage of Chinese traditional landscape and the impacts on landscape in residential quarter. Here, the author makes a concrete analysis of engaged projects, explores the use of Chinese traditional culture in modern residential landscape design, and seeks the Chinese heart treasured in every local landscape designers.

居住环境是城市的有机组成部分，它为居民提供生活居住空间和各项服务设施，以满足居民日常的物质和精神生活需求。居住区景观设计不仅涉及自然科学，也涉及社会科学；不仅包含土木工程，也包含环境艺术。《老子》云："安其居，乐其业。"创造良好的人居环境既是社会的理想，也是人们生活的基本需要。居住区景观设计反映了人类的梦想，是美学观和价值观的综合体现。能够传承下来的居住区景观，是经过历史的更替变换而不会失传的经典。传统景观的形成是先人日积月累的智慧结晶。

1 中国传统居住景观形态的演变

由新石器时代开始，华夏大地的先民开始学会简单的植物种植与牲畜饲养，这使他们摆脱了原始的游牧状态，开始以村落为主要形式定居下来。后经历漫长的农业社会，形成了不同形态的居住群落和别具特色的居住景观。

1.1 传统乡村居住景观形态的特点

传统乡村是以血缘为纽带的宗法共同体。

我国封建社会受儒家思想的影响，崇尚礼制、孝道，重视家庭，发展出了以血缘、宗族为纽带的居住形式，由宗族长老建立并维持着村落各方面的秩序。不同层次的祠堂分布于村落之中，述说着宗族变迁与融合的历史。住宅一般聚拢在他们所属的祠堂周围，形成团块，再以这些团块为单位组织成整个村落。

中国传统乡村居住景观形态较为封闭，重视人与自然的融合，它是成熟的农业文明所凝固的乐章，美丽、温馨，不乏自然天籁的意趣，洋溢着世俗精神的知足、和美与亲切，反映了中国文化的宗法情感和礼乐气氛。

1.2 传统城市居住景观形态及其演变

传统城市是以政治为中心的居住景观形态：从里坊制到街市制。

早在商周时期，城市就被划分为宫廷区、居住区、手工作坊区等，居住区"里"围绕政治中心"宫"布置。北魏洛阳人口当在七十万上下，城郭之间采用里坊制。

图1 传统的乡村宗祠群落居住形态

图2 《清明上河图》中的街市景观形态

隋唐时代，城中的市民多了起来，农民则大多住进分散设立的"村"或"庄"里。城中的"闾里"改称为"坊里"，每一个坊都有自己的坊墙和坊门，管理上仍延续着闾里时代的制度。这种居住模式一直延续到唐代。居住区内基本上按职业、阶层来划分，并不十分强调等级与方位尊卑等礼制秩序。

两宋时期，城市空间布局开始有了新变化，以街道为主组织城市公共空间。城市设计开始摆脱村邑思维和乡村模式，实现了真正的城市化，并奠定了真正不同于乡村的城市生活，出现了有别于农村的新的城市文化。宋代拆除坊墙以后，民间社会日益活跃，里坊作为一种法定社区逐渐被废弃。北宋晚期，东京汴梁产生了按街巷、分地段组织城市居民生活的街市制。大小坊巷和院落，均可直接面街开门，居住建筑与商业设施混杂布局，营造出充满活力的城市居住景观。

2 中国传统文化对居住区景观的影响

中国传统文化崇尚自然淳朴、宁静淡雅的审美情趣，设计倡导顺畅自然、和谐共存。中国传统文化中蕴含的自尊自爱、真善平和的思想更是值得当代设计师高度重视。在物欲横流、商业竞争激烈的现代经济社会，自然朴素的设计风格将给人们带来一股优雅、恬静的清新空气。

2.1 "天人合一"观

中国传统的宇宙观讲求"天人合一"，追求人与环境的和谐、统一和相互促进。这种"天人合一"的观念渗透到了传统生活的各个层面。我国传统的庭院式居住空间正是对这一思想的应用和发展。

庭院式居住空间有着"通天接地"的构造特征，逐渐被人们广泛采用。庭院内的花草树木、假山水池，成为人工环境中的再造自然环境；同时大自然的月色阳光、细雨飞雪、四季更替等自然景色皆可由这一空间尽收眼底，让人足不出户，而尽享之。在这里，人工自然和天然自然相互融合，"天人合一"追求人与自然和谐发展的理念得到极大的发展。

中国传统园林景观追求人与自然间最大程度的和谐，这正与现代的大园林景观追求"人与自然的和谐统一"的观念不谋而合。无论在现代的景观设计中，还是在未来的景观规划中，它都有着十分重要的生态价值。

2.2 儒、道、释学说

"儒、道互补是中国传统文化思想发展的一条基本线索，儒家的思想核心是'仁'，强调遵守等级制度的'礼'；道家主张'无为'，强调自然天道。[1]"

儒家重视景观的教化作用，作为儒学始祖的孔子更把山水比作人的品德，如"仁者乐山，智者乐水"。乡村在选址、布局上都被打上传统文化的烙印，充分流露出中国文人的气质。住宅、祠堂、街巷、书院等融合在精心选择的自然地貌之中，构成了一幅朴素、宁静又充满书卷气的中国乡村景观画卷，具有极高的美学价值。

与儒家积极入世的思想相比，道家更注重对自然的顺应，他们寄情山水，寻求精神上的乐土，将山水与居住环境有机结合，寻求精神上的超脱，由此形成了中国独特的园林居住景观。

佛教传入中国，后经汉化而扎下根来，其因果报应、来生转世的思想受到信奉，佛教中所叙由亭台楼阁、林木花草组成的花园成为天国的形象，为人们所向往。

正是由于上述儒、道、释对山水的不同认识，最终导致中国人把巨大的生活热情凝聚在山山水水之间，把对天堂的梦想转化为在山水之间建设人居仙境的现实行动。

2.3 风水观

风水是我国传统村镇、城市选址和规划设计的理论，虽有迷信色彩，但亦有一定的合理成分。它的实质不外是在选址时，对地质、地文、水文、日照、风向、气候、气象等一系列自然地理环境

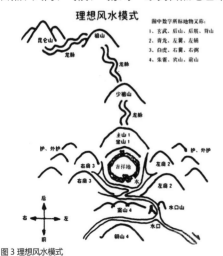

图3 理想风水模式

因素做出或优或劣的评价和选择，以及根据需要采取相应的规划设计措施，从而达到趋吉、避凶、纳福的目的，创造适于长期居住的良好环境。风水包含了大量的视、知觉因素，强调居住与自然、周围环境的和谐。它是中国传统宇宙观、自然观、环境观、审美观的一种反映，将自然生态环境、人为环境以及景观的视觉环境等做了统一的考虑。

3 中国传统居住景观的文化符号

3.1 传统景观中的图案文化符号

中国传统居住景观经历了漫长的历史发展过程，形成了自己独特的民族文化符号。景观设计中常用抽象或简化的手法来体现中国传统文化内涵，运用多种形式将中国传统文化符号（吉祥物：青龙、白虎、朱雀、玄武、凤、貔貅、双鱼、蝙蝠、玉兔等；五行：金、木、水、火、土；文字：甲骨文，象形文字，福、禄、寿等吉祥文字；民族特色图案：中国结、窗花、剪纸、生肖、祥云、日、月、山、火、云、水、太极、金乌等；中国传统的宝相植物：牡丹、荷花、石榴、月季、松、竹、梅等）与园林小品结合，如镶刻于景墙、大门、廊架、景亭、地面铺装、座凳上，或以雕塑小品的形式出现，或与灯饰相结合等。

3.2 传统景观中的色彩文化符号

在漫长的住宅景观发展过程中，我们除了有自己的图案文化符号外，还有代表几千年华夏文明的色彩文化，即所谓的"国色"，它以中国红、琉璃黄、长城灰、玉脂白、国槐绿为主，结合景观材料及新中式的表情定位，还常常使用到木原色及黑色。设计师利用这些色彩来营造景观的表情，营造崇高、喜庆、祥和、宁静、内敛的"新中式"景观空间，沿袭中国古典园林"虽由人作，宛自天开"的造园特点。

4 中国传统景观在现代居住区景观设计中的运用

如何在现代与传统之间寻找到完美的结合点，是当代景观设计的主题之一。景观的发展与变革，是伴随着对过去的继承与否定进行的。设计师都是在一定的

图4~6 带有中国传统文化符号的现代景观

社会土壤中成长起来的，即使是最前卫的设计师，也无法回避自己民族文化的烙印。

即使经历了"欧陆风"横行，只是一味模仿和抄袭西方景观设计符号、空间布局等，并将异国情调作为身份象征的阶段，人们亦会对现代化高楼大厦、各种异国风情的居住区广场或模纹花坛产生视觉疲劳，而渴望与自然来个亲密接触，渴望能够通过环境达到与自然、历史的融合，追寻深藏于内心的那份世代相传的中国情结。

下面以"云谣水乡"居住区景观设计为例，详细说明中国传统文化在现代居住区景观设计中的运用。该项目由深圳文科园林主导设计，从当地的历史沿革、地域传统文化传承、场地实际地形地貌的利用等方面出发，融入中国传统居住景观形态，使居住区景观既能满足开

图7 "云谣水乡"项目总平面图（来源：文科园林）

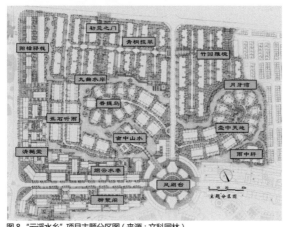

图8 "云谣水乡"项目主题分区图（来源：文科园林）

发商对销售主题的营造，又能适应当地居民的传统生活习惯，同时成为传承地方乃至中国传统文化的居住社区。

4.1 传统居住景观布局在现代小区景观设计中的运用

在 1.1 里，我们讲到传统居住景观中乡村景观和城市景观都有各自的特点，"云谣水乡"项目即很好地秉承了其中的优点。项目传承与发扬了"朱提文化"，按照古代朱提重视礼治的规划原则进行布局设计，既有从乡村景观演变而来的亩中山水、香堤岛、壶中天地等以私密性见长、体现尊贵的居住区景观，又有模拟传统的城市居住景观，通过设计大小街市、坊巷和院落，将居住建筑与商业建筑交织布局，营造出充满活力的城市街区景观，如阳樟驿栈、烟云水巷、柳絮阁等。

4.2 传统文化在居住区的传承运用

现代居住社区对传统文化的吸收与运用，根据城市经济、文化、历史的不同而有所区别，因而各个城市都有与之相应的景观烙印。"云谣水乡"项目位于云南省昭通市昭鲁公路东侧，项目融旅游、商业及居住三种业态于一体，拟挖掘地方文化符号，建设具有民俗建筑风格的仿古新镇和新型主题社区。

项目所在地昭通市，古称"朱提"（古音 shu shi），位于云南省东北部，与贵州、四川两省接壤，是中原文化进入云南的重要通道，为我国著名的"南丝绸之路"东道，又称为"五尺道"的要冲，素有"锁钥南滇，咽喉西蜀"之称。因其独特的地理位置，昭通地区既吸取了中原地区先进的科教文化，又保有地方民俗朴素、自然的现实主义风格，形成独具特色的"朱提文化"。

景观设计以"朱提文化"中的传统农耕文化为主线，以"亩中山水"为主题。"亩"作为中国最基本的土地

图9 云谣水乡项目区位分析图

计量单位已延续了两千多年。中国传统园林的精神正是源于中国人对于自然山水的情感。"缩千里江山于方寸",在小空间创造出"虽由人作,宛自天开"的情景和意境,就是中国传统山水园林的核心精神。

整个项目规划通过科学地分析该场地特有的自然环境,以水系为联系纽带,环绕和串联各

个组团空间,划分出各具特色的主题分区,营造出不同业态的理想居住景观形态,使社区环境和谐灵动,让传统的"朱提文化"瑰宝在"云瑶水乡"得到保护和弘扬。

4.3 传统景观意境美的运用

传统园林通过多种手法来营造意境,始终追求在精神层面上打动人心。追求诗画意境是中国古典园林艺术理念中最基本的组成部分。中国古典园林区别于世界上其他园林体系的最大特点,就在于它不以创造呈现在人们眼前的具体园林形象为最终目的,而是追求表现形外之意、象外之象以及寄托着情感、观念和哲理的一种理想审美境界,也就是所谓"意境"。

"云谣水乡"小区景观设计中以山水园林为骨架,在不同的居住业态中营造出各具特色的景观意境。

(1)商业街区采用传统的建筑和园林工程材料铺贴,营造古色古香的氛围,并通过以条形或点状的景观水池点缀,沿水系布置拱桥、拴马柱、水钵、竹林、荷池等传统景观元素,使其既是商贾经营的热闹场所,又有清淡优雅的古风古韵。

(2)洋房区景观同样采用传统的园林工程材料铺贴地面和建筑景观小品。入

图10 云谣水乡项目景观构思图

图11 "云谣水乡"项目商业区景观图(来源:文科园林)

图12 "云谣水乡"项目别墅区景观设计图(来源:文科园林)

图13 "云谣水乡"项目商业街景观设计图一(来源:文科园林)

图14 "云谣水乡"项目商业街景观设计图二(来源:文科园林)

图15 "云谣水乡"项目洋房区景观效果图一(来源:文科园林)　　图16 "云谣水乡"项目洋房区景观效果图二(来源:文科园林)

图17~19 "云谣水乡" 项目景观设计中的传统文化符号运用（来源：文科园林）

口处以青砖景墙与景石和绿植的对比，在灰与绿之间表现出清幽闲淡的意境；亲水区则将青砖景墙与木制亲水平台融入山水之间，让人们在荷塘水月间享受那份清淡优雅。

4.4 传统文化图案的运用

现代居住区景观设计中常将中国传统文化符号加以演变和组合。在"云谣水乡"小区景观设计中，我们将中国传统符号运用在灯具和园建小品中，表现在地面铺装纹理中。

4.5 色彩的运用

在"云谣水乡"小区景观设计中以长城灰为主要的景观色调，来表现"朱提文化"中朴素、自然的传统风格，

表现出当地民风淳朴、务实自然的风格。其中，点缀一些红灯笼也可营造充满活力的传统商业空间（图14）。

5 结论

在当今这个文化互渗的时代，应该重新考虑传统文化的意义与价值，摆脱在居住区景观设计中盲目追求流行风格、仿效外国模式和风格的做法，避免将与我们日常生活起居息息相关的居住区景观营造成千篇一律或无法理解的异国风情社区。只有重视、保护、利用好我国的传统文化遗产，恰当地运用中国传统文化元素，充分关注中国式居住习惯，才能凸显中国景观设计的无穷意境，让人们深深感受到我国传统景观文化的强大魅力。无论何时，我们都要以一颗充满热情的中国心进行自主、自信、自然的设计，使我国的传统文化发扬光大，使人们生活在自然、生态又有中国特色历史人文气息的环境里。 ❀

参考文献：

[1] 曹勇 . 从中国传统文化中探求现代设计发展之路 [J]. 艺术与设计，2009（3）：23.

[2] 孟兆祯 . 园衍 [M]. 北京：中国建筑工业出版社，2012.

[3] 俞昌斌，陈远 . 源于中国的现代景观设计：材料与细部 [M]. 北京：机械工业出版社，2010.

[4] 金学智 . 中国园林美学 [M]. 北京：中国建筑工业出版社，2005.

[5] 曹林娣 . 中国园林艺术论 [M]. 济南：山东教育出版社，2001.

[6] 陆楣 . 现代风景园林概论 [M]. 西安：西安交通大学出版社，2007.

[7] 周维权 . 中国古典园林史 [M]. 北京：清华大学出版社，2008.

[8] 彭一刚 . 中国古典园林分析 [M]. 北京：中国建筑工业出版社，2005.

[9] 刘滨谊 . 现代景观规划设计 [M]. 南京：东南大学出版社，1996.

[10] 鲁晨海 . 中国历代园林图文精选：第五辑 [M]. 上海：同济大学出版社，2006.

[11] 张健 . 中外造园史 [M]. 武汉：华中科技大学出版社，2009.

作者简介：

鄢春梅，出生于1977年，女，现任深圳文科园林股份有限公司景观规划设计院运营总监，主要研究方向：园林景观设计，运营管理。

科技创造园林之美
——浅谈现代科技在园林中的应用

SCIENCE AND TECHNOLOGY CREATES THE BEAUTY OF GARDENS
—THE APPLICATION OF MODERN SCIENCE AND TECHNOLOGY IN THE GARDENS

作者：
黄亮 黄煦原
HUANG Liang, HUANG Xuyuan

关键词：
现代科技；园林之美

Keywords:
Modern Science and Technology; Beauty of Gardens

摘要 Abstract

科技是人类社会文明发展的结晶，也是人类文化的重要组成部分。中国园林艺术深浸着中国文化的内蕴，是中国五千年文化造就的艺术珍品。中国园林艺术的发展脉络始终贯穿着文化和技术互相交织的双螺旋结构，传承了艺术，成就了珍品。现代科技不仅是现代文化的组成部分，也是现代园林文化的一种表现载体。运用现代科技手段设计建造的园林，是以往用传统方式造园中所不可想象的。新的改变、发展和机遇，带来了新时代下新的园林艺术。

Science and Technology is the essence of the development of humanity, and also an important component of human culture. Chinese garden art is an art treasure formed by the 5000-year-long Chinese culture which deeply permeates the implication of Chinese culture. The developing venation of Chinese garden art is always a double helix structure interlaced culture and technology, inherits art and accomplishes treasures. Modern science and technology is not only a component of modern culture, also an expression vector of modern garden culture. Design and build gardens through modern science and technology method is unthinkable from traditional gardening. New changes, developments and chances bring new garden art of the new era.

现代科技为园林行业提供了新工具、新技术和新材料，带来了学科的交叉以及学科理论的发展，引发了设计思维的变革，从而激发新的设计观念与设计方法的研究。在现代科技的推动下，园林自身的文化内涵得以提升，并创造出新的与众不同、与时俱进的园林之美。本文通过创新的园林规划设计及管理手段、创新的园林造景要素两个部分来简单阐述现代科技在园林中的应用。

1 创新的园林规划设计及管理手段

随着科技的发展，越来越多的现代科技手段被应用到园林这个多学科交叉的传统学科，逐渐影响并改变着传统的分析和规划设计模式。伴随着建筑及城市设计领域的数字化热潮，关于风景园林的数字化应用也越来越多的出现，并展现出其在园林应用中的优势与价值。

1.1 "3S" 技术：地理信息系统（GIS）、遥感技术（RS）和全球定位系统（GPS）

"3S" 技术的出现与应用，使园林所涉及的专业外延更广、地理范畴更大；分析方法更数据化、科学化；数据库管理更专业化。地理信息系统（GIS）（图1）为风景园林在绿地监测、空间分析、园林设计等方面提供了直观而理性的有力工具，尤其是在处理园林复杂系统问题时，能更好地进行空间信息综合处理以及大地景观模拟。通过对遥感技术(RS)采集的城市绿地覆盖信息等影像数据、全球定位系统(GPS)收集的比如快速测定规划范围界线、高程信息等各类信息综合分析，可以省去大量繁杂艰辛且准确率不高的野外调查工作，节省大量人力和财力，而且实效性强、准确度高、监测范围大。同时通过 GIS 软件对不同时期的遥感图像进行层叠和分析，可以对区域绿地变迁、城市绿地发展、风景园林建设提供更科学

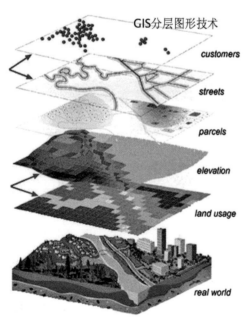

GIS分层图形技术

customers

streets

parcels

elevation

land usage

real world

图1 GIS 图形分层技术

图2《清明上河图》

专业的数据分析、设计指导以及决策支持。

　　基于"3S"技术的园林应用分析，改变了以往传统模式下存在的一些弊端，比如场地分析不足、主观因素过重、无法处理大量数据信息、更多需要靠设计师自身的专业素养和实践经验积累来主导等，真正使园林分析从经验的定性分析飞跃到科学的定量分析。通过在风景评价系统中建立所需的空间数据库，把反映基地的各种要素信息（如植被、道路、建筑、水域等）的专题制图进行分层处理、综合分析，可以提供更专业化的建议，使规划设计更轻松、更具科学性，尤其是在进行大面积的城市生态规划、城市绿地系统勘测及规划、风景区旅游规划等方面更为简捷有效。

　　另一方面，"3S"技术可以实现城市园林绿化的数字化、信息化、网络化管理，科学而理性的管理创新了管护方式，同时也激发了新的园林之美。通过对城市绿地覆盖信息、城市植被调查等各种园林绿化信息建立起城市绿地系统数据库，监控植物生态分布、病虫害防治、防控森林火灾以及古树名木的管理，为城市生态规划、绿地系统规划、环境评估等方面提供数据分析、科学依据和技术支持，从而实现对城市生态绿地的动态监测。这对于营造大地景观，促进城市绿化发展，建设宜人宜居的环境具有重要的意义。

　　例如，在北京香山滑雪场设计项目中，俞孔坚采用了有别于传统分析方法的现代科技下的数字应用软件，以便于进行多学科、多层面之间的交叉复合研判。他在基于GIS常规分析下的土地适应性、坡度和坡向、景观视线视域、三维立体可视等分析之外，为减少项目对生态环境、场地文化等的负面影响提供科学维护依据，从新的分析视角、新的解读观点出发，特别提出了包含工程安全、生态安全、视觉安全以及文化安全等四个方面的战略性景观安全格局的全新概念，旨在寻求一个双赢的空间战略和土地利用格局。城市规划、环境工程、生态学、风景园林、建筑、土地规划等各学科专业人员均参与其中，以充分发挥GIS这一重要工具在项目评价与规划过程中的作用。但是，其更大意义在于，新的园林

景观的分析评价方法以及新理论的探讨，将展现出更为广阔的应用前景，同时也提供了更多途径去创造科技园林之美。

1.2 虚拟现实技术（VR）

　　计算机的迅猛发展，引发了数字多媒体技术的变革。虚拟现实技术（VR）作为现代科技前沿的综合体现，通过对复杂数据进行可视化操作与交互，模拟产生一个三维空间的虚拟世界，提供全新的认知体验。这项独特的新技术在园林行业中的应用正愈来愈广泛。越来越多的园林设计通过虚拟成像、视频与互动感应装置呈现出来，突破了以往传统的图画、静态模型、漫游动画等展示方式，对未来建成的场景进行仿真虚拟展示，以人的视点深入其中，进行多视角、全方位的实时互动，让人可以身临其境般地体验真实的园林设计效果，感受园林的美好。这是传统设计手段所不能达到的，也正是现代科技创造出的具有创新精神的审美形式。

　　VR技术还可以推动园林行业更快地进入信息时代。应用VR技术将三维地面模型、园林绿化、街道及建筑物等三维立体模型融合，可以生动再现城市景观，并可进行查询、测量等一系列操作，满足数字园林技术向三维虚拟现实的可视化发展需要，为城市园林发展提供可视化空间地理信息服务，比如城市园林绿地的电子地图索引、旅游景区信息查询以及园区三维全景展示管理平台等。

　　在对传统文化的传承和创新方面，VR技术可以让我国的文化瑰宝——中国古典园林焕发新的生命力，将古典园林精品的展示、模拟恢复提高到一个新的高度。一方面，VR技术可以通过对古籍记载、留存的图册照片等数据进行采集，模拟重建已消失的古典园林，对其研究、考证提供更科学专业的支持；另一方面，利用VR技术将保存的各项数据资源建立起虚拟的三维模型数据库，可以全面而真实地再现古典园林精品并提供修缮恢复的科学依据，从而实现中国古典园林的新生和传统文化的新生。

图 3 林肯（Lincoln）动物园南岸的拱形木质凉亭

图 4 Motril 步行景观桥

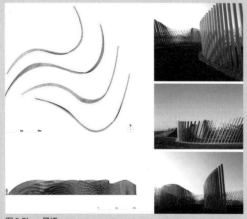

图 5 Blaze 景墙

2010 年备受瞩目的上海世博会中国馆镇馆之宝——巨型动态版《清明上河图》（图 2），2013 年北京园博会的《卢沟运筏图》，都是通过利用 VR 技术进行全景动态演绎，使用数字科技让图像动起来。《清明上河图》在世博会及中国馆续展期间累计吸引中外游客 1750 万人次，在海内外赢得了良好口碑。在《清明上河图》中，

通过对都市日夜风情的展示，真实地再现了北宋都市繁荣的社会生活景象以及园林发展和城市建设成果。这是古代城市发展、城市文明的展示，是现代科技的展示，更是中华文化的展示。

VR 技术的应用，可以直观地模拟、还原古代的社会情景、城市园林，也可以如实地展示当代城市建设、园林发展，同时还可以虚拟未来城市景观。当代和未来的园林设计中将会越来越多地运用 VR 技术，这是园林的发展方向之一。

1.3 参数化设计

参数化设计是风景园林设计中重要的数字化应用之一。有别于传统的风景园林规划设计方法，参数化设计依靠建立参数关系来构建园林系统，通过对可能影响设计的因素进行分析，对来源于分析阶段的各个参数进行组合、调试，找出相互关联的逻辑联系，进而建立各种参数之间的约束关系；或者根据不同的算法，通过算法软件或编程，建立相应的计算机模型。它通过改变参数的数值，控制从整体到细部、从空间到形式的变化，并经过不断的调试得到各类环境元素控制下的具有场地适应性的设计优化结果，或探索解决场地问题的多种可能性，从而使风景园林规划设计摆脱以经验主义和教条主义为设计依据的局限，具有更强的科学性，使风景园林与其所处环境的结合更为紧密，功能设计也更为合理。

例如，由 Studio Gang 设计、于 2010 年建成的林肯（Lincoln）动物园南岸的拱形木质凉亭（图 3）；Guallart Architects 事务所设计的 Motril 步行景观桥（图 4）；McChesney Architects 设计的不同视点呈现出不同姿态的 Blaze 景墙（图 5）等，都是借助参数化软件平台，通过设定规则和按照某种规律分布的数值，自动生成所期望的设计方案，或是应用于非线性建筑设计、自然的仿生设计和自由曲面造型等一系列异形及特殊设计要求的范围，彻底颠覆传统的设计手法，生成无人为因素影响、具有单纯逻辑美学特性的景观。

2011 年 4 月开幕的西安世界园艺博览会主入口广场至主展馆区域（图 6、7）的设计，体现了建筑与园林景观一体化的设计理念，通过应用参数化软件对原有基地和人流动线进行数字化分析，建立了具有统一逻辑联系的数字化模型，构建出建筑与园林景观和谐共生的连续性画面。项目设计从主入口广场开始，通过大量运用折线、斜面等形式构建出自由转折、扭曲多变的三维空间，生成广场、构架＋桥梁（广运门）、绿地＋花池＋路网（长安花谷）等，并最终从地面升腾而起到达湖面，形成悬挑指向园区标志长安塔的主展馆，最终创造出一个具有强烈的视觉效果、多变的空间体验、鲜明的时代审美特色的主轴景观带。

对园林设计师而言，除了创造出风景优美的生态环境，目前更重要的是对高速城市化进程中所带来的新问题提供独特且行之有效的策略。而以上述三种数字化技术为代表的创新的设计手段，无疑为风景园林规划设计的发展提供了很好的技术支持，可以为风景园林专业进行深度拓展和外延，在区域尺度上找到意想不

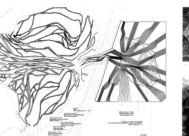
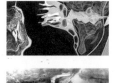

图 6 西安世界园艺博览会（一）

图 7 西安世界园艺博览会（二）

到的关系，并可通过分析的全面性、虚拟技术的前瞻性、规划设计的科学性以及大数据的整合，将生态学、城市规划甚至土壤学等其他相关专业领域的成熟算法引入，提供一些跨学科、跨领域的互动可能性，实现数字时代的多学科融合与协作，为新思想、新理论的提出提供支撑。在数字技术的支持下，未来的风景园林设计一定可以更加多元化、生态化，也更适合人的需求。

2 创新的园林造景要素

现代科技的融合与发展，促进了园林行业的技术革新、材料革新，使得越来越多创新的新技术、新型材料等在城市园林建设中得到应用，并渗透到城市园林建设的各个环节中，显示出极大的优越性，比如在园林工程与养护过程中能大大提高施工质量和效率，缩短施工周期，降低成本等。创新的园林造景要素不仅给人们带来了更丰富、更新鲜、更美好的视觉感受和心理享受，同时也赋予了城市园林更多的生态功能，美化了城市环境。随着时代的发展和科技的进步，运用新技术、采用新材料将是园林行业发展的一个趋势，它将主导以后的园林建设，进一步提升园林的科技含量和发展水平，创造出更加美好的园林。我们将通过以下几个部分对目前园林造景要素中的一些新技术与新材料进行简单阐述。

2.1 音乐喷泉篇

喷泉作为园林艺术的重要组成部分，在国内外有着悠久的历史。公元前 6 世纪的古巴比伦空中花园就已建有喷泉，我国汉朝的上林苑中也建有"铜龙吐水"喷泉水景。18 世纪初，西方喷泉技术正式传入中国。乾隆十二年（1747 年），圆明园建造了著名的大水法等大型喷泉。

1930 年，德国人奥图·皮士特霍 (Otto Przystawik) 首先提出了喷泉与音乐相结合的构想，并设计出小型音乐喷泉。Gunter Przystawik 继承父业使音乐喷泉变得更为多姿多彩。在他于 1952 年夏的西柏林工业展览会上

进行展示之后，音乐喷泉被应用于纽约无线电音乐厅，从此陆续在世界各地得到推广应用。

20 世纪 80 年代中期开始，我国相继引进和设计建造了多座音乐喷泉。作为一种观赏性较高的艺术水景，音乐喷泉逐渐得到了广泛的应用。与普通喷泉相比，音乐喷泉增加了音乐节奏和五彩灯光，在电脑程序控制喷泉的基础上加入音乐控制系统，通过对音乐进行编程，可以使喷泉随着音乐旋律的高低起伏不断变化，并结合五颜六色的彩色灯光而产生多彩的水景，从视觉和听觉上给人带来美的双重享受。音乐喷泉在美化城市环境、丰富市民文化生活方面起到了良好的作用，如今，各种形式的音乐喷泉越来越多地出现在城市广场、公园、旅游景区等。各个地区的音乐喷泉因其具有独特风格的视觉创意、文化特色及表现形式，成为许多城市的形象标志和对外展示的名片。

深圳湾红树林旁的欢乐海岸是多元化城市综合开放的休闲空间，通过利用现代科技建造的月牙形音乐喷泉，将南广场及其周边环境和谐融为一体，并一改传统纯观赏的做法，为大众提供了一个完全开放的与水嬉戏的互动空间。在欢乐海岸戏水，已经成为市民消暑度夏的新的休闲娱乐方式。在这里，人们既可以欣赏美妙的音乐和多姿多彩的喷泉，也可以与喷泉来个亲密接触。看着孩子们开心地在喷泉间穿梭嬉戏，人群中不断传来爽朗的笑声和声声的赞美。这参与其中的愉悦感和满足感，完美地诠释了现代科技所创造的园林之美。

作为欢乐海岸的标志之一，月牙形音乐喷泉同时成为公共空间设计的典范作品。这里真正展现了公共空间所具有的活力、开放性和互动性，为这座城市注入了

图 8 欢乐海岸音乐喷泉

图9 欢乐海岸音乐喷泉

新的人文魅力，同时也契合了深圳这座移民城市创新、包容与融合的文化特征（图8、9）。

2.2 灯光篇

100年前的夜晚，当人们还在依靠灯笼或蜡烛进行照明，只能凭借那微弱的光亮行走或观赏时，怎么也不会想到100年后的今天，在现代城市的夜晚，竟是满目灯光斑斓，五光十色，就像一座不夜城。

现代照明系统早已彻底颠覆了人们的夜间生活，从室内到室外，从地表到高空，美丽的夜景灯光无处不在。在园林景观中，灯光也得到了广泛的应用。灯光不仅可为行人提供照明功能，在

图10 欢乐海岸·旱地喷泉及LED灯绿色照明

图11 蛇口海上世界·LED绿色照明

夜间形成良好的路线指引；还能与周围的环境形成虚实关系，丰富夜间的景观层次，展现园林之美；同时，色彩丰富的灯光、造型各异的特色灯具自身也是美的展示。这是现代科技带来的巨大变革，它将园林之美从白天拓展至夜晚，创造出一种截然不同的园林夜景之美。

通过园区内的园林建筑屋顶、园林小品、铺装地面等设施，可以局部采用将太阳能转化为电能的设备，利用太阳能电池模块白天接收太阳能并转化为电能，夜晚可以为园区内的景观灯具、喷泉水景等供电；也可以在大型市政广场、滨河公园等场所设置运用太阳能的绿色灯具，比如目前常用的风光互补灯具，从而达到节能环保、降低成本的目标。伴随着设计的多样化，太阳能电池设备和园林的结合会越来越流行。

另外，采用纳米材料、稀土发光材料及一系列创新技术研制生产出来的自发光产品，具有发光亮度高、发光时间长的特性，且节能环保、降耗低碳，可广泛用于园林景观的多个方面。比如夜间发光的园林景观灯具、特色小品等；园区的发光导向标志、标识等；园林水体的警示亮化等；尤其是在森林公园、郊野公园等无电源或电力缺乏的地区，可以直接代替照明，带来更为方便且行之有效的应对措施。

其他类似光学变化与机械运动结合的激光灯具、能根据车流人流调节亮度的智能灯具等，都可以应用在园林景观设计中，在提供充足的照明功能之外，还可以为社会节约成本，推动绿色节能、低碳照明的环保理念不断发展，促进灯光设计的创新变革，实现绿色照明工程的可持续发展。高新技术下的新材料、新光源给园林行业创造了新的无限可能，构建出具有时代特征的园林之美（图10、11）。

2.3 材料篇

人类社会和科技的发展，以及人们环保意识的提高，都促进了园林新材料的应用。新材料与现代园林的有机融合，不仅大大增强了材料的景观表现力，使现代园林景观富有生机与活力，同时也赋予城市园林更强的生态环保功能，达到社会效益、经济效益、生态效益的共赢。下面简单介绍几种在园林中具有广阔应用前景的新型材料。

2.3.1 塑木

自然、环保的木材具有很强的亲和力，但是建筑、建材、园林行业中木材的巨量使用，正在导致全球森林面积急剧减少。塑木作为一种可代替天然木材的新材料，是以植物纤维为主原料，与塑料合成的一种新型复合材料。由于含有天然纤维的成分，塑木有着更好的抗紫外线功能，也有更低的热胀冷缩性，并且像天然木材那样容易加工。现在，越来越多的园林景观中出现使用塑木这种新型环保材料所建造的园林构筑物、木平台、栈道等，其景观效果不亚于天然木材，不仅达到了节能环保的目的，同时还能解决天然木材使用上的一些局限性。随着技术的发展，塑

图12 塑木场地

木必然会有更为广阔的使用空间（图12）。

2.3.2 人造石

随着炸山开矿导致的天然石材资源危机，人造石这种新兴材料应运而生。人造石一般称为"树脂板人造石"，是一种高分子材料聚合物，通常是以不饱和树脂和氢氧化铝填充料为主材，经搅拌、浅注、加温、聚合等工艺加工而成。将开采天然石材所产生的巨量废石料作为主要原料，变废为宝生产人造石材，既节省了堆放或填埋废石料所需的大量宝贵土地，还生产出比天然石材更多的建筑装饰材料，无疑具有巨大的经济意义和生态环保意义。人造石表面没有孔隙，因此抗渗透、抗污力强；同时足够的强度、刚度、硬度也使其具有强耐久性和强抗性。另一方面，人造石可采用任意长度、任意造型进

图13 人造石室内造景

图14 人造石小品

行无缝粘接，通过胶黏剂粘接后打磨，浑然一体，对于异型造型有独特用处。虽然目前大部分人造石材料主要应用于室内装修装饰、建筑外立面以及一些室外艺术小品，但是随着技术的成熟，室外园林景观中将越来越多地用到人造石材料，通过配合多种材料和多种加工手段，营造出独具魅力的特殊设计效果，例如一些园林构筑物中特殊造型的外立面设计、异型雕塑、特色透光效果及异型的园林小品等（图13、14）。

2.3.3 透水混凝土

近年来，随着科学技术的不断发展，很多新型的透水性铺装材料在园林景观中得以应用。除了常见的环保透水砖，目前应用较多的还有透水混凝土，也称为多孔混凝土或透水地坪。它是由骨料、水泥和水拌制而成的轻质混凝土，因具有15%~25%的孔隙，除了可以快速让雨水透入地下，有效补充地下水，还可以吸附尘埃、噪声，起到降尘除噪的作用。尤其是在类似城市广场、大面积铺装设计上，透水混凝土更是缓解城市热岛效应的很好的铺装解决方案，在保护和改善城市生态环境等方面具有很大的生态、经济价值（图15）。

除此之外，透水混凝土还具有很强的艺术装饰性和可塑性，可以根据不同环境和场地的个性化需求进行设计，实现不同的造型图案、多种配色方案，产生完美的视觉效果。如果充分利用其特有的景观功能，可以提升园林的独特设计美感，更好地美化城市环境。比如，西安大明宫遗址公园（图16）大面积采用土黄色透水混凝

图15 透水混凝土地面铺装

图16 西安大明宫遗址公园

土地坪，营造出极具特色的景观效果，成功再现了恢宏大气的大唐遗风。

2.3.4 泡沫混凝土

泡沫混凝土又称为发泡水泥、轻质混凝土等，是一种利废、环保、节能、低廉且具有不燃性的新型多孔轻质材料。虽然它目前在园林方面的应用还不是十分广泛，但是由于其拥有的一些特性，有着广阔的应用前景。目前，出现在地下车库顶板之上或者在屋顶的园林景观越来越多，这类项目存在的最主要问题就是顶板结构设计的承载问题。为避免过大的荷载，需要采用轻质材料进行低成本回填，泡沫混凝土就能很好地解决这个问题。为了减轻负荷，大体量的假山石和大坡面绿化带区域都可以采用泡沫混凝土内填的方式。另外，泡沫混凝土还可作为轻质回填材料用在市政河道驳岸挡墙后面，以降低垂直载荷，同时减少对岸墙的侧向载荷，利于一些不规则形的园林驳岸设计。利用泡沫混凝土还可以制作出轻质园林装饰材料及轻质园林小品等，比如花岗岩饰面泡沫混凝土装饰挂板、艺术混凝土饰面泡沫混凝土挂板、仿木仿石栏杆、可漂浮于水面的景观荷花灯、漂浮假山等。这方面的园林产品应用附加值高，而且目前市场大、需求多，但是生产厂家少，具有很好的发展空间。

2.4 绿化篇

城市建设的快速发展，使人们的生活环境受

到了严重的破坏。目前严重的资源和环境问题已经引起世界各国的重视。城市绿化建设作为改善城市生态环境的重要载体，随着园林绿化新技术、新材料和新工艺的开发、引进和推广应用，其科技含量和水平也在不断提高。

园林绿化设计不再单纯注重视觉效果，而更多向视觉与生态功能兼顾转变，从注重绿化建设用地面积的增加向提高土地空间利用率转变，在采用"乔木+灌木+地被"三维立体配置的同时，延伸至墙面垂直绿化及屋顶绿化，营造出全方位的绿色绿体空间。模拟自然生态群落的绿色生态复层绿化模式，有效拓展了城市绿化空间，美化了城市园林景观，同时改善了城市居民生活环境，提升了城市品位，展示出健康的城市面貌。更重要的是，它能最大限度地去逐步恢复、建立并完善城市生态园林建设与管理，实现城市园林绿地的社会生态环境综合效益最大化（图17~19）。

深圳·南海意库（图20、21）可谓是国内老建筑绿色改造的典范之作。位于蛇口工业区、建于20世纪80年代初期的三洋厂区，通过城市更新运动带来的发展机遇，升级改造成为以创意文化为主体的产业基地。项目通过在原有老厂房建筑外立面设置金属框架支撑、垂直绿化种植模块技术来培植绿色植物，由智能化灌溉系统按照植物需要提供稳定的营养液供给，既起到遮阳导风、降低室内温度的效果，又净化了空气，美化了建筑外立面。同时，在建筑设计上大量运用阳台、

图17 智利圣地亚哥 Concorcio 大厦　　图18 普罗旺斯的阿维尼翁市场（Halles Avignon,Provence）

图19 新加坡 PARKROYAL on Pickering 花园酒店

露台、外凸花架等，种植各类花草树木，令各楼层的外廊也都形成一个个高低错落、自成体系的小花园。

屋顶绿化、垂直绿化等多种现代绿化技术的实施，既延长了建筑的使用寿命，同时美化了建筑外观，拓展了绿色空间，创造出可持续发展的绿色节能建筑。原来的老厂房得以重新焕发新生，不但保留和延续了蛇口发展历程中的一些重要记忆，也展示了现代城市的新形象。

园林绿化的创新技术、新材料和新工艺，内容覆盖了园林绿化的各个领域，比如园林绿化植物新品种、新技术培育，智能化灌溉系统，园林废弃物循环利用技术，废弃地生态修复技术，园林绿化新机械设备，立体绿化等众多先进的园林绿化新方式以及新的绿化管护互联网技术等等。

千姿百态的树木、姹紫嫣红的花卉在园林绿地上争奇斗艳、美丽绽放，这生机盎然的园林景色背后蕴含着时代科技与时尚，而正是在这高新科技的支持下，城市园林绿化品质才实现了新的飞跃！

图 20 深圳·南海意库（一）

图 21 深圳·南海意库（二）

3 总结

自古以来，园林都是国人追求理想居住环境的向往和寄托，通过地形、山水、建筑群、花木植物等元素的塑造，传承着一个民族的文化思想、园林美学和建筑艺术。如今，创新发展的科技给园林行业带来了新观念、新技术和新材料，在传承古典园林之美、提高民生活品质的同时，满足了现代城市园林的各种功能要求，使生态环境的效用与园林景观建设有机结合，创造出更加美好、更具有时代特征的园林之美！ 🌱

参考文献：

[1] 卢圣，王芳 .3S 技术在风景园林中的应用现状与发展趋势 [J]. 河北林果研究，2007(4).

[2] 蔡凌豪 . 风景园林规划设计数字策略论 [J]. 中国园林，2012(1).

[3] 池志炜，谌洁，张德顺 . 参数化设计的应用进展及对景观设计的启示 [J]. 中国园林，2012(10).

[4] 匡纬 . 风景园林 "参数化" 规划设计发展现状概述与思考 [J]. 风景园林，2013(1).

[5] 黄蔚欣，徐卫国 . 参数化和生成式风景园林设计——以清华建筑学院研究生设计课程作业为例 [J]. 风景园林，2013(1).

[6] 陈文辉 . 基于 MCS-51 单片机的音乐喷泉控制 [J]. 福建轻纺，2009(6).

[7] 张犇 . 互动性公共空间设计的典范——芝加哥千禧公园皇冠喷泉的设计特色谈 [J]. 南京艺术学院学报，2009(6).

[8] 俞孔坚，李迪华，段铁武 . 敏感地段的景观安全格局设计及地理信息系统应用——以北京香山滑雪场为例 [J]. 中国园林，2001(1).

[9] 人造石，http://baike.baidu.com/link?url=5MeuMvl4PlBChlkwTntDtDmRTTVCg_R36IhM_JsXWR5w5Pvlr-jFPQnimXKW516z

[10] 泡沫混凝土，http://baike.baidu.com/link?url=27fzQ-YtuE-DbUpF0pq5WZ03Fb9cURtLupN3gYU4tvneoNWhPZQU8LnR9YSsmijN65fnaCTpdavcPA_-F0hmnK

[11] 王成，彭镇华 . 城市森林建设中需要处理好的九个关系 [J]. 国土绿化，2009(6).

作者简介：

黄亮，出生于 1978 年 11 月，男，现任深圳文科园林股份有限公司景观规划设计院副总工。

黄熙原，出生于 1981 年 5 月，男，现任深圳文科园林股份有限公司景观规划设计院主任设计师。

浅析欧洲古典园林及其
在中国的发展
BRIEF ANALYSIS OF DEVELOPMENT OF EUROPEAN CLASSICAL GARDEN IN CHINA

作者：
占吉雨 ZHAN Jiyu
关键词：
欧洲古典园林；中国的欧式园林；欧洲园林的特征
Keywords:
European Classical Garden; European Style Garden in China; Features of European Garden

摘要 Abstract

近年来，欧式园林在中国已经不是新鲜词了，我们有必要了解其历史与文化，从细节中体会欧式风格的精髓，真正使其在我国园林景观建设中发挥应有的作用。本文对欧洲三大园林的历史和发展轨迹进行了简要的梳理与分析，也对其在中国的发展与变化进行了系统的归纳，以便我们更好地理解欧式园林在中国的发展，并合理地运用欧洲园林规划的先进理念。

In recent years, European style garden is not a new buzz word anymore. It is necessary to know its history and culture and experience its essence from details, making it play its due role in the garden landscape construction in China. This article makes the comb and brief analysis of history and development about three gardens in Europe as well as systematically sums up its development and transition in China, so that we can better understand its development in China, and make a proper use of advanced ideas in European garden planning.

图 1 宫苑复原图

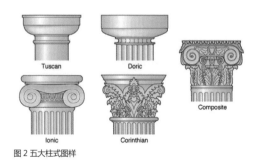

图 2 五大柱式图样

1 欧洲园林发展简介

1.1 欧洲园林的起源

欧洲园林，又称为西方园林，是世界三大园林体系之一。其起源于古埃及、古希腊及古罗马时期，同时也受到波斯造园艺术的影响。

古埃及因尼罗河泛滥而发明的几何学在园林中开始应用，树荫与水池被当作"绿洲"引入园林，水池和树木都按几何形状加以安排，形成了世界上最早的规整式园林，经过发展逐渐形成猎苑、圣苑、宫苑、陵园和贵族花园等不同的园林形态（图 1）。

1.2 欧洲园林的发展

公元前 5 世纪，波斯帝国崛起，波斯的造园艺术也开始逐渐兴起，亚历山大帝国和古罗马帝国的东征给欧洲带来了中西亚文明的精华。

古希腊人在原有的果树蔬菜园里引种栽培了许多波斯的名花异卉，经过不断的发展，成为四周建筑围绕、中央为绿地、布局规则的柱廊园。经过罗马时期的发展和演变，希腊的柱廊园发展成大规模的山庄园林，它继承了以建筑为主体、轴线规整的布局方式，并出现了整形修剪的树木与绿篱、几何形的花坛以及由整形绿篱形成的迷宫，廊柱形式也发展出五大经典类型（图 2）。

欧洲早期的园林是模仿经过人类耕种、改造后的自然，其根源则在于人性中所固有的对美的追求与探索，是人本思想的体现，这种思想影响着整个西方园林沿着几何式的道路发展。

1.3 文艺复兴后的欧洲园林变化

随着 14—15 世纪文艺复兴的兴起，人文主义开始发展，自然美重新受到重视，

图3 巴洛克式园艺绿篱

图4 意大利台地园

图5 法国宫廷园林

图6 英国自然风景园林

新兴资产阶层借助研究古希腊、古罗马艺术文化，通过文艺创作，宣传人性主题和人文精神，欧洲园林也从几何型逐渐向巴洛克艺术曲线型转变（图3）。

在文艺复兴后，欧洲的造园艺术迎来了三个重要的时期：16世纪中叶后的意大利台地园林（图4）；17世纪中叶后的法国宫廷式园林（图5）；18世纪中叶的英国风景式园林（图6）。它们主要分为人工美的规则式园林和自然美的自然式园林，造园风格、思想理论、艺术造诣精湛独到。

2 欧洲三大古典园林特征解析

欧洲园林分支众多，意大利、法国、英国、德国、西班牙、荷兰等国家都有自己独特的园林风格，我们在这里主要分析欧洲古典园林的典型代表——意大利台地园、法国宫廷式园林和英国自然风景式园林，归纳总结其各自的风格和典型特征。

2.1 意大利台地式园林

随着14—15世纪文艺复兴，意大利城市里的富豪和贵族恢复了古罗马的传统，到乡间建造园林别墅居住，因此，意大利园林也顺势继承了古罗马花园的特点。

地理气候特征：意大利位于欧洲南部的亚平宁半岛，境内山地和丘陵占国土面积的80%。夏季在各地平原上既闷又热；而在山丘上则迥然不同，白天有凉爽的海风，晚上有来自山林的冷空气。正是这样的地形和气候特征造就了意大利独特的台地园。

布局：花园府邸多造在斜坡或台地上，可以俯瞰花园景色和观赏四周的自然风光，背面靠山，面朝大海，在高处建水坝蓄水，轴线式布局，流水层层跌落，在交汇处多建有雕塑构筑（图7、8）。

构图：整个园林作统一的构图，借鉴古希腊以V字形构图为基础变化，突出轴线和整齐的格局，别墅起统率作用（图9、10）。

花园园艺：花园顺地形分成几层台地，在台地上按中轴线对称布置几何形的水池，用黄杨或柏树组成花纹图案的绿植，树木以常绿树为主，讲究设计和自然的关系，

图9 兰特庄园鸟瞰

图10 埃斯特庄园入口轴线

图11 巴洛克式绿色雕刻

图7 埃斯特庄园

图8 美第奇庄园

图12 加尔佐尼庄园建筑上的立体雕刻

图16 法尔奈斯庄园的海豚雕塑　　　　图17 埃斯特庄园的百泉路　　　　　图18 椭圆形喷泉

图13 埃斯特庄园中的狄安娜女神雕塑喷泉

图14 法尔奈斯庄园的花钵柱雕塑

图15 兰特庄园中的飞马雕塑

并善于做"绿色雕刻"（图11、12）。

　　雕塑：（1）以古希腊、古罗马神话故事为题材进行拟人化创作，开始以反映动物和社会生活为主要内容（图13、14）。（2）以海洋文化为主题的雕塑（图15、16）。

　　水景：水以流动的为主，都与石作结合，成为建筑化的水景，非常注意光影的对比，运用水的闪烁和水中倒影。也有利用流水的声音作为造园题材，后期巴洛克风格盛行时期更有水风琴、水剧场等各种机关水法（图17、18）。

2.2 法国宫廷式花园

　　文艺复兴为法国早期的古典主义园林奠定了基础。17世纪下半叶，法国王权大盛，古典主义文化成了宫廷文化，法国园林逐渐发展成气势磅礴的大花园，充分体现了"伟大风格"这一中心思想。在路易十四时代，勒·诺特尔式园林的出现和《造园的理论与实践》一书的出版，标志着法国园林艺术的成熟和法式古典主义园林时代的到来。

　　布局：属于平面图案式园林，有庄重典雅的贵族气势，需要很大的平坦场地作为露天客厅。整个园林景观轴线对称，具有外向性的特征，有平面的铺展感和强烈的透视感，追求空间无限性，广袤旷远，着重表现王权的秩序感。宫殿或府邸布置在高地上，以便于统领全局（图19、20）。

　　平面构图：府邸居于中心地位，以严谨的几何轴线式道路绿化构架四面空间，巴洛克图案延伸铺展开来，主轴线从建筑物开始依次延伸到花园空间、林园空间直指郊区，以表现皇权至上的主题思想（图21）。

　　花园营造：花园本身的构图也体现出等级制度。贯穿全园的中轴线作重点装饰，花坛、雕像、喷泉布置在中轴线上，道路分级严谨，形成主从分明、简洁明快、庄重典雅的几何网格。

　　园艺：勒·诺特尔设计的花坛有六种类型。"刺绣花坛"（图22），是将黄杨之类的灌木成行种植，形成刺绣图案，这种花坛中常栽种花卉，培植草坪。"组合花坛"，是由漩涡形图案栽植区、草坪、结花栽植区、花卉栽植区四个对称部分组合而成的花坛。"英国式花坛"（图23），是一片草地或经修剪成形的草地，四周辟有小径，外侧围上花卉形成的栽植带。"分区花坛"，完全由对称的造型黄杨树组成，没有任何草坪或刺绣图案的栽植。"柑橘花坛"与"英国式花坛"有相似之处，

图19 凡尔赛宫宫廷花园

图20 子爵城堡鸟瞰

图21 凡尔赛宫平面图

图22 刺绣花坛

图23 英国式花坛

但不同的是"柑橘花坛"中种满了橘树和其他灌木。"水花坛",则是将穿流于草坪、树木、花圃之中的泉水集中起来而形成的花坛。

花格墙:法国园林将中世纪粗糙的木制花格墙改造为精巧的庭园建筑物并引用到庭园中。

道路分级:轴线与路径的交叉点,安排喷泉、雕像、园林小品作为装饰,突出布局的几何性,产生丰富的节奏感,营造出多变的景观效果。

水景的处理:法国园林十分重视用水,认为水是造园不可或缺的要素,流水更是表现庭园生机活力的有效手段。巧妙地规划水景,特别是善用流水(图24)。

图24 孚-勒-维贡府邸花园喷泉

植物:广泛采用丰富的阔叶乔木,能明显体现出季节变化,树篱是花坛与丛林的分界线,乔木往往集中种植在林园中,形成茂密的丛林,边缘经过修剪,又被直线型道路所界定形成整齐的外观。

雕塑:法国园林雕塑多源于圣经故事,以内容划分大致可分为三类:(1)对古代希腊罗马神话雕塑的摹仿;(2)表现王权与功绩;(3)在一定体裁的基础上的创新(图25、26)。

图25 丘比特雕塑　　　　　　　　图26 装饰浮雕

2.3 英国自然风景式园林

在17世纪以前,英国园林主要模仿意大利封建贵族的别墅、庄园。整个园林被设计成封闭的环境,以直线的小径划分成若干几何形的地块。这种园林在都铎王朝时期(1485~1603年)最为盛行,其代表作是亨利八世(1491~1547年)在伦敦泰晤士河上游兴建的罕普敦府邸(1515~1530年)。但由于在17世纪工业革命以前,英国一直是一个封建的农牧业国家,欧洲大陆上的唯理主义哲学和古典主义文化并没有在英国形成广泛的认同。

在17世纪中叶的资产阶级革命和迅速发展的自然科学的影响下,产生了以培根和洛克为代表的经验主义,在造园上,他们怀疑几何比例的决定性作用,这给英国造园艺术奠定了哲学和美学基础。

进入18世纪,新贵族和农业资产者很乐意闲住在牧场和农庄里,他们大多是辉格党人,鼓吹民主自由和宪章运动,并且对东方文化有强烈的热情,英国造园艺术开始追求自然,有意模仿克洛德和罗莎的风景画。到18世纪中叶,新的造园艺术逐渐成熟,人们称其为自然风景园。

气候条件:英伦三岛基本上四季冷凉而湿润。由于阴霾、大雾的天气居多,庞大拥挤的城市,促使人们追求开朗、明快的自然风景,渴望阳光明媚的好天气出现。

地理条件:英国本土丘陵起伏的地形和大面积的牧场风光为园林形式提供了直接的范例。

物质条件:由于工业革命的成功,社会财富急速膨胀,为园林建设提供了物质基础。

人文条件:17、18世纪的英国贵族阶层受到新文学运动和浪漫主义思潮的影响,相当注意情感的表达。绘画与文学两种艺术热衷于自然的倾向影响了英国造园,

图27 康斯坦布尔《斯陶尔山谷和戴德汉教堂》　图28 透纳《燃烧的古堡》

图 29 自然河流上的石桥

图 30 水岸边的中国亭

充满了野趣、荒凉、情调忧郁的罗莎式绘画成为园林设计的蓝本（图 27、28）。

中国文化的影响：18 世纪中叶，随着东西方航海贸易的繁荣，中国儒家思想和园林文化渗入英伦，讲究借景与自然的融合，形成浑然天成的景观。园林中开始建造一些点景物，如中国式的亭、塔、桥、假山（图 29、30）及其他异国情调的小建筑，或模仿古罗马的废墟等，这些条件造就了独具一格的英国自然风景式园林，人们将这种园

图 31 查兹沃斯庄园牧场区

图 32 邱园中的八角塔

图 33 艳丽的花灌木群落

林称之为感伤主义园林或英中式园林。

自然风景园的发展大致分为两个阶段：（1）以布朗为代表的庄园园林时期，宏大、开阔、明朗，去掉围墙，拆除台地，营造起伏的草地、自然的湖岸、成片的树林，如查兹沃斯庄园、斯陀园（图 31）；（2）以钱伯斯为代表的图画式园林时期，更加野性、更伤感，追求充满野趣、忧伤、荒凉的罗莎式画意，注意树木花卉的颜色效果和植物的组合搭配，如邱园中的中国塔、岩洞等（图 32）。

布局特点："崇尚自然"是英国自然风景园林的法则。自然式的树丛草地，蜿蜒曲折的河流、弯曲的道路，讲究园林外景物的自然融合，把花园布置得犹如大自然的一部分。

图 34 自然跌水

图 35 自然沉墙

植物空间营造：大面积的草地和树丛与园外空间完全融合，草地起伏舒展开来，在山顶高地精心群植植物，具有很强的纵深感，使人目光追随地势进入自然景观环境中。

种植搭配：大型针叶树和阔叶树林下栽植观赏灌木，层次分明，错落有致。引进国外的大量植物品种，如：中东的椴树、悬铃木、核桃，加拿大的松树，澳大利亚的茶树，中国的杜鹃、玉兰（图 33）。

水景：营造起伏伸展的自然溪流湖岸，利用重力形成叠级的人工水景，驳岸多采用草地顺接和自然垒石而成（图 34）。

景观界定：为了彻底消除园内景观界限，把园墙修筑成深沟即所谓"沉墙"或"隐篱"，对动物来说足以成为屏障的"栅栏"，隐蔽的手法使人真正回归自然（图 35）。

硬景构筑：受古罗马园林影响，园林中多以自然块石搭接成斑驳的质感，地面

图 36 残墙

图 37 石拱桥

图 38 雕塑小品

图 39 雕塑小品

图40 广州十三行示意图　　　图41 "圆明园-西洋园"景点大水法现状　　　图42 天津小洋楼　　　图43 上海外滩　　　图44 鼓浪屿天主教堂

是碎石或沙石土路,更多的不设置道路,构筑物带有古罗马或异域情调,设置废墟、残碑、断碣、朽桥、枯树以渲染一种浪漫的情调,在树林中隐隐约约、似露还藏,具有中国园林的意境(图36、37)。

雕塑小品:雕塑人物形态自然、唯美,具有生活化的感染力,融入周围环境中。小品多是日晷、鸟舍、花钵等(图38、39)。

3 欧式园林在中国的发展

3.1 中国早期的欧式园林

在东方的这片土地上,中国园林艺术与西方园林艺术两大园林流派一直在交融和发展。早在16~17世纪,西方园林艺术便随着西方传教士进入中国,最先由私家园林开始,在装饰工艺和细部方面模仿西方园林,如西式的石栏杆、西洋的套色玻璃和雕花玻璃等。扬州的"江园",后改为"官园",模仿了意大利台地园林的逐级平台以及当时欧洲盛行的"镜厅"做法。当时广州的欧式建筑十三行,其立面和细节大量使用了西洋建筑中的玻璃装饰,玲珑剔透(图40)。

到乾隆十二年(1747年),由皇家筹建的"圆明园—西洋园区"便是对西方园林的一次完整的模仿和实践(图41)。西洋园区由意大利画师郎世宁、法国传教士蒋友仁、王致诚等主持设计,从平面布局景观轴线到具体细部均体现法式古典主义造园风格,从西向东依次营造谐奇趣、黄花阵、五竹亭、养雀笼、方外观、海晏堂、蓄水楼、远瀛观、大水法、观水法、线法山、方河、线法画等景观。景区道路均为直线,人工水池也都是规则的几何图形,景观建筑装饰华丽,具有浓郁的欧式巴洛克和洛可可风情。园中景区的植物布局也体现出浓郁的欧洲园林风格。法国植物学家汤执中在这里进行了植物培植,其中不少植物的种子是直接从法国寄过来的。"西洋园"是西方园林在中国的第一次较全面和完整的引进,它代表了18世纪东西方建筑造园艺术交流的成就。

1840年鸦片战争以后,由于西方帝国主义国家的侵略,旧中国的社会性质发生了翻天覆地的变化,中国由自给自足的封建社会逐步沦为半殖民地半封建社会。清政府与帝国主义国家签订了一系列丧权辱国的条约,一些沿海城市如上海、广州、宁波、天津、厦门等地相继被开放,与西方列强通商,饱受西方列强的侵略。随着通商口岸和租界的开通,西方园林建筑文化对中国的影响进一步加深。如著名的岭南四大名园、天津"万国租界区"(图42)、上海外滩(图43)、厦门鼓浪屿(图44)等。

随着西方文化的冲击和华侨的回归,中西合璧的欧式洋房别墅园林也开始大量出现。曲径通幽的空间布局结合西方的园林构筑,营造出一种别具一格的风情韵味,如罗马柱结合砖墙、陶瓷与铁艺大门(图45)、中式景亭结合西式洋楼等(图46)。园林建筑与空间不再拘泥于一种或两种形式,而成为诸多元素的相互糅合。这不仅仅是对欧洲园林的模仿,更是东西方文化的一次次交流碰撞。混搭的欧式园林逐渐形成独具一格的特点,成为东西方文化相互影响的缩影。

图45 陶瓷与铁艺大门　　　图46 中式景亭结合西式洋楼

3.2 改革开放后的欧式园林

改革开放以来,中国社会发生翻天覆地的变革,人民生活水平不断提高,地产业蓬勃发展,带来园林景观的需求。富裕起来的人们开始炫耀奢华的生活,欧式园林开始走进大众视野,"新欧式"建筑和"欧陆风"园林开始盛行。因为资金和工艺、鉴赏水平等方面的原因,早期的欧式园林在中国多数处于机械的模式化和简单化阶段,但经过二十年的发展,欧式园林已经逐渐成熟并开始影响人们的生活方式与生活态度。

步入21世纪后,工业技术高速发展,全球进入信息化时代,出国游蔚然成风。人们的见识多了,眼光也高了,文化水平和艺术鉴赏力也达到了新的高度,开始关注欧洲的文化内涵和美学思想。经过20多年的发展

图47 九江恒大御景平面图

图48 宁夏吴忠恒大名都平面图

与洗练,欧式园林在中国开始与地域文化出现系统的融合与优化。激烈的市场竞争推动地产业内在欧式园林景观环境品质上大步提升,欧式园林不再等同于对欧洲园林的简单复制,而开始针对需求出现特色化的细分产品,并结合人们的生活习惯和文化习俗,因地制宜地布局园林空间。除了英式自然园林、法式皇家园林、地中海风情园林、意大利托斯卡纳园林等欧式古典园林风格外,欧式混搭园林也开始受到人们青睐,新古典风格、ART DECO风格和简约欧式的优秀作品开始大量出现,一部分优秀的地产企业开发出了有自己特色的欧式园林项目,如星河湾、恒大、绿城、龙湖等。

下面以具体案例说明欧式园林在中国的应用与发展特征。

首先谈谈以法式园林为范本的恒大高层产品的园林景观。其高层项目多为围合式布局,园区留有大尺度空间营造园林景观,园区内多有湖景,取"聚财纳福"之意(图47、48)。

图49 入口空间　　　　　　　图50 入口空间

图51 湖景鸟瞰图　　　　图52 溪流跌水

入口空间:主入口迎面为奢华大气的法式拱门,有仪式感的轴线空间延伸至水面,门厅的思想被植入园林设计中。门脸是社会地位的象征,所以"高、大、上"三字箴言在主入口设计中体现得特别明显(图49、50)。

水景:水面做多级高差处理,有大跌水景观和宽窄曲折的湖岸线,潺潺溪流和跌水飞瀑,结合各种欧式喷水雕塑的水景,更是体现出一种生命的活力(图51、52)。

图53 小径　　　　图54 平桥　　　　图55 小品　　　　图56 小品

步道:沿湖设置环形游园空间,或高或低,或近或远,搭配小桥、汀步、栈道形成生动的游园体验(图53、54);优美典雅的法式风情小品构筑设于林荫中或水岸边,宁静怡人,中式的哲学思想、生活习惯和法式的华丽空间、精细工艺完美融合(图55、56)。

图57 修剪的乔灌　　　　图58 欧洲古典雕塑小品 图59 欧化设计小品 图60 欧化设计小品

图 61 铺地纹样　　图 62 铺地纹样

植物绿化：大量采用本土植被，根据不同空间特征进行植被设计。（1）参考法式园林，花灌为修剪的规则形式，多在重点区域运用；（2）密植分级搭配，注重植物的群落和空间的遮蔽性，增加游园的多变性和体验感，使小空间立体化，符合小中见大、步移景异的观景体验（图57）；（3）参考英式但有所变化，有大面积的起伏草地和群植的密林，更加注重花灌木的片植方式。

雕塑小品：一部分取材于欧洲古典雕塑（图58）；另一部分为结合本土文化的欧化设计，多以美好寓意或形体优雅的人物和动物雕塑为主（图59、60）。

硬景细节：在重点区域有较多的模纹拼花图形，以米色和褐色为主，其他区域多有米兰格和碎拼铺贴，立面铺贴有层级的收边收脚，细节繁复（图61、62）。

中国地域广袤，南北气候、风土人文、地理植被差异明显，人们对景观的需求也有所不同。除了法式园林，地中海和英伦风情的经典住宅社区在中国也有许多成功案例（图63、64）。在古典欧式的基础上，还发展出了简欧、ART DECO、新中欧混搭等不同的园林形态。即便是同种风格，在各地所呈现的面貌也有较大差异，材质品种、装饰纹饰、乔灌配置各有不同。中国的欧式园林多元化发展已成为一种趋势。

欧式园林的发展和运用并不仅仅局限在居住环境中，在公共景观和旅游景观中也有许多案例。总体来说，欧式园林的布局相对严谨，绿化配置和细部设计考究，有精确的尺度体量关系，是人体工程美学的代表，软硬景造型细节具有优雅的古典韵味，像精致的工艺品一般值得细细把玩。

经过二十年的发展，欧式园林已深深地烙上了中国的本地文化特色，注重门户的深度感，自然与庄重、华美与僻静兼容并蓄，有着曲折的水岸、幽静的步道、妙

趣横生的景石点缀（图65）、苍翠遒劲的古木对景、恢宏壮阔的瀑布跌水等等。这体现着中国人的审美观，也反映了人们追求豪门阔府、深宅大院的情结。

当下人们的物质需求和精神需求更呈现多样化趋势，生态环境的破坏和恶化在中国也越来越严重，园林景观设计师需要摒弃一味夸张奢华的设计，重新理解欧洲园林的人性化本质，"采其所长，摒其所短"。我们要结合现代生活的需求与发展，尊重自然规律，使"崇尚自然、宛若天开"的中国造园哲学与西方造园理论相互融合，从理解人的活动对空间的相互作用出发，重新整理国人对欧式园林的理解，认真思考如何运用国外的造园手法和空间处理手段适应中国的实际需求和审美情趣，在熟练运用各种装饰手法和对细节的处理技巧之余，创造出真正可以生长的、具有美感的园林景观空间。

4 结语

欧式园林需要在中国"逐水土而生根"，发展出"中国式的欧式园林"。寻求中西文化上的融合与交流是势不可挡的。中西园林文化的发展，应建立在文化意识与思想观念的重建与发展上，首先应基于各自独特的一面，相互吸取对方的长处。就中国文化而言，我们应发扬社会、道德的合理性，摒弃个体的软弱性、封闭、隔绝性，学习西方文化个体的独创性、科学性。这样，欧式园林的设计才可能深入发展，同时在新的时期呈现出不同的风采。🌼

参考文献：
[1] 陈志华 . 国外造园艺术 [M]. 郑州：河南科学技术出版社，2001.
[2] 谢琳，潘子亮，王玮琳 . 浅谈欧式风格在居住区景观设计中的应用 [J]. 山西农业科学，2008, 36(8): 81-83.
[3] 童寯 . 造园史纲 [M]. 北京：中国建筑工业出版社，1983.
[4] 陈晓彤 . 英国自然式园林发展探源 [J]. 国外建筑与建筑师，2002(6): 33-35.
[5] 王箐 . 英国风景园形成探究 [J]. 中国园林，2001(3): 87-89.

作者简介：
占吉雨，出生于 1982 年 9 月，男，现任深圳文科园林股份有限公司景观规划设计院设计总监。

图 63、64 地中海和英伦风情的经典住宅社区　　图 65 景石

生态设计思想在城市公园景观中的应用初探

PRIMARY EXPLORATION OF APPLICATION OF ECOLOGICAL DESIGN IDEAS IN URBAN PARK LANDSCAPE

作者：

张瀚宇 ZHANG Hanyu

关键词：

城市公园；生态景观；营造手法

Keywords:

Urban Park; Ecological Landscape; Design Methods

摘要 Abstract

公园作为城市的"绿肺"，既是城市绿地系统和生态环境建设的一部分，也是一项与城市可持续发展紧密联系的基础设施。它为城市生长提供了物质更新和缓冲空间，减少了不可抗灾害带来的损失。生态的城市公园也为人们提供了更多的基础功能。作为一名设计师，我们需要将理论更好地运用到实践当中去，并形成有效可行的设计模式，指导我们不断努力解决遇到的新问题。

As "green lung" of a city, a park is a part of urban green space system and ecological environment construction, as well as infrastructure closely contact with urban sustainable development. It provides urban development with material updating and buffer space, and decrease the damage of disasters beyond control. Also, ecological urban gardens offer people more basic functions. As a designer, we need to better apply theory to practice, so as to from an effective and workable design mode which guides us to solve new problems.

生态设计强调设计尊重物种多样性
减少资源消耗
维护动植物生境
协调人类社会发展与自然演替的关系

随着城市化进程的加快，环境污染、空间拥挤、绿地欠缺、秩序混乱等城市问题日益加重。城市已不能给人类提供舒适的居住条件，城市的发展建设正面临着环境生态危机。公园作为城市的"绿肺"，为城市的发展提供生态基础、休闲娱乐和缓冲空间，它既是城市绿地系统建设和城市生态环境建设的重要组成部分，也是一项兼顾着城市可持续发展重要使命的基础设施。但目前城市建设中的"经验主义"和传统理论，在很大程度上制约了城市公园的生态建设，使原本很好的公园自然环境遭到不同程度的破坏，人工痕迹充斥其间。随着人们对美好生活、回归自然的渴求，城市公园景观的生态设计越来越受到关注，生态设计的理念发展也逐步成熟。

1 生态设计的内涵

生态环境是人类生存和发展的基础。早在商周时期，人们就已意识到遵循自然规律、保护生态环境的重要性，"早春三月，山林不登斧，以成草木之长。夏三月，川泽不入网罟，以成鱼鳖之长。"（《逸周书·聚篇》）先贤认识到生产发展与生态环境之间存在着密切关系，主张适度开发自然环境，"数罟不夸池，鱼鳖不可胜食也；斧斤以时入山林，林木不可胜用也。"（《孟子·梁惠王》）

关于生态设计的定义最早由著名景观设计师斯图亚特·考恩和瑞恩提出。任何与生态过程相协调、尽量使其对环境的破坏影响达到最小的设计形式，都称为生态设计。与传统设计相比，生态设计强调设计要尊重物种多样性，减少资源消耗，维护动植物生境，协调人类社会发展与自然演替的关系。随着系统理论的发展，生态设计的核心内容主要涵盖下面两点：

（1）生态设计的过程就是协调人类活动与自然生态和谐发展的过程，设计时应最大限度地减少对环境的破坏或影响以及对能源与物质的消耗，保护或恢复生态环境。

（2）生态设计是一种以现代生态学为基础和依据的设计思维方法，其主要目的是实现城市公园系统生态服务功能的可持续发展。

2 生态设计研究进展

随着人们对生态设计的重视，生态设计的实践研究主要集中在以下几个方面：自然式设计、乡土化设计、保护性设计、恢复性设计、设计的多元化发展阶段。

2.1 自然式设计

自然式设计是指在城市的自然景观基础上，进行

图1 纽约中央公园

图2、3 高线公园

图4 白洋淀华润培训中心

图5 沈阳建筑大学

造园或仿照自然景观及其分类系统来进行设计，将自然引入城市公园的设计形式。1858年，奥姆斯特德设计了纽约中央公园，首先真正从生态角度将自然引入城市公园（图1）。当代园艺师彼得·奥多夫参与设计的高线公园，以其自然式的植物风格深受当地人的喜爱[1]（图2、3）。

2.2 乡土化设计

乡土化设计要求设计应当考虑并尊重当地的气候、土壤、人文、社会环境等各种条件。19世纪末20世纪初，西蒙兹和詹斯·詹逊在其草原自然风景模式中提出了以当地乡土植物种植方式代替单纯从视觉出发的设计方法。在此基础上，哈普林提出，设计师不应仅仅向自然学习如何种植，还应该从当地的自然环境中获取灵感进行设计。在任何特定的背景环境中，自然、文化和审美要素都应具备，设计者必须首先充分认识它们，然后才能以之为基础确定设计中应当有些什么内容[2]（图4、5）。

2.3 保护性设计

保护性设计是指在对城市公园进行设计时，强制性

图6~8 黄石公园

图9、10 上海辰山植物园的矿坑公园

地减少人类活动对自然的伤害，将保护自然作为一项重任来进行设计。在设计实践中，奥姆斯特德首先在他的公园系统论中明确提出：国家公园、城市公园的自然保护是维护人类生存和生活的必需，公园建设需要尊重和保护自然，且公园规划应尊重一切生命形式所具有的基本特征，尽量不改变地形和自然环境，尽可能保持自然美，使其与人工美融合[3]（图6~8）。

2.4 恢复性设计

20世纪60年代以来，快速的城市化进程导致了十分严重的城市及区域性生态危机、环境污染，全球性环境问题接踵而至，被过度利用或被污染的环境再利用问题成为世界难题，恢复性设计由此而诞生。

生态恢复设计是通过人工设计和恢复措施，在受干扰的生态系统的基础上，恢复或重建一个具有自我维持能力的生态系统。同时，已重建和恢复的生态系统，在合理的人为调控下，为自然和人类社会、经济服务，实现资源的可持续利用。恢复设计主要应用于矿山、河道、工厂等被人们的生产生活等活动所干扰、破坏的场地的再恢复[4]（图9、10）。

2.5 设计的多元化发展阶段

近几年，国内外生态设计在继承自然式设计、乡土化设计、保护性设计、恢复性设计基础之上，还逐渐向地域文化和特征传承、人与自然和谐发展、新技术和新能源的应用等多方面发展。俞孔坚在其"天地—人—神"的设计理念中提出，一个适宜于场所的生态设计，必须考虑当地人或传统文化给予设计的启示，尊重传统文化和乡土知识。

3 生态景观设计要点

城市公园系统是一个复合的生态系统，我们首先需要考虑的是，应该如何通过有效的设计办法将理论运用于现实的设计当中，指导我们的设计，增强公园生态系统的稳定性，提高景观质量，使公园景观设计实现可持续发展。

3.1 尊重自然、显露自然

现代城市居民正离自然越来越远，远山的天际线、脚下的地平线、山川与湖泊都快成为抽象的代言词。如何将自然元素及自然过程在城市建设中显露出来，引导人们体验自然呢？公园的规划应该结合生态系统的目的需求，尊重自然、表现自然，景观设计要注重意境的创造，以自然美为主，辅以人工美，充分利用山、水、植物、天象之美塑造自然景观，把生态价值最大化。

3.2 注重与周围环境的和谐统一

设计本身应该由多方面因素构成,外部因素和内部因素都存在着相互的关系。古人创造了"天人合一"的理念,也创造了风水相关的思想,这都是对自然的尊重,是对生态文化的高度总结运用。在城市外部,有自然山脉、河流湖泊、森林湿地等大环境景观,城市内部则有不同的地理条件、围合空间,这些都是城市建设的背景与舞台。在进行城市公园生态规划建设时,我们要抓住大环境景观特色,借鉴并融合到园内景观之中,做好相关的生态联系。而要做到城市公园生态景观建设的环境关联,关键是找出公园的主导因素和城市大环境的环境特征并进行融合。

3.3 因地制宜

在城市公园生态景观规划中,因地制宜,充分发挥原有的地形地貌优势,结合自然,塑造自然,是十分关键的手法。它要体现在规划布局、功能分区、景点营造等不同环节。

3.4 充分发挥植物的生态特性

公园中的植物,具有自然生长的姿、形、色、味,不仅在一日之内有着不同的明暗光影变化,更有四季更迭给人们带来的不同感受,可以使人们最直接地感触到自然的气息。植物造景尤其是人工植物群落的营造,从生态角度、经济角度、艺术效果、文化含义和功能组织等方面,都应该列入构景的首选行列,成为城市公园生态景观建设的核心。

3.5 处理好文态和生态的关系

景观是自然与文化系统的载体,科学的规划、建设城市绿地生态景观是生态与文态有效结合的过程。生态建设和文态建设始终贯穿于景区规划建设的整个过程,任何一个环节,任何一个廊道、节点、斑块的镶嵌,都不可忽视或偏重于哪一个方面。城市公园的自然环境与人文环境有着密切的联系,规划建设好生态公园需要我们巧妙地运用自然和改善自然,深入挖掘文化和借用文化,将千古流传的文化古迹、文化民俗在自然中演绎,在活动中发扬。

如今大量的景观设计中,园林植物景观设计流于形式,缺乏生态思想的指导和运用;园林材料和手法大部分趋同;园林景观对城市历史、文化的表达缺失或过于浓墨重彩失去创意,这些都是当今我国城市园林景观建设中存在的问题。

4 案例分析

4.1 加拿大布查德花园的生态设计

布查德花园(The Butchart Gardens)位于托特湾(Tod Inlet),是在废墟上建立起的一座美丽的私家园林。花园占地超过 55 英亩(约 22hm²),坐落于 130 英亩(约 53 hm²)的庄园之内。百年前,这里原是一个水泥厂的石灰石矿坑,矿场资源开采枯竭后被人遗弃。布查德(Robert Pim Butchart)夫妇合力改造场地,使其成为世界著名的恢复性景观(图 11)。

图 11、12 加拿大布拉德花园

花园的特色之一是来自各个国家的奇花异卉在这里融合。这些植物大多是布查德夫妇在各地旅游时亲自收集的，经过独特的栽培技术保育，最终形成了这一享誉世界的"低洼花园"（Sunken Graden）（图12）。

4.2 德国北杜伊斯堡风景园的生态设计

北杜伊斯堡风景园位于莱茵河与鲁尔河的交汇处，是德国19世纪重工业区的中心。该地区的开发始于1899年，当时蒂森公司在那里建了第一个矿井，1905年又建成投产了第一座炼焦厂。1959年矿井关闭，1977年炼焦厂也关闭了，并于1980年被拆除。1989年，政府决定将工厂改造为公园，成为埃姆舍公园的组成部分。20世纪80年代后期，这里已经成为整个联邦德国失业情况最严重的地方之一，无数的老工业厂房和构筑物很快淹没于野草之中，以前的厂址成了一片废弃地块（图13）。

该公园的最大特色是巧妙地将旧有的工业区改建成公众休闲、娱乐的场所，并且尽可能地保留了原有的工业设施，创造出独特的工业废弃地生态景观。该项目的生态设计主要表现在以下几个方面：

（1）设计师在设计中保留了大部分的工厂构

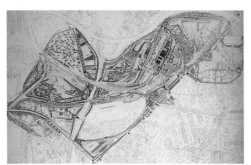

图13 设计总平面图

筑物，并对部分构筑物进行了功能的置换和再生。以前用来盛放石灰石、焦炭等炼钢原料的铁制储料仓现在都被赋予了新用途；废弃的混凝土墙体被改

图14 儿童游乐场地　　　　　　　　　图15 改造的攀岩设施

造为攀岩用地；游人攀登、眺望的观景台是对高炉等工业设施改造后形成的；蓄满水的蓄水池可以供潜水俱乐部进行训练；以前的铸造车间改成了电影剧场；有的场地被改造成了儿童游乐场等等（图14、15）。

（2）在设计中并没有改变废弃地上的原始植被，即使是荒草也任其自由生长。矿渣被用作林荫广场的铺设材料；厂区内的一些工业废料被作为某些特殊植物生长的介质；园内那些污染严重的地方，表层土壤被置换，一些污染较轻的地方，则将土壤重新储存和利用，用于建造那些科普演示的设施。

（3）设计师利用原有的废料塑造公园的景观，减少了对新材料的需求，减少了对生产材料的索取，使工业废料被循环使用。如红砖磨碎成为彩色混凝土的再利用材料；一些植物生长的介质或地面表层的材料是通过焦炭、矿渣的再利用得到的；铁路护轨被修成新的道路；最具特色的金属广场，是通过利用49块废置的铁板铺设而成。此外，公园中的水也是循环利用的。带着工业废物的埃姆舍河穿过公园，设计对这个河段进行了处理，让污水从地下管道流过，修护老的河床，防止地表水污染。污水被处理，雨水被收集，并引至工厂中原有的冷却槽和沉淀池，经澄清过滤后流入埃姆舍河（图16）。

（4）设计师将公园的生态设计分成四个管理层次：以水渠和储水池构成的公共区、散步道系统、使用区以及铁路高架步道系统。这些层次自成系统，各自独立而又互相联系，只在某些特定点上用一些要素如坡道、台阶、平台和花园将它们连接起来，获得视觉、功能、象征上的联系（图17、18）。

北杜伊斯堡风景园今天的生机与其前身钢铁厂厂区的破败景象形成了鲜明的对比，启发着人们对城市公园生态设计含义与作用的重新思考，推动了城市公园生态设计的浪潮。

5 结语

城市公园的生态化设计并不是难事，它是将来城市公园景观乃至绿地系统设计的必然趋势。关于城市公园生态设计的诸多理论，国内外学者和设计师已在景

图 16 排水系统的沉淀池

图 17 金属广场

图 18 河道

观等多方面进行了分析与研究并付诸实践，截至目前已在一定范围内产生了相当的成效与影响力，但还没能得到很好的融合和普及，也没能够像欧美及日本一样鼓励民众参与其中，并广泛地普及教育。因此，如何因地制宜地将已有的理论体系结合实际，运用到我们的设计当中去，并形成有效可行的设计方法，是景观设计师需要不断实践和不断思考的问题。Ⓜ

参考文献：

[1] 邹婷婷.城市生态公园设计方法探析 [J].城市建设理论研究，2013（8）.

[2] 余鸿，彭尽晖，朱霏琪，李艳香.城市公园生态设计研究进展 [J].安徽农业科学，2009，37（18）.

[3] 叶倩.浅谈景观设计中的生态设计 [J].城市建筑，2012（13）.

作者简介：

张瀚宇，出生于 1982 年 7 月，男，现任深圳文科园林股份有限公司景观规划设计院设计总监，研究方向：商业综合体、产业园规划及景观设计，风景园林景观规划设计。

中国文化
在风景园林设计中的运用
THE USE OF CHINESE CULTURE IN LANDSCAPE DESIGN

作者：
吴文雯 WU Wenwen

关键词：
中国文化；田园文化；风水文化；本土文化；道法自然；
天人合一

Keywords:
Chinese Culture; Rural Culture; Geomancy Culture;
Local Culture; Nature Rule; Unity of Man and Nature

摘要 Abstract

站在国家的角度来看，园林设计要走出国门、走向世界，更需要用现代手法诠释中国几千年的传统文化。中国文化在园林设计中的体现，有时也并不仅是某个细节的继承或推敲，它还是虚的展示，是看不见的内在精神的影响，那也是我们一直要追寻的——骨子里的中国。

From a Chinese point of view, landscape design should go abroad, towards the world. But it is more needed to have a contemporary interpretation of thousands of years of Chinese traditional culture. Chinese culture is not just reflected in inheritance or consideration of some detail in landscape design; it is also virtual presentation, as well as influence of the invisible inner spirit, which we always pursue—the essence of China.

中华文化，亦叫华夏文化、华夏文明，是中国 56 个民族文化的总称，且流传久远，地域甚广。随着中国国力的强盛，中国的国际地位不断提高，世界各国都对中国文化给予了高度的认同和重视。

综观中国浩瀚的历史，一群魏晋名士在各自的领域，集体表达出灵动、旷达、率真的气质。陶渊明"采菊东篱下，悠然见南山"，成田园派的鼻祖；王羲之的书法超逸绝伦，被后人尊为"书圣"；顾恺之的画，线条飘逸，气韵生动；竹林七贤隐居山林，体现出放任旷达的人生态度。这是中国文人艺术化生存的集体狂欢。透过千年的时空，仍然能想象那些散落在深山里、深夜中的灵魂之间的相遇，他们会心而笑，相互升华彼此的灵魂；他们拊掌而鸣，激发出彼此生命的华章；他们击鼓而歌，感受彼此的神韵。这样的人生态度，集中反映了中国文人"天人合一"的哲学理念。

众所周知，中西方文化存在着许多明显的差异，这也影响着中西方园林景观的发展。中国古典园林表现的是自然美，用人工的力量来建造自然的景色，布局形式以自然、变化、曲折为特色，要求景物源于自然而又高于自然，使人工美和自然美融于一体，达到"虽由人作，宛自天开"的艺术境界。西方园林则强调统一，讲究几何，在很大程度上体现了人类征服自然、改造自然的成就，这也与西方的文化思想有着不可分割的联系，他们强调"人定胜天"的思想。比如，在轴线的处理上，西方强调视线的通畅，而在中国文化中则更强调其在组织空间时的作用；在建筑选址中，西方文化表现出对制高点和视控点的强烈偏好，而在中国文化中则更偏好隐藏或屏蔽性结构。

下面，我们就从几个项目案例来分析中国文化在风景园林设计中的运用。

1 田园文化——深圳东部华侨城天麓九区

东部华侨城天麓九区从一个卖不出去的楼盘，到经改造后立即提升双倍价值被瞬间抢购一空的项目，个中缘由，除了甲方对设计师的肯定和信任，田园文化在设计中的恰当运用也功不可没。做设计，有时不要受到先天条件的限定，由基地出发，不比最好，只找出最适合的，也是出路。

1.1 设计背景

天麓九区是东部华侨城天麓系列中的唯一一个中式别墅项目，早期经过一轮设计与施工，效果并没有体现出高尚住宅典范。后来，有魄力的领导做出决定，铲掉重新设计与施工！

1.2 文化结合设计

重新勘探现场后，我们决定利用中国文人墨客都向往隐士生活的情结，将天麓打造成"隐居在深山中的豪宅"。设计颠覆了早期规划的东面为主入口的设置，以避免与东北角的旅游区员工宿舍人流共用一通道，减少嘈杂与市井之感，而把整个小区的入口调整到西面，强化豪宅的独特、唯一性。另外，考虑到西面红线范围以外也是华侨城用地，设计更是把西面入口往外延展近 50m，结合中国的宝葫芦文化，打造出弯曲的葫芦口风水，再现了陶渊明笔下《桃花源记》里才有的别有洞天之隐居体验，也避免了入口大门与小区外陡长的主干道衔接过于突兀，强化了豪宅的"隐"。我们还说服甲方取消别墅后院围墙的设置，尽量让每家每户可以直接亲近自然、亲近山体，让人感觉整个后山就是自己的后花园，使别墅价值最大化。另外，利用基地独对山顶"四面佛"的绝佳位置，设计在细节上借佛入园，强化了甲方及南方居民普遍信奉的美好祝愿；并借基地三洲田之根源，利用梯田竹海在最短时间内巧藏原场地刀切式的挡墙护坡。

设计还建议适当调整整体规划，把北面山体"借入"整个社区，把山边公路建到地面以下，或者局部打断，

围绕小区绕行。例如，深圳星河丹堤面对已经形成的切山公路，在道路上加盖一顶盖，并覆土种植，就让整个社区的氛围及价值变得大不一样。

中国人对山水的痴迷是老祖宗传下来的，中国的山水文化情怀更是在园林设计中发光溢彩。《桃花源记》是我们记忆中最美的地方，而天麓完美得宛若梦里的桃

图5 东部华侨城天麓九区实景（拍摄：吴文雯）

图6 东部华侨城天麓九区实景（拍摄：吴文雯）

花源，宁静、祥和，充满一尘不染的简单与放松。那明媚的阳光，透过竹帘照在木地板上，照在藤编家具上，照在赤裸的脚和光洁的皮肤上，光线明亮而温柔，衬托出浓郁的乡土色彩，隐喻着佛家文化中人与自然完美协调的共生理念。正如幽香淡淡的梯田一般，将珠玉般的内核掩映于朴素的外皮之下。现实生活中充满太多的焦躁与浮华，只有在天麓、在九区，只要肯倾听，肯感受，内心就一定会鲜活、丰满……

2 风水文化——佛山君御海城

概念展现文化，有时不是某个细节推敲到位即是好的设计，而更多地需要跳出来，展现纯粹与沉稳。概念方向一旦错了，细节再精致也是徒劳。看似没有经过设计的设计，也许就是最大气的设计。

图1 东部华侨城天麓九区景观构思：理想居住模式（绘制：吴文雯）

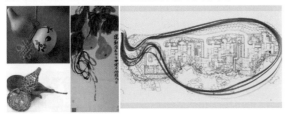

图2 东部华侨城天麓九区构思元素一：宝葫芦

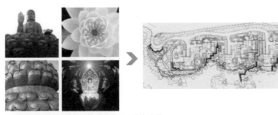

图3 东部华侨城天麓九区构思元素二：观音坐莲

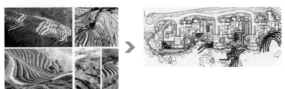

图4 东部华侨城天麓九区构思元素三：梯田

小池塘装不下大金鱼

图7 君御海城总图分析（绘制：吴文雯）

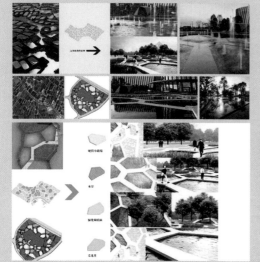

图8、9 君御海城桑基鱼塘设计（绘制：吴文雯）

2.1 设计背景

君御海城配套有温德姆集团旗下最高级别的白金五星级酒店——君御温德姆至尊酒店。该酒店是由世界第五大设计公司、世界唯一的七星级酒店阿联酋迪拜帆船酒店的设计者——英国阿特金斯设计有限公司负责设计。酒店亲水而建，建筑主体高度168m，建成后将是珠三角档次和知名度最高的现代旅游服务业项目之一。虽然原设计已进入施工阶段，甲方最后还是希望我们参与进来，能突破当前，打造出如帆船酒店般的经典景观。

2.2 文化结合设计

设计通过分析建筑像"帆"又像"鱼"的经典造型，结合甲方想媲美帆船酒店的初衷，把如何打造出只属于佛山的帆船酒店、只可生长在珠三角的本土景观作为研究的重点。

密布的河网，成片的基塘，繁茂淳郁的花木，加上低吟浅唱的虫鸟，这是珠三角地区尤其是佛山，在每个人心中所能唤起的亚热带景观想象。桑基鱼塘的"基"与"塘"构成的网状般肌理，无论是从高空俯瞰还是身处其中，都能留给人异常深刻的印象。其独具特色的地理环境、地域历史和地域文化造就了独特的珠三角景观。

具体到设计，首先要将景观纯粹化，打破原有景观的小区化，做到视觉冲击力强，使人印象深刻，并将景观表现到极致，让鱼（五星级酒店）犹如活在水中一样，实现真正的"如鱼得水"；其次解决功能，在满足第一条的同时，解决实际功能问题，以传统的广式"桑基鱼塘"为魂，解决面临的交通及停车等问题。

概念一：鱼跃——愉悦

小动作的调整：让鱼、让建筑在视觉上活在水里，既顺应了风水上水为财的吉祥兆头，同时可结合佛山桑基鱼塘的本土景观，造就一个只属于佛山的至尊酒店。

概念二：太极鱼嘴

大动作的调整：直接引基地边的西江水入内，让酒店这条"鱼"真正入江入海，遨游世界；桑基鱼塘的鱼和西江的鱼相比，后者更来得大气、沉稳、尊贵、骨子里的底气十足，风水寓意更佳。

图10 君御海城设计理念（绘制：吴文雯）

图11 君御海城设计概念一：鱼跃（绘制：吴文雯）

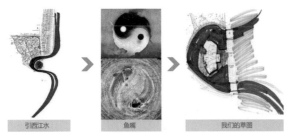

图 12 君御海城设计概念二：太极鱼嘴（绘制：吴文雯）

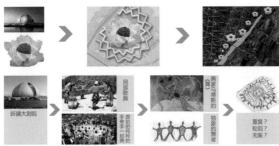

图 13、14 新疆大剧院设计构思

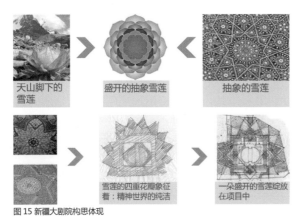

图 15 新疆大剧院构思体现

3 本土文化——新疆大剧院

如果一个人说寻到了伊斯兰建筑的核心，难道它不是应该位于沙漠上，设计庄重而简洁，阳光使形式复苏吗？这个庄严的建筑在阳光下苏醒过来，带着它特有的颜色深浅不同的阴影。站在伊本·图伦清真寺的中央，我最终发现我找到了心目中的伊斯兰建筑的精髓。——贝聿铭

3.1 设计背景

项目位于新疆昌吉屯河边的"印象西域"国际旅游城，

以新疆的"仙物"天山雪莲的形象为原型，通过抽象与创新的设计，形成伊斯兰建筑穹顶造型的主题形象，是伊斯兰建筑风格的创新表达。新疆大剧院作为"印象西域"国际旅游城的核心灵魂项目，其主题建筑坐落在平缓的台基上，神似天山脚下含苞欲放的雪莲花，寓意着圣洁、吉祥如意。

3.2 文化结合设计

设计避免单独考量大剧院，而是放眼大区域，以一个整体、全局的思维去考虑整个"印象西域"国际旅游城的发展。设计紧扣建筑的立意，用景观的独特手法，让这朵含苞待放的雪莲花在阳光下、在大地上真正苏醒、绽放。

中世纪伊斯兰世界的外墙砖设计图案表明它们的设计者已经掌握了西方世界 500 年后才掌握的数学概念；《科学》杂志的出版商美国科学促进会发表声明称，这种使用 girih 图形砖的方法证明，伊斯兰世界的数学和设计曾取得重要突破，可以不重复地创造出无穷的图案，这些图案由十边形、五边形、菱形、六边形和三角形 5 种多边形组成，每一种都代表一个独特的装

图 16 新疆大剧院效果图（绘制：吴文雯）

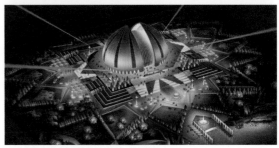

图 17 新疆大剧院夜景效果图（绘制：吴文雯）

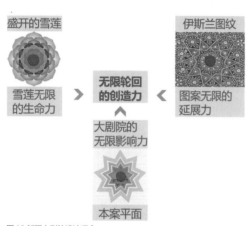

图18 新疆大剧院设计理念

饰基调，这些都与雪莲花瓣的重复肌理不谋而合！

雪莲的多重花瓣象征着精神世界的纯洁，伊斯兰式花纹也是一种不断重复几何图形的繁复装饰，最后看似平凡的设计，实则挖掘了精神、灵魂的内在。雪莲无限的生命力——伊斯兰图纹的无限延展力——无数个几何图形组合在一起，展现出无限轮回的创造力，也象征着真主无限的、充塞寰宇的创造属性，即灵魂本源——无限。

4 道法自然 天人合一——广西巴马三生文化广场

近年，随着全球气候变暖和温室效应的增强，人类开始反思因贪婪而过度索取带来的恶果，重新重视"天人合一"的生态文明理念。在巴马三生文化广场设计中，中国文人的思想对整个构思有着重要的影响。

我们，不是在表现什么，更不是，在取悦谁；

而是一开始，便怀着感恩的心，带着虔诚的灵魂，顶礼膜拜"遗落在人间的，这块净土"！

因为我们知道，如果能最大限度地有效利用这片土地，倾听这片环境，随后，就是让这片土地来触发我们每个人的感性！

4.1 设计背景

在云贵高原东南麓的广西境内，有一条神秘的河流——盘阳河，它是著名的养生河、长寿河，是孕育了世界长寿之乡——巴马的母亲河。巴马是被国际自然医学会评出的世界第五大长寿之乡，如今，它是世界上唯一的百岁老人长寿率持续上升的地区，其他四大长寿村随着不断发展长寿人数却在逐年递减！

4.2 文化结合设计

"不谋全局者，不足以谋一域。"规划设计之初就顺应国际养生大趋势，以可持续发展为理念。经长期研究发现，影响巴马人长寿的主要因素是水、空气、磁场、阳光和食物这五大因子，而其中以高含量的负离子空气和小分子团的六环水尤为独特。那么如何在设计中尽量保护这些长寿因子便成为我们设计中需要首要考虑的问题。最终，设计结合巴马的乡土文化和佛教的"道法自然、天人合一"思想规划设计庭园，把看上去很自然但不常被重视的生活场景用于设计理念当中，取之于自然，用之于自然，打造人与自然融合的景观。

4.2.1 神树

神树——当地的精神信仰。为了不破坏山体与周边的完整性，并保证神树无论从哪个角度看都能突显的神圣地位，建筑结合现场梯田缓坡，以原有天际线为轮廓形成与自然和谐统一的生长建筑。

4.2.2 向山间瑶族村落学习

巴马的山间村落是经过千百年提炼、合理演化组合的。为避免在施工中进行大型土方处理，破坏原有长寿因子，最大限度地零影响现有的纯净安详，我们给三生广场里的建筑以"山间村落"的概念，将商业街的主体建筑，设计成一个个可自由组装的村落式建筑，三五成群或嵌入或架空于梯田之上；为了便于安装，特采用简洁的单体形象，另在立面上配以当地特色灰石与喀斯特地貌大环境完美融合。建筑构件全部预制，运到现场安装，以避免大规模现场施工对其养生价值的毁灭性破坏。

图19 巴马三生文化广场概念构思一：种生长的建筑

4.2.3 来自梯田的灵感

山脊上流动的梯田带给我们无限的遐想，无论是连续的、中断的还是几个山头连绵交织的，都触动着我们无比敏感的神经。望着远处风光交织的乡间小路，嗅着青山绿水中的乡野气息，踏着巴马的神奇山水，在一路欢声笑语中，梯田一排排散布在各个山坡上演绎着巴马的起伏……由于不断想象着三生广场与自然的关系，一组组经过连接整合的灵活布局生动地排列组合着，向梯田、向山的那一头天际展开去……

图20 巴马三生文化广场概念构思二：引圣水入华池

图21 巴马三生文化广场概念构思三：创村落养生

图22 巴马三生文化广场效果图一（绘制：吴文雯）

然后，就是概念细化及商业单体的构思了。

有人开玩笑说巴马是长寿乡，沿路连坟墓都没有。其实，这也印证了当地千百年来与自然融合一体的事实。当地的坟墓是用块石垒成的尖锥形，放眼望去，跟群山完美融合到一起，使人的轮回也与自然完美结合，生于自然，

归于自然，天人合一。

生长的建筑位于自然缓坡上，被梯田环绕；不打扰什么，就做一株野草，不起眼地生长在巴马洁净的土地上！

5 结语

中国文化是中国特有的本土文化的弘扬和再现。世界上没有两片相同的叶子，中国文化的内涵，根据各个地方发展情况的不同，形成的表象也是不一样的。

图23 巴马三生文化广场效果图二（绘制：吴文雯）

林樱的越战纪念碑，在西方获奖，其中的中国情结，或者说中国文化的影响，是深入其骨髓的，是几千年中国文明谦逊的集中体现。它并不是一个小品、一个雕塑对中国文化的运用，而是整个项目在进行概念立意和主题选择时，就已经深受中国文化影响。可以说，在她还年幼时，中国文化就已深入其骨髓，影响至今！

今天，风景园林对城市发展的影响已经产生一种质的变化，除了艺术品位的欣赏，它还在改变着人的精神面貌、生活方式以及生活品质，这种变化是飞跃性的。站在国家的角度来看，园林设计要走出国门、走向世界，更需要用现代手法诠释中国几千年的传统文化，这个可能比照搬照抄来得更有意义。中国文化在园林设计中的体现，有时也并不仅是某个细节的继承或推敲，而是虚的展示，是看不见的内在精神的影响，那也是我们一直要追寻的——骨子里的中国。🌸

作者简介：

吴文雯，出生于1984年5月，女，现任深圳文科园林股份有限公司景观规划设计院设计总监。

现代文化对园林设计的影响
THE INFLUENCE OF MODERN CULTURE TO LANDSCAPE DESIGN

作者：
张凯华 ZHANG Kaihua
关键词：
文化；园林设计；现代艺术；建筑；生态；发展
Keywords：
Culture; Landscape Design; Modern Art;
Architecture; Ecology; Development

摘要 Abstract

现代文化是指工业社会以来产生的文化。园林设计在文化各领域的影响和推动下开始萌芽。新艺术运动标志着现代园林时代的到来。各流派的艺术家和建筑师们不断地给园林设计注入新鲜血液，给园林设计师以强大的理论支撑和设计灵感，带来园林行业的迅速发展。在现代园林设计发展的过程中，战争、自然变化、政治因素、人文情怀等都产生了一定的影响。园林设计一直在汲取文化的精髓而不断发展。

Modern culture is originated from industrial society. Landscape design began sprouting under the influence and the promotion of cultural fields. Art Nouveau indicates that the era of modern garden is coming. Artists and architects from all genres continuously got landscape design an infusion of fresh blood, provided landscape designers with strong theory support and design inspiration, thus promoting the rapid development of landscape industry. War, spontaneous change, political factors and humanities also played a role in the development process of modern landscape design. Landscape design has been absorbing the essence of culture to realize continuous development.

1 文化与现代文化的概念

文化是一个非常宽泛的概念，笼统地说，文化是一种社会现象，它是多元化的，是人们长期创造形成的产物，同时又是一种历史现象，是社会历史的积淀物；确切地说，文化是指一个国家或民族的历史地理、风土人情、传统习俗、行为方式、思考习惯、价值观念、文学艺术等等，包罗万象。文化就是知识，它有优劣之别，无高下之分。现代文化指工业社会以来新产生的文化，涉及政治、经济、艺术、人文等各个领域。我们常说的"文化"，严格来讲，是"人文"的范畴。

2 现代文化对园林设计的影响

19、20 世纪之交，英国掀起了一场工艺美术运动，这场运动主张追求简单、朴实无华、有良好功能的设计，并在装饰上推崇自然主义和东方艺术。与此同时，欧洲还发生了一次大众化的艺术实践活动——新艺术运动。运动中出现了擅用曲线风格的天才建筑设计师高迪，追求直线和简明色彩的格拉斯哥学派以及"为时代而艺术，

图 1 莫奈作品　　图 2 莫奈作品

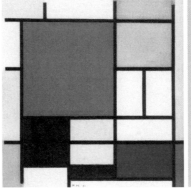

图 3 蒙德里安作品

图 7 克利作品

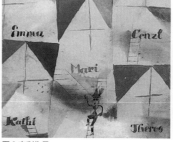

图 8 克利作品

图 9 克利作品

为艺术而自由"的维也纳分离派等大批设计师。站在当代来审视，这场短暂而声势浩大的运动对建筑、绘画和园林都产生了深刻影响：20 世纪初以法国和美国为首的装饰运动（Art-deco）就是新艺术运动的延伸和发展，美国园林设计师斯蒂里的一些景观设计明显地带有新艺术运动的曲线特征。可以说，这场发生在世纪之交的艺术运动是一次承上启下的设计运动，它预示着旧时代的结束和一个新时代（现代园林主义时代）的到来。

现代艺术作为人类文化的重要组成部分，对现代社会的各个领域都产生了影响，对现代园林来说也不例外。现代园林设计时代的到来依赖于现代艺术的发展。19 世纪下半叶至第二次世界大战期间，现代艺术的蓬勃发展对园林设计产生了极大的推动作用，比如以莫奈为代表的印象派（图 1、2），蒙德里安为代表的风格派（图 3），毕加索为代表的立体派（图 4~6），让·阿普和米罗为代表的超现实主义等。现代艺术的许多流派从理念和形式上都对现代园林设计产生了深远的影响。这主要表现在：第一，许多现代艺术家加入到园林设计中来，丰富了现代园林艺术的表现形态；第二，许多现代园林设计师通过向现代艺术学习和借鉴，获得了园林设计的新语言；第三，各种实例表明，许多现代艺术流派的特点在现代优秀园林中都有所表现，证明了现代艺术是现代园林设计语言的巨大宝库。现代艺术教育的普及也使现代艺术有了在园林设计领域发展的土壤，使许多园林设计师获得了向现代艺术学习借鉴的机会和条件。现代艺术发展所造成的艺术观念的转变也对现代园林设计产生着举足轻重的影响。

2.1 从英国园林设计的变迁看现代文化的影响

当绝大多数园林设计师都在从理论上探讨如何

图 4~6 毕加索作品

将现代艺术和历史上规则式或自然式的园林相结合时，英国的园林设计师唐纳德在 1939 年完成了他的著作《现代景观中的园林》（Gardens in the Modern Landscape），在书中探讨了如何在现代环境下设计园林的方法。他提出现代园林设计的三个方面：功能的，移情的，艺术的。其功能主义思想是从建筑大师卢斯和柯布西耶的著作理论中汲取了精髓；移情方面则源自他对日本园林的理解。在 19 世纪末 20 世纪初的欧洲艺术转变中，日本文化产生了很大的影响，特别是枯山水园林引起了欧洲园林设计师的极大兴趣。唐纳德提倡尝试日本园林中石组布置的均衡构图手段，以及从没有情感的事物中感受园林的精神所在的设计手段。艺术可以为园林设计中运用现代艺术手段提供指导，现代艺术家能启迪园林设计师如何处理形态、平面、色彩等方面，雕塑家则能向设计师传授如何对材料、质感和体积进行理解与运用。

在英国现代园林设计史上，杰里科的光芒是无可遮挡的。他一生设计了很多优秀的园林作品，如肯尼迪纪念园、舒特住宅花园、沙顿庄园等等。杰里科有很深的艺术素养，现代主义思想、广泛的文学阅读、中国古典哲学、拉丁古典的诗歌等都是他创作的灵感。他曾拜访过亨利·摩尔等雕塑家，后来他置身于现代艺术的世界，对现代艺术家克利、马列维奇、康定斯基、毕加索和建筑设计师柯布西耶、门德尔松的作品由衷欣赏。克利是对杰里科影响最大的一位，克利的探索几乎涵盖了包括园林设计在内的每个艺术设计领域，他努力扩充画家能够使用的绘画语言，这些对杰里科有相当大的影响。杰里科有许多设计思想和创作手法都来自于克利的启迪。和克利的作品一样，杰里科的作品（图 7~9）同样具有超现实主义的特点，梦幻而神秘的鱼形水面和小岛，弯曲的水道，不规则的曲线花坛……构成了梦幻般的神秘场景。在杰里科看来，克利就是自己的导师，他的创造力是无止境的，没有一个艺术家像他那样对园林设计有特殊的价值。

2.2 现代文化对美国园林设计的推动和影响

为了逃避 20 世纪初的两次世界大战，欧洲不少有影响的艺术家纷纷去美国寻找安身之地，这时主要的艺术中心从巴黎转到了纽约。外来建筑师密斯、纽特拉、格罗皮乌斯、门德尔松等，加上美国本土的建筑大师赖特，使美国取代欧洲成为世界建筑活动的中心。格罗皮乌斯把包豪斯的办学精神带到了哈佛，把哈佛的建筑系变成了一个充满探索气氛的园地和酝酿关于艺术、社会和技术等新思想的地方。他和他的追随者研讨了现代艺术和现代建筑的作品和理论在园林设计上可能的应用，掀起了"哈佛革命"的大潮。这一思潮影响了美国第一代和第二代的现代景观设计师，也对其他国家的景观设计师产生了影响。

"一战"后，美国社会发生了深刻变化。经过十多年的大萧条和战争之后，美国经济得到复苏，中产阶层日益扩大，收入逐渐增多，"核心家庭"模式成为普通的家庭单元，生活更加随意和不拘小节，一大批美国人从农村和小城市迁移到了大都市和市郊，社会生活的新方式自然而然地发展起来，人们开始向往一种轻松休闲的生活方式，室外进餐和招待会成为当时的潮流，花园被认为是室外生活空间。这时，美国现代景观设计的奠基人——托马斯·丘奇诞生了，他开创了"加州花园"这一设计风格。"加州花园"指的是带有露天木质平台、游泳池、不规则种植区域和动态平面的小花园，事实上它代表着一种户外生活的新方式。这种风格的出现和盛行是当时的社会情形促成的，它是一个艺术的、功能的和社会的构图，它的每一部分都综合了气候、景观和生活方式的仔细考虑，是一个本土的、时代的和人性化的设计潮流。在半个多世纪后的今天，我们应该看到，丘奇的设计开辟了一条通往新世纪的道路，他的设计使建筑和自然环境之间有了一种新的衔接方式。

"二战"后，大量的退伍军人使城市人口大大增加，城市里新增了大面积的住宅建筑，经济的繁荣带动了工业的迅速增长，城市增加了一批务工人员，这时候美国的城市大多繁杂、拥挤，

图 10 罗斯福纪念园

图 11 罗斯福纪念园

图 12 罗斯福纪念园

图 13 爱悦广场

图 14 爱悦广场

图 15 爱悦广场

很少有公共开放的空间，这就促使了城市广场和步行街的产生。20 世纪 50 年代美国州际高速公路计划的实施，为城市滨水公共空间的创造提供了可能。这种种的变化使美国的景观行业进入了前所未有的繁荣时期。公园、植物园、居住社区、城市开放空间、公司和大学园区使园林设计者在一个更广阔更公共的范围内运行。新一代的优秀园林设计师也不断涌现，如劳伦斯·哈普林、佐佐木英夫和罗伯特·泽恩等。劳伦斯·哈普林在 20 世纪美国园林规划历史中占有重要地位，他设计了很多优秀的作品，著名的有罗斯福总统纪念园、爱悦广场、曼哈顿广场公园等（图 10~15）。哈普林继承了格罗皮乌斯将所有艺术视为一个大整体的思想，他从广泛的学科中汲取营养，因此具有创造性、前瞻性和与众不同的理论系统。他的作品范围很广泛，涉及了行业中的许多方面，如商业街区的设计、社区的规划设计、校园和公园园区的规划设计以及一些较大尺度的规划等。佐佐木英夫是位出色的教育家，他认为设计主要是针对给出的问题提出解决方案，是将所有起作用的因素联系成一个复杂整体的过程。他和彼得·沃克一起成立了 SWA 设计公司。泽恩的主要代表作是小型城市绿地——袖珍公园。

图 16~18 越南阵亡将士纪念碑

2.3 现代社会的发展与变迁为园林设计提供了新的视角

随着石油危机的出现和环境问题的日益加重,人们认识到自身生存的自然环境和文化环境都存在着巨大危机,席卷全球的生态主义潮流促使人们站在科学的视角上重新审视这个行业,园林设计师开始将自己的使命与整个地球生态系统联系起来。从波普主义到达达主义,从极简主义到后现代主义,许多园林设计作品中都体现了科学与艺术的融合,即生态主义原则与大地艺术手段的完美结合,许多园林设计师、艺术家和建筑师都为园林设计的发展做出了巨大的贡献。

华盛顿的越南阵亡将士纪念碑是"大地艺术"和现代公共景观设计结合的优秀作品,这个作品是对大地的解剖和装饰。"大地艺术"对景观设计的一个重要影响是带来了艺术化地形设计的观念,它以土地为素材,用全人工化、主观化的艺术形式改变大地原有的面貌,这种改变既能融入环境,也能给人带来视觉和精神上的冲击(图 16~18)。位于马萨诸塞州威尔斯利的少年儿童发展研究所,是一个用来治疗儿童由于精神创伤引起异常行为的花园。花园被设计成一组被一条小溪侵蚀的微缩地表形态:安全隐蔽的沟壑,树木葱郁的高原,可以攀爬的山丘,隔绝的岛屿,陡缓不一的山坡,乐趣无穷的池塘,以及可以追逐嬉戏的开阔林地。孩子们可以和医师一起通过感受美好环境进行治疗,体察到自己内心的最深处。

至于生态主义原则在园林景观上的运用,则要追溯到 1969 年麦克哈格教授出版的《设计结合自然》。该书运用生态学原理研究大自然的特征,在宏观和微观上研究自然环境和人的依存关系,提出了创造人类生存环境的思想基础和工作方法,在全世界范围内引起了很大的轰动。书中,麦克哈格将整个景观看作一个生态系统,在这个系统中,地理学、地形学、地下水层、土地利用、气候、植物、野生动物等都是重要的要素。在生态主义原则的指导下,园林设计师把资源的可持续利用和生态保护意识融入景观设计中,景观设计中开始注重水的循环使用以及太阳能水泵新型能源的利用,出现了可以代替天然木材的户外用复合板。

3 总结

随着社会政治、经济的不断发展,一代代的园林设计师一直在不断地汲取文化的精髓,并结合所处时代的发展特点来进行景观设计。虽然在不同时期,人们对文化艺术等的认知不同,而形成了多样化的设计风格和流派,但是随着时代的变化和阅历的增加,秉承着发展的主流,各种风格也在不断调整和补充,园林设计在发展中不断被丰富、被手法化,并与传统的文化精髓进行交融。园林设计在发展的过程中应该继续保持与其他学科和艺术的交流,从不同的文化中汲取广泛的思想理念,从而获得与时俱进的内涵和更强盛的生命力。🌱

参考文献:

[1] 王向荣,林箐.西方现代园林设计的理论与实践 [M].北京:中国建筑工业出版社,2002.

[2] 袁华祥,袁勇.雕塑语言在景观设计中的运用 [J].艺术与设计,2010(7):1-3

[3] 彼得·沃克,梅兰尼·西莫.看不见的花园——探寻美国景观的现代主义 [M].王健,王向荣,译.北京:中国建筑工业出版社,2009.

[4] 伊恩·伦若克斯·麦克哈格.设计结合自然 [M].芮经纬,译.天津:天津大学出版社,2006.

[5] 陆楣.现代风景园林概论 [M].西安:西安交通大学出版社,2007.

作者简介:

张凯华,出生于 1984 年,男,现任深圳文科园林股份有限公司景观规划设计院设计总监。

探讨新中式居住景观如何继承传统

INVESTIGATION OF TRADITION INHERITANCE IN NEW CHINESE-STYLE RESIDENTIAL LANDSCAPE

作者：
陈小兵 CHEN Xiaobing

关键词：
居住文化；新中式文化；传统元素；现代元素；
和谐统一

Keywords:
Residential Culture; New Chinese-Style Culture;
Traditional Factors; Modern Factors;
Harmony and Unity

摘要 Abstract

"新中式"居住景观作为我国本土地域化的景观，在西方现代景观对中国特色园林吞噬的情况下，其出现是必然的，但它不是对传统的重复，而是传承和发展。其景观设计是从古典园林中汲取精华元素，进行推敲、重构、传承、接力，融合于当代景观设计中，用另一种视角、另一种手法来开拓，最终达到对中国古典园林的承形、延意、传神。

As the local landscape, new Chinese-style residential landscape is necessary to emerge in cases of western modern landscape invasion. However, it is not traditional repetition but inheritance and development. During the process of consideration, reconstruction, inheritance and relay, the new Chinese-style residential landscape absorbs the essence of classical garden to integrate with modern landscape design. It extends with another view and method, finally realizing inheritance and development of Chinese classical garden.

当我们回顾 21 世纪的第一个十年，可以清晰地看到中国园林景观行业的高速发展，大量的项目涌现出来，大量的设计师投身其中。作为景观行业的实践者，我们应该多思考：我们的居住现状是什么？欧式印象、东南亚印象、南加州风情、新古典风格、中式印象的作品是百花齐放，还是一片浮躁的乱象？当前，一些楼盘几乎把西方的一些城市地名、风情小镇全部搬到了开发项目中，可以说是不出国门就可以体验世界游。作为景观行业的践行者，我们有责任去深入挖掘属于我们自己的文化元素，让我们的景观焕发出新的活力。

失自我。虽然我们可以"与众不同"，但并不代表可以与世隔离。

图 1 中式居住景观　　　　图 2 中式居住景观

1 中式居住文化追溯

与西方世界的居住天堂不同，中国人心中自古就有着对于桃花源的种种向往，"中式天堂"摆脱了宗教的束缚，夹杂着复杂的文人情怀和难以割舍的世俗体验（图 1）。中国传统造园艺术中对于山水景观可行、可望、可游、可居的设计原则，阐明了中国园林中山水环境与人居环境的重要关系（图 2）。而我们现在的居住环境过多地在表面做文章，重装饰，看场面，完全是在丢

2 中国古典民居形式及现代探索

历史上，华夏民族的居住形式融合了地理、气候及民族特性等因素，由北至南形成了蒙古包、四合院、晋中大院、陕北窑洞、徽系民居、浙江民居、西藏碉楼、湘西吊脚楼、客家土楼、傣家竹楼等居住形式。其中，成为当代中式住宅的主要追逐对象的是徽系民居和北京四合院。笔者认为其中原因在于徽派民居具有简单、抽象、易于描述的特点。具体来说，其连续的墙面、充满扩展性的空间以及单纯的色彩对比，都与现代建筑形成某种"兼容"性。这就可以从一个侧面解释"万科第五园"的出现。早在 20 世纪八九十年代，吴良镛先生主持设计的"菊儿胡同"就可以看作是新中式的早期实践。但是，真正意义上作为商品住宅的现代中式住宅

的出现，还是近十年的事。2008 年，万科集团与都市实践事务所联合打造的"土楼公舍"，意在为城市弱势群体提供中国传统文化意义上的居住空间，设计采用了土楼的空间原型，然而，创意之余，销售却不理想，不仅没有解决低收入者的居住问题，原本计划建设三座的想法也没有实现，可见新类型的发掘和实践的不易。当然，现实中也不乏成功的实践典范。

2.1 案例一——上海万科第五园

深圳万科第五园通过对中式传统住宅形式进行现代手法的演绎，将传统与现代、中式与西式进行了很好的结合，成为新中式风格住宅的开端之作。虽然许多地产开发商都乐于将一个在某地获得成功的项目在别处进行重新演绎，复制成功，但是上海万科第五园并不是对深圳第五园的简单模仿。事实上，除了把那座来自鄱阳的有着 600 多年历史的徽派古宅搬到现场之外，我们找不出上海与深圳的两座"第五园"在设计手法上有任何雷同。身处上海万科第五园，在"骨子里的中国"的情结之下，我们看到的更多是海派生活的精致与从容（图 3、4）。

图 3、4 上海万科第五园

图 5、6 上海万科第五园

在空间处理上，上海第五园采用多重庭院嵌套的格局，将中国传统民居中的前院、中庭、后院和边院元素在有限的面积内进行重新布局，形成了收放有致的空间节奏，在一定程度上满足了消费者对传统居住形式的向往。设计师还通过将现代建筑技术与材质拼接相结合，营造出丰富而多层次的空间体验，使其不只停留在简单肤浅的"中式风格"层次，而是通过对空间和细节的设计推敲，让建筑有了值得细细品味的韵味（图 5）。

上海第五园的另一个独特之处是"阳光天井"，这是受江南民居"小中见大"的启发。与岭南民居的开敞或北方民居的敦厚不一样，高墙围合的"天井"是近代江南民居中非常经典的元素。在本案中，建筑师以"天井"为切入点，既让住户再次体验到传统江南民居的居住感受，又让有限的地块空间得到了充分利用。天井的设置不仅淡化了内外空间的界限，同时使居住空间富含趣味。

此外，上海第五园在材质和细部的表现上也亮点十足。屋面的金属板与外立面的灰砖体现着现代与传统的交流，其间通过悬挑、延伸、转折、起落的设计，使建筑显得富有活力；建筑勒脚使用环秀石丰富了中式风格的内涵；在窗的处理上，建筑师通过石材切割与连接形成了漏窗的概念，体现出内敛的审美意境（图 6）。

2.2 案例二——泰禾·北京院子

泰禾·北京院子项目规模为 35000m²，整体设计以"禅意人生"为理念，强调"一山一水一清风，一月一竹一流云"的轻松、宁静、从容、超然的景观氛围。项目用现代的手法探索中式园林的精神内核，赋予其中国园林的思想

图7~10 泰禾·北京院子

图11 泰禾·北京院子
这个门头经过很多轮的推敲，上图是最终建成的效果。顶部为菠萝格防腐木，下层为铝塑料板。

图12 水景景观
这个镜面水景为了避免返碱，采用了下部架空处理，但没有用昂贵的万能支撑器，直接用的预制混凝土墩子。中间用不锈分缝5mm。

文化，并满足使用者的现代生活功能需求（图7~12）。

除上述案例外，还有"观唐"、"富春山居"等一些新中式民居的成功探索，这里就不具体介绍了。

在规划设计"新中式"居住景观的过程中，不管是何种性质的项目，都需要考虑地域文化的特点，不可能完全对古典园林进行复制。所谓"大中国、大统一"的思想在景观上是对中国地域文化的不尊重。要做到对不同地方文化的保护和继承，就要做到真正的百花齐放，并在新的时代下再现中式风异彩。

3 中式居住文化的传承

对于近代中国，每个人都有自己不一样的记忆（图13）。在新的时代，景观设计师可以重拾文化经典，演绎新的居住品质。

设计师如何才能再次升华居住文化——是符号（图14），是生活方式（图15），是文化空间（图16），还是"家"的体验？如何在景观中去考虑种种元素，并通过设计让我们的居住文化得以传承，以更加积极的面貌和这个时代相适应？

我们需要体验能让人觉得亲切的居住环境，这就要求设计师深入研究地方的居住文化，包括人们的一些生活习惯、一天的时间安排等，然后经过分析研究，重

图13 年代的记忆

图14 文化符号

新定位这个时代需要的新的居住环境蓝图，并做到因地制宜、因文化制宜。现代居住的立体发展一定程度上限制了邻里的交往，那么，新的居住环境设计应如何体现人与人之间的互通，实现原本很自然的邻里交往？又该如何通过新的活动策划及景观考虑来恢复我们的邻里文化，并形成一种和谐而自然的新文化习俗呢？

在当代甚至是未来，要做到我们理想的有自己民族和地方特色的居住环境，各种因素已经给我们提供了思路。这是一个综合了历史、文化、风土人情、气候等学科的大舞台，只有设计师更具专业知识、更有文化修养、更具备科学头脑，我们的居住环境才能越来越接地气、人气甚至是仙气。

图15 生活方式

图16 文化空间

越大行其道，国人在灵魂深处就越是渴望来自本土文化的滋养，这是时代对"新中式"景观发展的呼唤。

作为园林文化新时代发展的起点，"观唐"、"泰禾·北京院子"、"第五园"、"富春山居"等以特定历史为背景的居住区，没有刻意追求所谓的"原汁原味"，它们分别从不同的角度诠释了对古代建筑和园林的理解。这些园林文化作品都是对中国地域园林文化的继承与发展，为中国当下的居住环境发展提供了很好的思路和方向。无论是居住还是其他性质的园林文化，只要我们设计的作品有"灵魂"、有"骨气"，那就是优秀的作品。中国有句古语"山不在高，有仙则名；水不在深，有龙则灵"，用它来诠释"新中式"的精髓可谓恰到好处！ ⑪

参考文献：

[1] 中国建筑文化中心. 中外景观："新中式"景观 [M]. 南京：江苏人民出版社，2011.
[2] 凤凰空间·天津. 中式景观设计 [M]. 南京：江苏人民出版社，2012.
[3] 王志纲. 现代中式 [M]. 沈阳：辽宁科技出版社，2006.

作者简介：

陈小兵，出生于1982年，男，华南热带农业大学（今海南大学）学士，武汉大学硕士，现任深圳文科园林股份有限公司景观规划设计院设计总监，主要研究方向为园林设计、景观生态学、未来居住形态。

4 展望未来

"一方水土养一方人"，中国数千年传承的文化底蕴深深地影响着国人的思维方式与审美倾向，更深刻地影响其对空间与环境的认知与感受。现代西方景观设计

中国未来居住环境设计：
智能化、环保化
CHINESE RESIDENCE DESIGN IN THE FUTURE: INTELLIGENCE AND ENVIRONMENTAL PROTECTION

作者：

陈小兵 CHEN Xiaobing

关键词：

城镇化；品质时代；智能家居；绿色生态；创新；环境管理

Keywords:

Urbanization; Quality Times; Intelligent Living; Green Ecology; Innovation; Environment Governance

摘要 Abstract

随着城镇化进程的加快和人们生活水平的日益提高，中国当下的居住环境已不能满足国人的需求。未来，人们将对居住环境的品质提出更高的要求。未来的人居环境应该是智能的、环保的。为此，环境工作人员需要不断提高自己的专业素养，在尊重自然、保护环境的前提下，根据人们的需求，打造出更加优质、智能的居住环境。

With acceleration of urbanization and rising of living standard, China's current living environment couldn't meet people's requirement any more. So people will put forward higher request on the quality of residence in the future. The living environment of future should be intelligent and of environment protection. For this purpose, environmentalists must improve their professional skills, and act on the premise of respecting nature and protecting environment, create higher quality and smarter living space according to people's demand.

图1 立体绿化

图2 环保品质空间

住宅产业化二十年来，中国人的居住观有了极大改变，在追求奢华之后，环保节能、智能科技开始被更多地提及和运用。智能家，是一个用先进智能科技和思想打造出的，以住宅为平台安装有智能家居系统的居住环境。

在中国再次腾飞之际，我们可以预见智能化、环保化将是中国人居的未来主题。

1 中国居住环境的历史与现状

1949年至今，我国住宅建设经历了从"有得住"到"住得下"再到"住得好"的三段式发展。直到"住得好"这个阶段，人们才对居住区环境提出要求。所以，居住区的环境问题直到20世纪90年代才为人们所重视。

20世纪90年代，房地产业开始缺乏理性地膨胀式发展，各行各业都一窝蜂地加入到"圈地运动"的行列。这种现象的社会背景是社会经济的快速发展、单位和个人收入的急剧增加以及多年住房短缺造成了对住房的巨大需求。

到了90年代中期，国家的宏观调控政策使处于高烧之中的房地产市场急剧降温，银根紧缩使许多在建的楼盘停工，相当一批房地产公司被市场淘汰，整个房地产业进入相对的低潮期。在这个阶段，房地产市场处于适应市场转变的过程。大量商品房空置和积压，使得商品房的购买者对居住条件提出了更高的要求。这就需要开发商改变原来粗放型的开发方式，在居住小区的设计上更加精心。在这个时期，设计师在住宅平面类型、住宅拼接组合方式、住宅组团、小区集中绿地设计、住宅造型及建筑群体效果、建筑色彩等多个方面进行了许多有益的探索。但由于房地产业处于低潮，开发投入有限，所建居住小区的形象效果通常较为平淡。

1994年，我国政府发表了《中国21世纪议程》、《中国21世纪人口环境与发展白皮书》，提出我国人居环境建设的主题和目标为：城市化与人类居住区管埋；基础设施建设与完善人类居住区功能；改善人类居住区环境；为所有人提供适当住房；促进建筑业可持续发展；建筑节能和提高居住区能源利用效率等。这段时期，学术界对城市和居住区的构建模式多有探讨。其中，有代表性的是李润田提出的"园林城市地域结构模式"：即在各级中心可布置规模不等的公园、游园或街心花园；各级中心四周设置公共设施和商业服务机构等公共建筑；公共建筑外围是学校、医院、无污染的加工厂以及大片住宅群；居住区外围为绿化带，最外层是工业区、仓库和对外交通用地。

1999 年，全国取消福利分房，开始实行住房货币化分配制度，促使房地产业迅速市场化。同期出现的购房按揭制度，又极大地提升了国人的预期消费能力，为城镇住宅建设开辟了更为广阔的市场空间。随之而来的，就是住宅建设对应于私人化生活的品质需求。"居者优其屋"成为新的社会时尚。人们在购买住房时，考虑的不仅仅是物质层面上的住宅面积、户型、区位、日照、采光、通风、交通、景观、物业管理等因素，对社区文化等精神层面上的因素也相当关注。居住区的建设，不仅仅是为居住者提供一个居住环境，更是为居住者提供一种文化生活方式。"人居环境学"逐渐被业内外重点关注。

与日本的城市化进程相比，2006 年底，我国城镇化水平仅为 43.9%，处于快速发展阶段的初期，过去 10 年城镇化速度一直保持在 1.2%~1.4% 左右，这相当于日本 1960 年时的城镇化水平。而日本直至 1975 年城镇化率达到 57% 后，城镇化速度才逐渐放缓；到 1990 年时，日本城镇化率已经达到 63%，处于快速发展阶段的后期，城镇化速度仅为 0.5% 左右。根据人口学的纳瑟姆曲线，城市化率超过 30% 时，国家将进入高速城市化的阶段，直至城市化水平达到 70% 左右。日本在 1930—1970 年先后完成了纳瑟姆曲线中的高速城市化；我国在 1995 年达到 30% 的城市化拐点，预计高速城市化的进程可以持续到 2030 年。

图 3 自然元素

2 人们向往的未来居住环境

经历了 20 年城市化和房地产的快速发展后，房地产的品质问题成为我们必须面对的重要问题。人们对居住品质的认识大体上分为三个阶段：单纯追求面积；注重外在的景观环境；追求内在的居住品质。

未来，房地产业将更加关注居住环境、生活质量、建筑质量，讲究人居环境的舒适、休闲、安全和健康，不光注重室外环境的适宜性、舒适性与和谐性，还要注重室内环境对居住者心理需求和生理需求的满足程度。具体而言，简约式的人性化设计将普遍受到欢迎，运用绿色生态、节能减排等可持续发展技术的类型住宅将得到越来越多的普及。

智能家居的发展将帮助我们实现未来的理想。未来，智能家居可能向两个方向积极发展：一方面能真正提高人的居住舒适度和健康居住水平；另一方面能在环保方面发挥作用。这个智能才是真正有效用的智能，这样的智能家居才应该得到提倡和发展。

智能家居的研发首先应关注室内的基本物理特性，

图 4、5 智能环保空间

图6、7 自然阳光空间

比如热环境的温湿度采集器可以根据人的居住需求调节温度、湿度的关系，以适合不同人群的需求。未来，智能家居还可以通过网络系统跟生活结合起来，发挥更大的作用，并将从目前的智能居家单元扩充到未来的居住社区。显然，智能家居有着广阔的发展前景。

当然，我们向往的技术装备目前还只能在房地产高端产品中展现。但随着社会经济的不断发展，这样的享受将为大众住户所有，成为居家幸福生活的一部分。

3 未来居住环境的设计原则

中国有13亿人口，正处在城镇化阶段。我们的居住环境需要有中国自己的特色。我们在设计未来居住环境时，必须合理利用每一寸国土，并考虑到未来居住环境的可持续发展问题，使工程既利在当代，更功在千秋。在各种利益面前，人类居住环境的利益是最长远的现实利益。所以，我们在设计未来居住环境时要坚持以下原则。

3.1 景观的自然生态原则

居住区的环境景观设计，要在保护自然生态资源的前提下，根据景观生态学原理和方法，充分利用基地的原生态山水地形、树木花草、动物、土壤及大自然中的阳光、空气、气候等，合理布局、精心设计，创造出接近自然的居住区绿色景观环境。

3.2 以人为本的原则

居住区的环境景观建设，是为了给城市居民创造一个舒适、健康、生态的居住地。作为居住区的主体，人对居住区环境有着物质方面和精神方面的要求。环境景观设计首先要了解住户的各种需求，然后在此基础上进行设计。在设计过程中，要注重对居住者的尊重和理解，突出人性化关怀，具体要体现在活动场地的分布、交往空间的设置、户外家具及景观小品的尺度等方面，使居住者在交往、休闲、活动、赏景时更加舒适、便捷。

图8、9 环保健康空间

3.3 地域性原则

居住区的环境景观设计，要突出其地域性特征，充分表现当地的自然景观特色和历史文化传统。

3.4 经济性原则

居住区的环境景观设计，要在保证功能性的前提下，尽可能降低造价，既要考虑到环境景观建设的费用，还要兼顾建成后的管理和运行费用。

4 环境景观专业人员的培养

从事居住环境相关工作的人，承担着其他行业人员无法比拟的责任，因为环境工作者涉及的是我们时刻置身其中的生活、休闲、工作等环境。美好的环境可以让人心情舒畅，使人们的生活品质得到提高。这就要求环境工作人员的专业素养一定要过硬，不管是在专业技术上还是在职业素养上。跨界是一个流行词语，但并不是一个新的概念。早在两千年前，维特鲁威在其著作《建筑十书》中就引用了几何学、光学、声学、气象学、天文学以及哲学、历史学、民俗学等论据，以昭示多学科对建筑创作的作用。

图 10~15 文化、美学元素

生活中人人都是设计师，都有各自不同的背景和对美学的理解，面对不同的设计难免会产生疑问甚至质疑。作为环境景观设计师，有义务对设计提供论据的支撑，而论据来自对各方面知识的理解和整合，所以设计师的学习能力和理解能力尤为重要。

"如果你要在一个领域里做得特别出色，你就必须在其他领域里吸取灵感和素材！"

设计需要创意，而最好的创意往往隐含在自然界和我们的日常生活里。通过对身边事物的洞察、解构、重组，可产生无限可能性与戏剧性，但这需要一个多学科的知识积累。设计师并不是天生就有比常人更高的审美眼光或品味，而是通过不断的学习和积累逐渐提升的。

5 环境管理的重要性

环境是我们生活的空间，是我们永远的伴侣，为保证其可持续发展，我们要对其进行科学的管理。

中国房地产研究会人居环境委员会自 2002 年成立以来，一直发扬"创新、务实、求真、探索"的科学精神，针对中国城市化进程中城市建设与规模住区开发中的实际问题，对人居环境进行理论上和实践上的研究，发起了旨在推动中国人居环境事业的浩大工程——中国人居环境及新城镇推进工程。2003 年，委员会通过在全国各地开展的中国人居环境金牌建设试点的实践，向广大城市开发者提出了"规模住区人居环境七大特色目标"的执行标杆，包括生态规划、配套设施、环境建设、科技引领、和谐亲情、文化传承、服务增值七个方面，极大地带动了金牌试点项目的发展，推动了房地产开发品

质的进步，并为探索中国人居环境事业的可持续发展之路，促进人与环境、经济、社会的和谐统一做出了贡献。

中国用 30 年走完了西方 300 年的路，也在这么短的时间内使环境遭到极大破坏。如果 30 年前我们就想到了现在出现的问题，我们还会这么发展吗？为了避免重蹈覆辙，现在我们要积极预测未来可能面对的环境，并从现在开始做好管控，杜绝新的问题出现，这才叫真正的环境管理与设计。让我们一起携手，共同努力！🔆

参考文献：

[1] 姚时章，王江萍. 城市居住外环境设计 [M]. 重庆：重庆大学出版社，2001.

[2] 刘滨谊. 现代景观规划设计 [M]. 南京：东南大学出版社，2005.

作者简介：

陈小兵，出生于 1982 年，男，华南热带农业大学（今海南大学）学士，武汉大学硕士，现任深圳文科园林股份有限公司景观规划设计院设计总监，主要研究方向为园林设计、景观生态学、未来居住形态。

东汉魏晋时期的园林文化
LANDSCAPE CULTURE IN EASTERN HAN DYNASTY AND WEI-JIN DYNASTY

作者：

刘挺 LIU Ting

关键词：

东汉魏晋时期；皇家宫苑；私家园林

Keywords:

Eastern Han Dynasty and Wei-Jin Dynasty ;
Royal Gardens ; Private Gardens

摘要 Abstract

随着现代社会的迅速发展，经济和文化的跨越变得越来越国际化。设计无国界，文化却有其深刻的地域性和差异性。如今，中国本土设计日益受人关注。本文从东汉魏晋时期在造园文化史中的独特地位出发，分析了皇家苑围和私家园林的营造手法与发展，及其对园林文化产生的影响，为当今的文化造园提供指导和借鉴，实现设计的本土回归探索与研究。

With the rapid development of modern society, the leap of economy and culture becomes more and more international. Design has no national boundaries, while culture has its regionalism and difference. Nowadays, Chinese local design attracts more and more attention. This article starts from the unique role that Eastern Han Dynasty and Wei-jin Dynasty play in landscape culture, analyzes the design methods, development and influence of royal gardens and private gardens, and offers instruction and reference for modern landscape, thus realizing exploration and research of local design.

图1 铜雀台

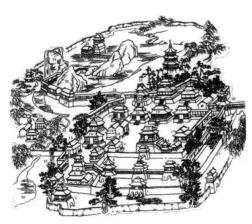

图2 华林园

景观设计在我国的发展历史不长，在与国际接轨上目前尚处于形成初期，正经历着有史以来最为激烈的结构分化、重组、转变。但是追溯到中国造园艺术，其是在源远流长的历史发展过程中逐渐形成并日趋完善的。早在周朝，就有文王营建苑围的记载。而东汉魏晋时期则是一个特别的过渡阶段，社会动乱，佛教流传，加上老庄哲学的影响，使清谈风气盛行，从而形成了"玄学"，与此同时，还出现了田园诗和山水画，这些都对造园艺术影响极大。从这时起，造园艺术已初步走上了再现自然的路子，园林类型开始由皇家单一类型向皇家、私家、寺观三大园林类型并行的局面发展。同时，这也是中国园林由生成期（殷、周、秦、西汉）到全盛期（隋、唐）的过渡阶段。

1 东汉园林文化

东汉园林的基本格局是以强盛的大一统帝国为背景、以自然山水为主要审美的人工游憩空间。汉代园林营建以"体象乎天地，经纬乎阴阳，据坤灵之正位，放太紫之圆方"的原则进行，其建筑景观在形制、风格等方面极其丰富。在庞大的宫苑群中建立起统一的格局和具有统摄地位的主建筑及建筑群，是汉代政治观和宇宙观在园林艺术中最直接的表现。

1.1 皇家宫苑

这一时期的园林类型以皇家宫苑为主。皇家宫苑中"宫"有连接、聚集之含义，多指帝王的行宫园林；"苑"为"养禽兽所也"，多指帝王游猎之场所，其特点是在园林中建行宫。汉高祖的"未央宫"、汉文帝的"思贤园"、汉武帝的"上林苑"和"建章宫"，皆属此类园林。东汉皇家园林是在上林苑造园艺术的影响下蓬勃发

图 3 汉代建筑

图 5 管仲纪念馆

展起来的。它的特点为小规模、多果木、立园池，景象虽自然，但艺术风格粗犷，缺少精致感，且其数量与规模远不如西汉，但其园林的游赏功能已上升到主要地位，因此非常注重造景的效果。例如，引水入苑并让其环绕行宫，不仅扩大了园林的艺术空间，也使园林的艺术手段更加丰富。它在选址上主要集中在洛阳城郊，城内有濯龙园、西园、直里园（南园）、永安宫；城外有光风园、上林苑、西苑、广成苑、平乐苑、显阳苑、鸿德苑；城北建方坛、祀山川神祇的明堂、辟雍、灵台。

濯龙园，位于洛阳城宫城北部，原为皇后养蚕和娱乐之处，建有织室。桓帝时进行扩建，园林景色益臻优美。园内堆筑假山，水渠可行舟，池中植莲花，此园以山景见长。"作列肆于后宫，使诸采女贩卖，更相盗窃争斗。帝着商估服，饮宴为乐。"西园的这种"列肆"，应是历史上最早的处于皇家园林内的"买卖街"。

1.2 私家园林

此时，处于发展中的私家园林，开始追求规模宏大、

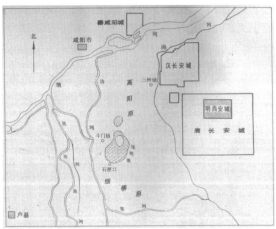

图 4 上林苑（来源：王仲殊《汉代考古学概论》）

图6 画像石

建筑华丽等艺术特点，其主要代表为梁冀的"园圃"和菟园，它们在一定程度上反映了当时的贵戚和官僚的营园情况。"深林绝涧，有若自然"的"园圃"，具备浓郁的自然风景意味。构建假山的方式，是为真山的缩移摹写，假山上的深林绝涧亦为了突出其险。园内的山水造景以具体的某处大自然风景作为蓝本，亦不同于皇家园林的虚幻的神仙境界。这种假山的构筑方式，是中国

图7 建章宫图

古典园林中见于文献记载的最早例子。菟园内建筑以高楼居多，且规模可观，这与秦汉盛行的"仙人好楼居"的神仙思想有直接关系，但也是出于造景的目的。楼阁的高耸轮廓可以丰富园林的总体轮廓，点缀园景，还能登高远眺，发挥"借景"功能，这点在当时的画像石上有具体的形象表现。除建在城市及其近郊的宅、第、园池外，随着庄园经济的发展，郊野也出现了一些园林化的经营。随后出现的隐士庄园也说明了庄园主有意识地开发内部的自然生态之美，并延纳和收摄外部的山水风景之美。这便在经营上加入了一定分量的园林因素，赋予了其朴素的园林特征，从而形成园林化的庄园。

东汉初期，朝廷崇尚俭约，反对奢华，宫苑兴建不多。到了后期，统治阶级日益追求享乐。到桓、灵二帝时，除了扩建旧宫苑之外，又新建了许多新宫苑，达到东汉皇家造园活动的高潮。同时，吏治腐败，官吏追求奢侈生活，也竞相建宅、园池，此风更盛，使私家园林得到了发展。因此，社会原因是形成这一时期园林特点的主要原因。

2 魏晋园林文化

与汉相比，魏晋园林的规模由大入小，园林的造景由过多的神异色彩转化为

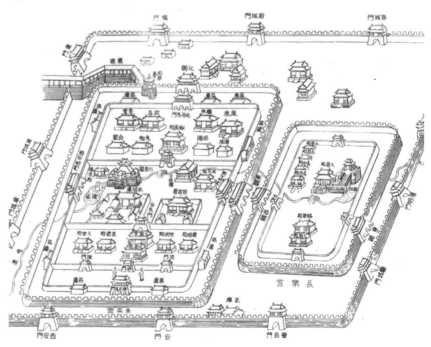

图8 未央宫图（来源：毕沅《关中胜迹图志》）

浓郁的自然气氛,创作方法由写实趋向于与写意相结合。这一时期的特征是：（1）园林规划设计由以前的粗放转变为较细致的、更自觉的经营,造园活动完全升华到艺术创作的境界；（2）皇家园林的狩猎、求仙、通神的功能基本上消失或仅保留其象征意义,生产性很少存在,游赏行为成为主导的甚至唯一的功能；（3）私家园林作为一个独立的类型盛行,集中反映了这个时代造园活动的成就,深刻影响后代私家园林特别是文人园林的创作；（4）寺观园林拓展了造园活动的领域,中国古典园林开始形成皇家、私家、寺观三大类型并行发展的局面和略具雏形的园林体系。

虽然苑囿存在的时间极为短暂,但是统治阶级为表现他们承天受命的至尊地位,又大肆营建壮丽的宫室苑囿作为烘托陪衬,造园活动反而显出从未有过的兴旺。战争的影响限制苑囿只能建于城内或近郊。由仕族对山林隐逸的兴趣而带来的对山水审美的变化也影响着苑囿建设,而平地筑园又促使园林人工造景的技法得到发展。魏明帝的芳林园"凿太行之英石,采谷城之文石",其

图 10 金谷园图

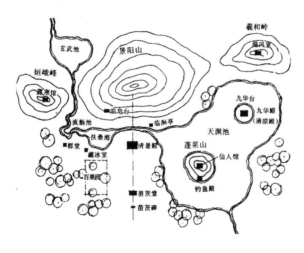

图 9 华林园平面设想图

对石质、石色的欣赏是前代所未见的。此外,北魏华林园中的自然水景和人工水景相复合的做法,显然与秦汉大江大湖的风格有了很大的差异。这种精细的造景在很大程度上反映了当时人们对自然美的领悟,对于后世造

图 11 金谷园图

园活动中的山水体系的进一步发展具有极重要的意义。

在动乱分裂的社会格局中，豪强和门阀士族的势力在庄园经济的影响下进一步得到强化，独尊儒学的思想随着政治上大一统局面的瓦解而弱化，人们开始尝试探索非正统的和外来的思潮中的人生真谛。思想的百花齐放迅速拓展到艺术领域，为园林的发展注入了新鲜血液，使造园活动开始普及于民间，而且升华到艺术创作的境界。

这一时期著名的苑囿有曹魏邺城的铜爵园、元武苑、芳林苑等，后赵石虎又在此营建了华林苑、桑梓苑，北魏又改建华林园、西游园。西晋大官僚石崇的金谷园是当时北方著名的庄园别墅，而张伦宅园是突出的精品。

2.1 金谷园

金谷园在石崇所作《思归引》的序文中有简略的介绍："五十以事去官，晚年更乐放逸，笃好林薮，遂肥遁于河阳别业。其制宅也，却阻长堤，前临清渠，柏木几于万株，流水周于舍下。有观阁池沼，多养鸟鱼。家素习伎，颇有秦赵之声。出则以游目钓鱼为事，入则有琴书之娱。又好服食咽气，志在不朽，傲然有凌云之操。"这是一座临河的、地形略有起伏的天然水景园，园内有主人居住的房屋，有许多"观"和"楼阁"，有从事生产的水碓、鱼池、土窟等，当然也有相当数量的辅助用房。从这些建筑物功能上可以推断金谷园似乎是一座园林化的庄园。人工开凿的池沼和由园外引来的金谷涧水穿错萦流于建筑物之间，河道能行驶游船，沿岸可垂钓；园内树木繁茂，植物配置以柏树为主调，其他的种属则分别与不同的地貌或环境相结合而突出其成景作用，例如前庭的沙棠、后圃的乌稗、柏木林中点缀的梨花等。可以设想金谷园的那一派赏心悦目、恬适宜人的风貌，其成景的精致处比起两汉私园的粗放，

显然大不一样，但楼、观建筑的运用，仍然残留着汉代的遗风。

2.2 张伦宅园

张伦宅园的大假山"景阳山"作为园林的主景，已经能够把自然山岳形象的主要特征比较精炼而集中地表现出来。它的结构相当复杂，显然是凭借一定的技巧叠而成的土石山。园内高树成林，足见其历史悠久，可能是利用前人废园的基址建成，而蓄养多种珍贵禽鸟，则尚保持着汉代遗风。唯其小而又要全面地体现大自然山水景观，就必须求助于"小中见大"的规划设计。也就是说，人工山水园的筑山理水不能再运用汉代私园那样大幅度排比铺陈的单纯写实模拟的方法，必得从写实过渡到写意与写实相结合。这是造园艺术创作方法的一个飞跃。

3 东汉魏晋园林文化在现代设计中的继承与发展

3.1 继承

东汉魏晋园林艺术是中华民族的瑰宝，是设计工作者取之不尽的艺术源泉。以下为笔者对于东汉魏晋园林文化的继承提出的几点建议。

（1）古典园林中的"比德"、"比道"思想中，山水如同君子般具有一切美德。道家非常重视对自然山水的感悟，他们认为万事万物皆为道而生，都是自然之物。从一定意义上讲，自然的山水在这一时期就已经被赋予了特定的人格意义和内涵，而后代的自然山水审美意趣也是由此滥觞的。在飞速发展的今天，在空间造景上我们不能一味模仿、依葫芦画瓢，需要去领悟其精髓。

（2）魏晋园林在建设上对于自然山体的利用是前所未有的，无论是大范围的地貌条件的选择，还是对自然山体的美学特征的认识与把握，都融合到了园林的营造和气氛的渲染之中，在现代造园领域中应得到进一步继承和运用。

（3）东汉魏晋园林的经营围绕着士人安顿心灵的本质特征展开，强调的是意境和氛围的渲染，冲破了规模和具象形态的局限，目的在于达到精神和心灵的共鸣，为现代园林的经营提供了"小中见大"、"以大观小"等园林艺术创作手法，也对后世园林艺术的发展产生了深远影响。

3.2 发展

现代园林在继承古典园林的基础上也得到了很大的发展与革新，主要体现在：充分考虑人和社会心理因素的变化，考虑现代材料的运用，考虑古今中外园林精髓的提炼和表达，考虑本土化和全球化的发展。营造现代园林，应注意以下几点：（1）坚持地方特色，避免千篇一律，根据地域条件量体裁衣；（2）体现现代生活素材：无论何种艺术皆是源于生活而又高于生活，现代生活素材会使设计与使用者更贴

切，使设计更平民化，使设计达到一种共享；（3）充分利用高科技、现代材料，在继承前人造园思想的基础上，利用现代手法和表现形式塑造现代的园林景观，这同时也是一种碰撞后的融合和继承传统基础上的超越，我们必须自觉地认识到这一时代的责任感。

4 结语

　　从东汉到魏晋，儒、道、佛、玄诸家争鸣，彼此阐发。文人雅士的园林，或者追求自然的风景，或者根据特定的意趣来实施营造。他们在园林中本着"以玄对山水"的态度，领悟出"道"的本质，托物言志，将自己的审美和人生态度融入艺术中，由此而衍生出为人所赞颂的"魏晋风度"，同时培育出了清新的山水诗歌和画作。这个时期是中国古典园林发展史上的一个承前启后的转折期，在此期间，私家园林也形成其独特的类型特征，足以和皇家园林相抗衡。它的艺术成就尽管尚处于比较稚嫩的阶段，但在中国古典园林的三大类型中却率先迈出了转折的第一步，为唐、宋私家园林的成熟奠定了基础，同时也为后世造园起到指导作用。🌸

参考文献：
[1] 周维权 . 中国古典园林史 [M].2 版 . 北京 : 清华大学出版社，1990.
[2] 张家骥 . 中国造园艺术史 [M]. 太原 : 山西人民出版社，2004.
[3] 班固 . 汉书 [M]. 北京 : 中华书局，1962.
[4] 范晔 . 后汉书列传卷 [M]. 北京 : 中华书局，1984.

作者简介：
刘挺，出生于 1979 年，男，现任深圳文科园林股份有限公司景观规划设计院设计总监。

在园林中本着"以玄对山水"的态度
领悟出"道"的本质，托物言志
将自己的审美和人生态度融入艺术中
由此而衍生出为人所赞颂的"魏晋风度"
同时培育出了清新的山水诗歌和画作

景观材料的新语汇
NEW VOCABULARIES ABOUT LANDSCAPE MATERIALS

作者：
唐堃　TANG Kun

关键词：
景观设计；景观材料；场所精神

Keywords:
Landscape Design, Landscape Materials, Place Spirit

摘要 Abstract

材料的文化属性和其他文化艺术一样具有传承民族文脉的特性。我们在设计中以材料为重要载体，将历史与现代融合、民族与世界融合、技术与艺术融合。只有对各种材料表现语言了解得越深入和全面，对景观的表达才会越得心应手，才能完整表现景观设计作品中的场所精神、审美情感以及地域文化，并深化作品背后蕴含的意义。

Like other cultural art, cultural attributes of materials also have the feature of inheriting national venation. In the design, we use materials as its carrier and integrate history with contemporary, nation with world, technique with art. With deep and comprehensive understanding of various expressional languages of materials, we can deal with landscape expression handily, convey place spirit, aesthetic emotion and regional culture completely, and deepen the significance behind works.

图1北京"运河岸上的院子"

图2北京"运河岸上的院子"

图3北京"运河岸上的院子"

进入20世纪以来，现代景观设计受到绘画、雕塑、建筑等相关艺术领域的影响，呈现出多元化发展的趋势。景观设计师提供一个外部空间开放的场所，让人们可以走入其中，感受景观场所的尺度以及景观要素的立体轮廓、明暗、色彩、光泽、质地等，去体验与解读设计师隐喻的语汇。景观材料作为建造实施的载体，其运用方式也越来越多元化：不同的材料和谐或对比的组合；同一种材料的不同处理效果；传统材料采用不同的处理方式所表现出来的令人耳目一新的视觉效应；以及对更多现代新型材料独特的引用等等。这些由材料所构筑的不同景观作品的丰富多彩的景观表情，真正给予了我们欣赏的愉悦和心灵的感知，也进一步延伸出景观作品的文化内涵。

同时，随着技术的不断创新，现代景观设计的发展和变化也涉及三个方面的内容：其一是设计的对象要素，也就是景观设计所包含的内容上的变化；其二是景观受众对园林景观需求的变化；其三是设计的技术要求，包括设计的技术、构造和材料上的变化。由此可见，材料在景观设计中的角色越来越重要。如果说设计概念付诸于现实，那么材料就是设计使用的语言，并主要体现在以下几个方面。

1 传统材料的创新语言

砖、石、木材等传统的建材在现代园林中发挥着重要的作用。以石材为例，石材来源广泛，在中外园林设计中都是常见的主要材料，其坚硬、耐久，具有不凡的天然效果。随着石材加工工艺和技术的发展，设计师在认识和了解石材基本属性的基础上，不断地掌握和创新石材应用的新工艺、新做法，使其既尊重历史传统，又可为新的景观注入现代气息。

北京"运河岸上的院子"是由华人建筑大师张永和以及海内外多位国际建筑设计大师联袂执笔，结合地脉价值、人文底蕴，回归中国人千百年的院居生活情结，打造的中国大院式别墅，把中国宅门体系重新植入，青石阶、柚木门、抱鼓石、影

图6 成都中国会馆的屋顶采用双曲线设计

壁浮雕……依照中国秩序层层递进，营造出威严仪式，彰显出中国世家礼仪气度（图1~3）。

虽然整个设计中没有应用现代的高新材料，而是以"砖、石、瓦"这样质朴的传统材料作为表现手法，却创作出极具现代感的景观。"瓦片"波浪似的表情，光影交织而浮现的花纹，无不体现着现代景观设计的简洁与凝练。

以复兴中国人居住最高境界为己任的成都中国会馆项目，由成都中新悦蓉置业有限公司打造，由旅加华人新中式建筑大师何亚雄担纲主创，为西南地区最大的新中式院落建筑群，整个院落展现出了唯美的中国风和舒适的现代居住感受。

中国会馆吸取传统庭院建筑的精华，其大部分建筑用材均经过设计团队精心甄选，荟萃各地名工巧匠，原创手工精雕每一处细节，从门、窗、瓦到屋脊、台阶无不体现着其建设之用心。入户门为纯精铜铸造，特别用腐蚀纯手工打磨工艺，较之普通大门更显浑厚，更耐岁月风雨。外墙采用特别定制并经手工打磨成型的石材，

配以最符合空间美的300mm×150mm仿火山文化石，使原本朴实无华的材质立刻变得生动起来（图4、5）。作为中式建筑最富特色的悬山式斜屋顶设计，中国会馆在此基础上进行提纯改良，剔除多余的形式和繁琐的装饰，保留传统中式建筑的精髓与意念，屋顶采用双曲线设计，由上到下呈现两个曲面，顺着空间既有的气息，

图7~9 成都中国会馆中的石材运用

将中式庭院特有的情韵质感释放出来（图6）。屋瓦则采用复合金属，在充分保留中国建筑青瓦的形制色彩基础上，强调其防水性与耐久性，在保温隔热等性能上也有更突出的表现，同时轻盈飘逸，可谓集萃古今。针对院墙、台阶、外墙、地砖等建筑构件，特别采用赭石、条石、仿火山石、汉白玉等诸多石材，凸显中式庭院特有的浑厚质朴的神韵（图7~9）。中国会馆也因此被业界誉为新东方主义景观建筑标本。

2 弃用材料的再生语言

在我国城市化进程中，破旧立新仿佛是我们的传统。部分设计师为了迎合社会上某种追新求奇的心理，不顾现场实际情况，将一些通过适度改造便可应用的园林材料都扫进了垃圾堆。例如，他们把旧工厂、废铁轨、刚

图4 成都中国会馆入户门夜景

图5 成都中国会馆入户门

图10 德国北杜伊斯堡风景园

图11 德国北杜伊斯堡风景园

图12 上海世博会波兰馆

图13 上海世博会波兰馆夜景

建成十几年的建筑等一切以拆字当头，统统"三通一平"。那些废弃工厂中的钢架、枕木、耐火砖等，甚至拆除的建筑垃圾都可以开发再利用成为很好的园林材料。如果一味地拆除，不仅增加了造价，而且造成了资源浪费和环境污染，更重要的是割断了这些材料所体现的场所精神和历史文脉。

德国景观设计师彼德·拉茨（Peter Latzs)设计的由钢铁厂遗址改造的北杜伊斯堡风景园（图10、11），就以对工业传统的继承为基础，将旧铁轨路基保留作为一种大地艺术作品，并将其改造建设成一片草坪区域。钢铁厂的炼钢炉等一些构筑物也被保留下来，供人们攀爬远眺，大型的混凝土构筑物则被作为攀岩爱好者的运动场地。原地的材料被作为植物生长的介质和建筑材料循环使用，如将砖块磨碎后用作红色混凝土集料，在原先的焦煤及矿砂库上建立的示范花园采用了焦煤、矿渣及矿物作为栽培基质。拉茨在利用原有工厂废弃材料建设公园的过程中，最大限度地减少了对新材料的需求和利用，从而减少了对生产新材料所需能源的索取。

此外，木屑、树皮、废弃的小块木料和废弃混凝土植草砖也可以循环利用。以木屑路面为例，其路面质地松软，透水性强，且取材方便，价格低廉，将树皮铺在路面还具有很强的装饰性。而在停车场改造时，原有的混凝土植草砖被PVC植草格等新型材料取代，替换下来的混凝土植草砖可以再次利用，比如可重新铺砌并在其植草孔内散置砾石、砌成景墙等。

3 新型材料的研发语言

随着景观材料的不断发展，新生代的设计师也在对传统的景观概念提出挑战。他们以塑料、金属、玻璃、合成纤维以及其他令人意想不到的材料，结合现代技术，打破了以往景观设计的常规。他们的作品以令人激动的、充满活力的新方式，为传统的景观设计概念增添了一些新含义。这类景观大多采用新材料和新的施工方法，有些是即时性的，有些则是实验性的，但它们都立于景观设计的前沿，既令人震惊又发人深思，充满趣味。

在2010年上海世博会中，独具特色的波兰馆的建筑外形呈不规则状，非常抽象，其建筑表面以民间剪纸艺术为参考，布满了镂空花纹（图12、13）。波兰馆的外表层选择了一种激光切割胶合板，在建造中，先将胶合板切割好，再安装在一块块的胶合板建筑模块上，最后在模块表面装上玻璃、聚碳酸酯、防水或防紫外线辐射的材料，最终构成墙体。在镂空剪纸胶合板下面，还要安装半透明的PVC或高密度聚乙烯合成的薄膜材料，以形成封闭的外表，从而最大限度地节约资源、减少污染。该建筑及材料本身融入了波兰人对生活的创造力和想象力，深刻演绎了"波兰在微笑"这一独特文化主题。

说到对新材料的大胆应用，不得不提到美国后现代主义景观设计师玛萨·舒瓦茨。她认为景观设计是与其他视觉艺术相当的艺术形式，是用现代材料制造的表达当代文化的产品。她以丰富的想象力变换着不同的景观材料，不断进行着新景观的尝试和创造。

图14 重庆万科金色悦城

图15 重庆万科金色悦城

图16 重庆万科金色悦城

玛萨·舒瓦茨的景观设计作品大都带有强烈的视觉冲击力，令人难忘。她在最新作品——重庆万科金色悦城项目（图14~16）中，通过运用材料色彩与质感的对比、协调等设计手法，来突出整个景观作品的细节魅力，塑造出别具风格的景观。四种材料（板岩、彩色涂层钢板、草坪、水体）、四种颜色、四种质感的对比给人的心理冲击无疑是强烈的。粗糙的黑色板岩建成的景墙立面和表面光洁的鲜橙色涂层钢板相连接对比，同时与草丛的鲜绿色形成雅致微妙的映衬。优质的材料和精心策划的材料对比设计细节成就了这个项目，引发观者不同的感受和思考。她在作品中不断地向景观设计的原则和景观的定义提出挑战，表达出一种自然、艺术和技术之间的矛盾与反差，在这种关系中，材料作为园林语汇中的元素，却可以成为媒介，创造出独特形式的景观。

另一个著名的案例便是日清设计的华润温州万象城展示中心（图17~21），它是华润置地上海大区继杭州、上海之后的第三座万象城的对外形象窗口。展示中心立意为一颗钻石，正如万象城必将成为温州版图上的一颗钻石一样，设计得璀璨夺目。项目设计实现了建筑的前卫性、空间性以及材料的创新性，注重建筑体与室内环境的融合。设计的语汇在总体上采用简洁大气的手法，以金属片墙为长线，以钻石为寓意点，辅以部分金属实体。入口大堂为钢框架结构，外挂印花玻璃幕墙。玻璃上透印出树影，显得大气而又让人不自觉地想去了解其中的深意。该项目通过利用玻璃、不锈钢等材料对光线具有反射、折射、投射等特性，及其本身简洁、优雅的造型，让观者在真实与虚幻之间游移，展现出传统景观素材无法表达出的精美效果。项目建筑在夜晚时宛如一颗夜明珠，玻璃体搭配未来感的金属造型，与水池相结合，创造出充满想象力的雕塑效果，给人带来强烈的视觉冲击力。

该项目在建筑、景观、室内的设计中，均通过新型材料体现了时尚、丰富、国际化的生活理念。整个项目轮廓与背景天空融为一体，体量的虚实关系将室内与外部景观层次有效结合在一起，形成一幅充满意境的画卷。

4 总结

任何艺术的魅力都在于变化而非固定的模式。随着材料的发展，景观设计的形式也不断变化，各种新型材料的运用也在某种意义上重新定义了景观的概念。在现代的一些设计中，景观已不再是自然的再现或自然的艺术提炼，而更多的是带给观者自然的感受，让人们用一颗自然的心灵去体验和品味。因此，不难看出，景观设计要进步，就必须以开放的方式考虑材料，只有这样才能不断丰富我们的设计。现代主义大师赖特曾经说过，"首位重要的问题是对材料性质的研究"，"在语言中，一个人词汇量的不足会限制他的思考能力，同样，在园林中，材料应用的局限性也会限制对概念的思考。"如果能以更包容的姿态对待身边的材料，把功能的解决与艺术形态完美地结合起来，就会创造出优秀的景观。

好的景观设计作品能带给我们许多思考和梦想，它能带给人心灵的震撼和美好的情感回忆。同时，材料的文化属性和其他文化艺术一样，具有传承民族文脉的特性。我们在设计中以材料作为重要载体，将历史与现代融合、民族与世界融合、技术与艺术融合。只有对各种材料表现语言了解得越深入和全面，对景观的表达才会越得心应手，才能完整展现景观设计作品中的场所精神、审美情感、地域文化，并深化作品背后蕴含的意义。❀

参考文献：

[1] 王晓俊 . 西方现代园林设计 [M]. 南京：东南大学出版社，2000.

[2] 王向荣 . 林箐 . 西方现代景观设计的理论与实践 [M]. 北京：中国建筑工业出版社，2002.

[3] 伊丽莎白·K·梅尔 . 玛莎·施瓦茨：超越平凡 [M]. 王晓俊，钱筠，译 . 南京：东南大学出版社，2003.

[4] 李运远 . 简析现代景观材料的运用与设计的关系 [J]. 沈阳农业大学学报，2006（2）：267-269.

[5] 徐措宜 . 现代景观设计中的硬质景观材料选择与应用 [D]. 南京：南京林业大学，2009.

作者简介：

唐堃，出生于 1982 年，男，园林工程师，现任深圳文科园林股份有限公司景观规划设计院华西分院设计总监。

图 17~21 华润温州万象城展示中心

施工图设计的再创作效用
——以景观亭设计为例

THE EFFECTIVENESS OF RECREATION OF CONSTRUCTION DRAWING DESIGN
—TAKE LANDSCAPE PAVILION DESIGN FOR EXAMPLE

作者：
詹煌煌 ZHAN Huanghuang
关键词：
亭；施工图
Keywords:
Pavilion; Construction Drawing

摘要 Abstract

施工图设计是方案设计的延伸，是景观作品完整呈现的技术保证。景观亭作为园林中传统的点景建筑，势必会受到新时代、新材料和新思潮的影响，因此，施工图设计师对方案进行细致的再创作是必不可少的。

Construction drawing design is the extension of project design. It provides a complete picture of landscape works from the aspect of technique. As traditional landscape building, a landscape pavilion is bound to be influenced by new times, new materials and new ideas. Therefore, it is necessary to carefully recreate projects for construction designers.

1 亭的功能及历史演变

在古代园林中是一个供人休憩的场所，同时也是文人雅士集会交流的场所。在整个园林景观中，亭往往有着画龙点睛的重要作用，或居于山峰之巅，或置于水边湖中，成为整个园林景观中的点景建筑。

亭在中国古代历史中有着漫长的演变史。在周代，亭是设在边防要塞的小堡垒。到了秦汉时期，亭成为地方维护治安的基层组织场所。魏晋南北朝时期兴起了驿，逐渐代替亭作为基层组织场所。再到后来，驿和亭逐渐被废弃，但在交通要道筑亭作为旅途歇息之用，成为民间的一种习俗，因而有了"十里长亭，五里短亭"之说。渐渐的，筑亭在园林之中作为点景建筑开始广泛出现。到了隋唐时期，园苑之中设亭已经是很普遍的造园手法了，如隋炀帝在洛阳兴建的西苑之中就建有风亭月观等。到了唐代，亭等建筑在宫苑中大量出现，如长安城的大明宫中的太液池，池内设有一亭，名曰"太液亭"。到了宋代，流传下来的或者有记载的亭子就更多了，其建筑工艺也逐渐精湛。元明清时期，随着私家园林的新兴，亭也走出皇家庭园，普遍进入私家园林，亭在位置、规模和形式上都变得更加多样化。亭文化迎来了新的兴盛时期。时至今日，亭在现代景观中仍然起着重要的作用。

2 现代景观亭施工图设计的深化作用

虽然现代景观一度受到西方文化的冲蚀，然而中国古典园林也在深深地影响着东西方景观。回归理性，现代景观设计越来越多地从古典园林中萃取造园手法和成园因素。因此，作为施工图设计师必须在理解方案设计师创意的基础上，对材料的选择、尺度的揣摩、细节的雕琢、色彩的把握等施工元素进行再创作，如此才能完全呈现设计的原意图。

亭子是景观中的点景建筑，那么如何才能做出切合地域特色的亭子，又该如何应用新型材料结合施工？下面用三个案例对此进行论述。

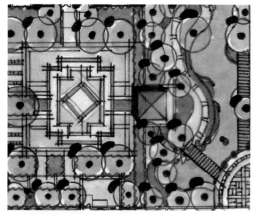

图 1 景观亭及周边平面图

图 2 景观亭及周边剖面图

2.1 地域文化特色的表现（以"徽派亭"为例）

中国自古以来地大物博，不同的水土孕育了不同的地域文化。亭，是园林设计中的常见元素，作为建筑体系中的一员，其在传统文化与现代建筑形式的融合上表现得尤为突出。方案设计师在设计景观亭时，通常会赋予亭子显著的地域文化特征。现以新徽派景观亭为例进行说明。

该景观亭位于安徽省黄山市，这里是众所周知的徽派文化发源地。笔者通过以下几个方面的施工图设计，贯彻了方案设计师的理念，探索在现代亭的形式中融入地方特色的表达方法。

2.1.1 造型

方案设计中要求该景观亭既要体现现代亭的简洁，也要表现徽派特色。因此在施工图设计阶段，我们着重围绕徽派文化的冬瓜梁、马头墙等传统代表元素进行考虑，力求对其进行适度扩大化及夸张化的表达，使得景观亭既有整体性和美感的视觉冲击，又有地方文化的底蕴。

2.1.1.1 用"异型的圈梁"诠释"马头墙"

作为徽文化的重要组成部分，徽派建筑一直以来都为中外建筑大师所推崇。它以粉壁、黛瓦、马头墙为外观特征，同时附以砖雕、木雕、石雕作为装饰，以高宅、深井、大厅为居家特点，勾勒出徽派建筑最明显的特质。徽派建筑不仅外观整体性强，其美感尤其突出。深深宅院，高墙封闭，马头翘角，墙与墙之间错落有致，黛瓦粉壁，色彩典雅大方。徽州宅居的"三雕"（即砖雕、木雕、石雕），其造型之美令人叹为观止，青砖门罩、石雕漏窗、木雕楹柱与建筑物融为一体，使建筑之美能够完美呈现，如诗如画，美不胜收。

该景观亭以传统徽派建筑为蓝本，通过施工图设计师的巧妙构思和设计，以新颖的表达方式传递出传统文化新的韵味。

传统马头墙是随屋面坡度层层跌落，以斜坡长度定为若干档，墙顶挑三线排檐砖，上覆以小青瓦，并在每只垛头顶端安装搏风板（金花板），

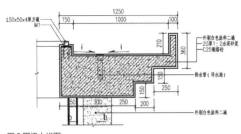

图3 圈梁大样图

图4 传统马头墙

其上安各种"座头"，有"鹊尾式"、"印斗式"、"坐吻式"等数种。施工图设计在保留传统马头墙造型特点的同时，用更加简洁利落的线条和形式来重新诠释，而且在材料选择上更加简单，降低了施工难度。

2.1.1.2 用"玻璃顶"诠释"天井"

图5 徽派天井

徽州民居绝大多数房屋都设有"天井"。三间屋天井设在厅前，四合屋天井设在厅中。这种设计使得屋内光线充足，空气流通，但冬天冷，雨天潮。

施工图设计师充分领会了这种传统表达的精华，选用了亭子结合玻璃采光顶的形式，不仅可使光线充足，也弥补了传统天井冬天冷、雨天潮的缺点。

2.1.1.3 用"H型钢立柱"诠释"木柱、木横梁、木雕"

木雕是徽派建筑的传神之笔。本案在钢结构承重的基础上，没有放弃对木质材料的使用，而是使两者进行了完美的结合。

图6 徽派木雕

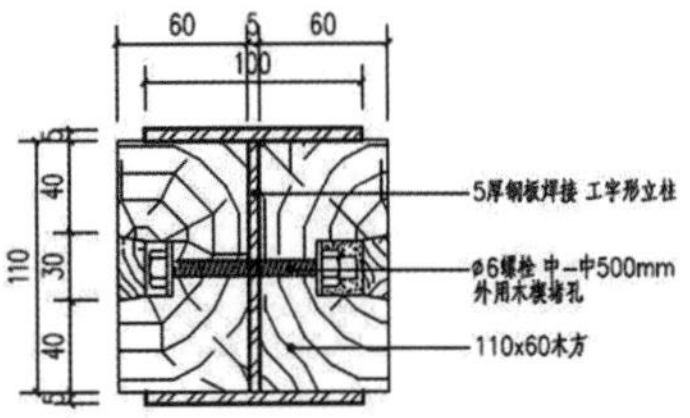

图7 H型立柱大样图

2.1.2 材料

传统的徽派建筑多采用石材、砖材、木材为主，外观上一般都是白墙黛瓦。本案除了保留传统徽派建筑的外观特征及传统材料元素外，在施工图设计阶段进行材料选择时，增加了钢筋混凝土、方通、玻璃等现代材料，使景观亭在整体色彩和质感上更加丰富，既有灰和白的素雅，又有其他色彩的活跃；既有石与木的沉稳，

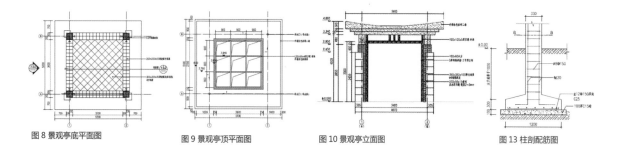

图8 景观亭底平面图   图9 景观亭顶平面图   图10 景观亭立面图   图13 柱剖配筋图

又有金属和玻璃的提彩,使得景观亭达到现代气息和传统基质的较好结合。

2.1.3 工艺手法

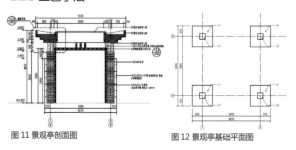

图11 景观亭剖面图   图12 景观亭基础平面图

工艺流程:素土夯实—100厚C15素混凝土垫层—钢筋混凝土景观亭柱—景观亭封顶—立面材料铺贴—细节深化。

钢筋混凝土柱主要采用现浇和预制相结合的施工方法。景观亭顶部的采光玻璃必须由专业人员安装检测。

该景观亭在材料和造型上相较于一般现代亭有创新之处,在施工图设计中对钢材与实木、钢筋混凝土与玻璃顶的结合运用等都给予了周到的考虑和严格的规定,保证了建造的顺利进行。

2.1.4 维护和管理

施工图设计师对图纸的设计完成并不代表整个工作的结束,合格的施工图设计还应该考虑景观作品后期维护的便利性和保存的时效性。以该景观亭为例,其主体结构为钢筋混凝土,因此在维护和管理上极为便利。使用一段时间后,因人为因素或自然因素的影响,景观亭可能会出现油漆脱落、局部损坏或表面附着污物等问题,届时只需及时进行清洁和修复,就可保持景观亭基本如初的良好形象,使用寿命较长。

2.2 新材料的运用

2.2.1 古亭(以江南城古亭为例)

仿古亭设计一般沿用古亭的翘檐样式,但在施工图设计中多用现代材料加上特色工序和工艺,就能够表现出原汁原味的传统风貌。

2.2.1.1 材料

采用钢筋混凝土材料。

图14 仿古亭

(1)与传统木构亭子相比,混凝土结构质地坚硬,具有防火、防水、抗腐蚀、不被虫蛀、不长真菌、耐酸碱、污染少等优良性能。

(2)产品可塑性更强,使用固定成型的模板可以有更多的形式和更精细的花纹图案。一些装饰砖瓦构造可以支模批量成产。

(3)其颜色结合现代新工业的油漆,可以有更多的选择;同时还可根据周围环境任意改变,而无须顾虑油漆对柱板的腐蚀性。

(4)成型的预支模板可以实现亭子的大量加工,简单省事、省材料。

2.2.1.2 工艺

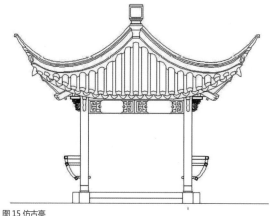

图15 仿古亭

只有采用现浇和预制相互结合的施工方法,才能更好地达到使用钢筋混凝土构件仿木质结构的效果,因此要先进行钢筋混凝土仿木构件的预制。具体方法如下:在安装完毕的椽子下,装上土牛并打上素混凝土,然后将其与檐椽钢筋进行固定；固定工作完成后将预制好的飞椽安装在檐望板上，再用土牛将飞椽涂膜平整，与素混凝土望板固定，选好屋面钢筋与椽角梁钢筋的位置，将其布置好之后即可进行整体现浇屋面板飞椽。预制椽子时要注意使用清水混凝土，所用的木模和钢模不仅要平整光滑，在浇捣混凝土的过程中也不能变形，拆模后更要及时修整铺平以确保其平整性[1]。

2.2.2 现代亭（以四角亭为例）

现代亭的施工图设计可以有更为宽泛的表达，对施工图设计师的挑战更大，也可以有更多的探索和创意的发挥。

2.2.2.1 材料

图16 四角亭

以普通四角亭为例，它外形简洁朴素，质地强韧结实，易融于周围景色，是园林造景中最常用的景观小品。

本例中采用的是环保塑木，利用废弃的木材和塑料，减少了环境污染，同时减少了对木材的使用，最大限度地保护森林资源。

（1）环保塑木拥有与原木相同的加工性能，可钉、可钻、可刨、可粘，表面光滑细腻，无须砂光和油漆，其油漆附着性好，亦可根据个人喜好上漆。这种材料可充分发挥材料中各组分的优点，克服因木材强度低、变异性大及有机材料弹性模量低等造成的使用局限性。

（2）产品摒弃了木材的自然缺陷、如龟裂、翘曲、色差，因此无须定时保养。

（3）产品的独特技术能够应付多种规格、尺寸、形状、厚度等的需求，包括提供多种设计、颜色及木纹的制成品，无须打磨、上漆，降低了后期费用和加工成本，安装施工方便。

（4）产品使用寿命长，可重复使用多次，平均比木材使用时间长五倍以上，使用成本是木材的1/2～1/3，性价比有很大优势。可热成型，二次加工，强度高，节能源。

（5）产品质坚、量轻、保温、表面光滑平整，具有防火、防水、抗腐蚀、耐潮湿、不被虫蛀、不长真菌、耐酸碱、无毒害、无污染等优良性能。

（6）加工成型性好，可根据需要制作成较大的规格以及十分复杂的形状[2]。

2.2.2.2 工艺

与传统纯木卯榫结构相比，塑木结构景观亭大大降低了人工成本，缩短了安装时间，只需下列几个简单步骤就可以完成。

（1）放样、弹线。地面基础找平后，确认四个柱子的位置，放样弹线。

（2）固定基础构件。用膨胀螺栓固定在基础预埋件上，将亭子立柱直接安装在基件上。

（3）横梁的安装。

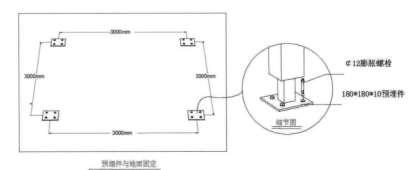

图17 预埋件与地面固定

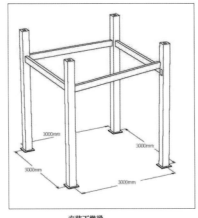

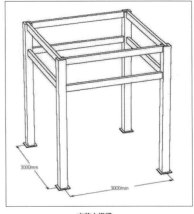

图18 横梁的安装

（4）斜梁及包梁的安装固定。

（5）辅助梁与斜梁固定安装。

（6）安装瓦片，按照从屋檐向屋顶的顺序铺装，左右相邻的瓦片对接处，缝隙要对齐装好，缝隙处需打发泡胶以防漏水渗水。

（7）安装屋脊及宝塔。

新材料在园林景观中的运用不仅使之更易施工、更易维护，同时减少了材料的损耗，缩短了工期，更加绿色环保。

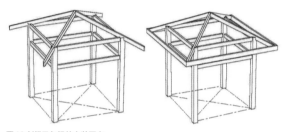

图19 斜梁及包梁的安装固定

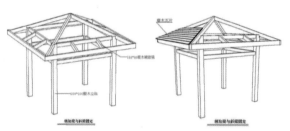

图20 辅助梁与斜梁固定　　　图21 辅助梁与斜梁固定

图22 瓦片安装完成图　　　图23 瓦片安装完成图

3 结语

新时代、新材料和新思想对亭的影响一如对景观的

影响。现代景观亭的设计越来越多地结合新材料和当地地域特色，在传承传统园林手法精华的同时，做出具有现代气息的设计。

设计方案着眼于在概念及空间关系上进行总体控制，施工图则要将设计的基本思路反映出来，材料、尺度、构造关系等等缺一不可，因此施工图是个再设计过程。一个优秀的景观作品，从概念到完成离不开方案设计创意和施工图设计的再次创作。施工图的再次创作是以方案设计为基础，而在材料、尺度、细节等多方面进行深化，最大限度地保证方案设计师的创意能完整体现。因此，施工图设计是方案设计的延伸，是景观作品完整呈现的保证。

参考文献：

[1] 梁江荣.浅谈钢筋混凝土仿古亭的设计与施工[J].建筑与装饰:下旬，2012（11）：24-25.

[2] 杨丽.现代城市居住区铺装景观设计研究[D].杭州：浙江大学，2011.

作者简介：

詹煌煌，出生于1982年12月，男，现任深圳文科园林股份有限公司景观规划设计院高级项目经理。

浅析日本园林的文化元素
BRIEF ANALYSIS OF CULTURAL ELEMENTS IN JAPANESE GARDEN

作者：
邓大海 王晓红
DENG Dahai, WANG Xiaohong
关键词：
崇尚自然；思想文脉；日本园林
Keywords:
Nature-Respecting; Idea and Context; Japanese Garden

摘要 Abstract

日本园林蜚声海内外，其复杂的地理环境是促成其成就的重要原因之一。日本位于亚欧大陆东部、太平洋西北部，领土由北海道、本州、四国、九州4个大岛和其他6900多个小岛屿组成。受地理环境制约的日本人自古以来崇尚自然，非常注重人与自然的协调发展。本文通过对日本园林发展及造园手法的研究，以期为现代景观设计中的思想文脉体现和公众体验提供借鉴。

Japanese garden is well-renowned both home and abroad, and intricate geographical environment is one of the great causes of its achievement. Japan is located in the eastern Asian continent and the Pacific Northwest. Its territory includes Hokkaido, Honshu, four big islands in Kyushu and the other 6900 small islands. Controlled by geographical environment, Japanese people have been nature-respecting people since ancient times. They pay much attention to harmonious development between human and nature. This article makes a research of development and methods of Japanese garden, attempting to provide reference for idea and context inflection and public experience in modern landscape design.

图1 日本天龙寺植物景观

图2 日本天龙寺水景观

天龙寺的植物景观层次丰富，寓意深远，静坐于内室，遥望老木新枝层次分明、意境深远。无论是天空、郁郁葱葱的树木、色彩交错的花叶，还是蜿蜒曲折的小径和点缀着假山的池塘春水都带给人们无限的遐想，具有将置身其中的人们由观景逐步带入精神意境的魅力。

1 日式园林起源——源自文化

从汉代起，日本文化就深受中国文化的影响。在8世纪的奈良时期，日本开始大量吸收中国盛唐文化。日本园林由于深受中国园林尤其是唐宋山水园的影响，在保持着与中国古典园林"虽由人作，宛若天开"思想相近的自然式风格的基础上，结合本国的自然条件和文化背景，形成了具有日本独特风格的日式园林体系。

随着中国禅宗文化在日本的流行，为了反映禅宗修行者所追求的苦行及自律精神，日本园林开始使用一些静止恒远的元素来营造枯山水庭园，例如使用常绿树、苔藓、沙、砾石等进行布置，而几乎不使用任何开花植物，以期寓意自我修行。如此形成的禅宗庭院内，景致常常是通过寥寥数笔，以最为粗糙古朴的材质打造一种蕴含极深寓意的精神园林。

日本园林的发展贯穿了整个日本历史，由舶来至和化，迄今已有近2000年的历史。从史前到明治维新，日式园林在不断发展中逐渐趋于成熟，并在历史的发展过程中，逐渐摆脱了诗情画意和浪漫情趣，走向了枯、寂、佗的境界，从飞鸟、奈良、平安时代的池泉庭到镰仓、室町时代的枯山水，再到桃山、江户时代的茶庭，可以说，日本园林是伴随着其文化的演进而不断发展、推陈出新的。

2 日本庭园——自然的缩影

纵观日本庭园，在再现自然风景方面十分凝练。如日本山水庭，精巧细致，讲究造园意匠，既有诗意又富含哲学意味，是一种极端写意的艺术风格。

日本庭园范例，首推古都——京都的庭园。那些曲径通幽、清流绕翠、岩石奇异的形象无不令人啧啧称奇，流连忘返。我国日语界老前辈胡孟圣曾作过一首七律，赞美京都天龙寺的寺庙和庭园景观：

题天龙寺

曲径通幽景无限，清流绕翠苍亘绵。

天龙古刹藏皓月，老木新枝蔽青天。

风卷绿地龙鳞起，云生碧水玉乳悬。

遐思羽化登仙去，不尽豪吟雅趣间。

这首诗是对日本庭园的绝妙立体写照。天龙寺的园林景观俨然是一个微型自然（图1、2）。

2.1 枯山水庭园——象形自然

枯山水是日本园林的一大特色，是源于日本本土的缩微式园林景观，多见于小巧、静谧、深邃的禅宗寺院。所谓枯山水，其实质是假山水，即没有真山真水，其山水是由砂石经过人工设计而形成。枯山水的制作过程并

不复杂，首先将各色砂石铺设在地面上，将其耙设出各种形状的条纹（通常是长条形与圆形条纹），用以寓意水面的各式波纹；然后在砂石上点缀各式各样的景石，用以代表山体、岛屿、船只等，这样就创造出了一个"有山有水"的微型景观世界。其独创的枯山水意境尤其能够突显在禅宗寺院特有的环境气氛中，人造山水对人的心境产生的冲击效果。

日本枯山水同其他艺术形式一样，用以表达深厚的哲学思想，而其中的许多理念便来自禅宗道义，这也与古代大陆文化的传入息息相关。例如，枯山水表现了禅宗的"一沙一世界，一花一天堂；微尘含大千，刹那间永恒"的宗教哲学理念，结合日本特有的民族精神，创造出了具有浓厚特色的日本园林景观设计体系。在某种程度上，它符合了现今世界庭院景观的极简主义潮流。然而，在历史上，日本室町时期的朝廷贵族和禅宗僧侣是当时社会的上层人物，贵族们在自己的住处里为享乐建造庭院，禅宗僧侣们为修身心而建造庭园，社会上有文化地位的

图 3 日本枯山水景观中青苔的运用

图 4 日本枯山水景观中的山石

一株常绿小乔木、几块自然岩石、耙制出波纹形状的沙砾和自发生长于荫蔽处的一块块苔地 这是典型的日本枯山水庭园的主要构成元素，它所体现出的枯、寂、佗对人的精神有一定的震撼力，颇有此时无声胜有声之感。

图 5 日本茶庭

图 6 茶庭一角的石灯笼点景

静坐于茶室内观赏庭院景观，映入眼帘的是一个人工模拟的微型生态，蜿蜒的园路、清冽的小溪、起伏的山地、郁郁葱葱的植物、在植物掩映下若隐若现的构筑物，整个景观的设计充满了象征的意味，以拙朴的步石象征崎岖的山间石径，以地上的植物象征广袤的森林，以沧桑厚重的石灯笼来营造和、寂、清、幽的茶道氛围，朴实无华，富含自然哲理，充盈着很强的禅宗意境。

图7 日本池泉园　　　　　　　图8 日本池泉园里的汀步

图9 日本筑山庭

图10 日本筑山庭里的假山

图7、8 日本池泉园是偏重于以池泉为中心的园林构筑，水是园林建设中的主要元素，围绕中心水景布置岛、瀑布、土山、溪流、桥、亭、榭等，体现了日本人对大海的崇尚。

图9、10 筑山庭实际上是日本叠石造园的一种手法，简练的线条和朴素的元素下蕴含着多层次的感悟，体现高远的思想意境。

图11、12 日本京都龙安寺的"枯山水"方丈庭园，有着一种抽象而神秘的美，在狭小的空间内表现着平远的意境美，能给人一种超乎寻常的视觉美感。

人都趋于热爱造庭，因而在一定历史时期的日本庭院直接体现着其所处时代的社会文化精神（图3、4）。

2.2 茶庭——闹中取静

茶庭是在日本桃山时代随着茶道的兴盛而发展起来的茶室外的庭园，又称为"露地"。茶庭式园林一般是在进入茶室的一段空间里，按一定路线布置景观。茶庭里没有人为的装饰，整体上以简朴为特点。茶庭中用到的石景有：供人净手、漱口之用的石水钵；作为夜间照明用具的石灯；露地之间或用碎石和白砂铺成一条小溪，溪上架石，或是在"流淌的溪水"中每隔一步距离放入大块石头以作通往茶室之径；运用山石配以草地和苔藓渲染古朴、自然的情趣。在茶庭中，一切都安排得朴素无华，富于自然情趣。茶室外部造型尺度不大，茶室内部利用凹间、窗户等创造出千变万化的小空间，茶庭内外使用大量自然材料，不加修饰，追求自然，以有限的空间，把无限的大自然以优雅的形态体现出来（图5、6）。

2.3 池泉园——岛国特性

池泉园是以池泉为中心的园林构成，体现了日本园林的本质特征，即岛国特征。日本是一个海岛国家，国土之外全是海水，池泉园中以水池为中心，布置岛、瀑布、土山、溪流、桥、亭、榭等元素。大部分池泉园呈现以池泉为中心、以泉流为点景的园林形式。池泉园通常与筑山庭互相对应和结合。通常，池泉园偏重于以池泉为中心而构成园林，而筑山庭则是偏重于堆山而构成园林（图7、8）。

2.4 筑山庭——人造地形

筑山庭，顾名思义是以山为中心而构筑庭院，是与平庭相对应的一种园林形式。筑山庭中的筑山在中国园林中被称为岗或阜，而日本人常称之为"筑山"或"野筋"。"筑山"是较高大的岗阜，"野筋"是坡度缓和的土丘，在日本早期也称为假山，到了后来的江户时代才改称为筑山。总体上来说，日本园林是以池泉园为主，以筑山庭为辅。但是，在日本园林中，纯粹的筑山庭极少，大部分的筑山庭都与池泉园或是枯山水相结合（图9、10）。

图11 日本著名平庭——龙安寺　　　　图12 龙安寺内的枯山水景观

图 15 香川栗林公园园路

图 16 香川栗林公园湖面

图 17 日本金阁寺

图 18 日本后乐园

图 13、14 观赏式园林的观赏面大多只是一个，且无法进入，限定了游人的参与性，只有坐在书院、客厅、茶室等室内或是游廊之下的地方静静地观赏和思考。

图 15、16 园林观赏面积比较大，建设内容和游览方式更加丰富，可供游人进入观赏。

图 17、18 当园林观赏面积比较大且有大面积的水域供游人行舟时，则形成了池泉园、筑山庭、平山庭等多种园林形式并存的日本园林特点。

2.5 平庭——意境平远

平庭是与筑山挖池的筑山庭和池泉园相对的、在平坦的基地上经营的园林。据《筑山庭造传后编》中所说，平庭追求平地上的"深山幽谷之玲珑，海岸岛屿之渺漫"的效果。在平庭中极少用筑山和池泉，而多用草地、花坛等。因此，砂庭和枯山水庭院也属于平庭。相对来说，筑山庭表现的是高远，平庭表现的是平远；池泉园表现的是真水，平庭表现的多为"枯水"。在日本，平庭和筑山庭都有真、行、草（把书法中的真、行、草三体用来表达模山范水的真实程度）三种格式。真庭是真山真水的全方位模拟，而行庭是局部模拟和少量的省略，草庭是大量的省略，这是根据园林模拟的真实程度而定的三种表现形式（图11、12）。

3 日本园林的游览方式

日本园林的游览方式主要分为坐观式、舟游式和回游式。总体上来说，中国园林一般是以动观为主，而日本园林则是以静观为主。

3.1 坐观式

坐观式园林由于占地面积等地理条件所限，无法为游人提供一个广阔的游览空间，因而游人往往是坐在观景点来观赏园中的景色，这种园林被称为坐观式园林，也叫观赏式园林。在日本的观赏式园林中虽然有步石园路，但并不是供游人进入和游览的，而是供人远观的，即使园中有门洞也并不一定供人进入，有桥梁也不一定供人过往，而园中的景观元素包括池岛、山丘、景石等都是坐观的对象（图13、14）。

3.2 回游式

在日本园林中，某些面积较大的园林，为设计者提供了建设更多内容的可能性，因而产生了

图 13 坐观式园林里的汀步

图 14 坐观式园林里的模拟自然景观

与坐观式园林相对的回游式园林。回游式园林通常占地面积比较大，可供人们进入游赏，是在镰仓时代兴起、在室町时代发展、在桃山和江户时代盛行的一种园林游览方式（图15、16）。

3.3 舟游式

舟游式园林是以游船为交通工具的游览方式。日本作为一个岛国，其国民很早就与舟楫结下了不解之缘，早期的园林就是以舟游为主。特别是皇家园林和武家园林这样的大园林中，形成了以池泉为中心，以舟游和回游并重的多形式园林，并发展成为日本后期园林的特点（图17、18）。

4 感想·感悟——日本园林的意境美

日本的自然环境得天独厚，气候温暖多雨，四季分明，森林茂密。丰富而美好的自然景观孕育了日本民族顺应自然、赞美自然的美学观，这种审美观使其历代的各种园林作品都反映出返璞归真、尊重自然的自然观。

4.1 清纯的人工自然——朴实无华

日本园林以其清纯、自然的风格闻名于世，

图 19 日本东京 KOWA 建筑前绿地景观

图 20 日本东京 KOWA 建筑前绿地景观

图 21 日本现代景观中朴实的取材

图 22 日本现代景观中朴实的取材

图 19、20 该绿地景观运用模拟自然的种植手法，在铺装上凿出一个个种植池，对植物进行简单的排列种植，在体现自然的同时带来艺术的震撼。

图 21、22 自然形态的山石、按照一定规律破碎的空间布局、山石之间喷洒而出的水雾，向观赏者展现出一幅具有现代美感的山水庭院。

图 25、26 和田仓喷水公园通过玻璃隔层将两个分割的景观结合在一起，具有一定的视觉美感，使层次感变得丰富起来。在水景中设计汀步来象形桥，水的两侧则象形洲，这是在景观空间上的一种尺度模拟。

它着重体现和象征自然界的景观，避免人工斧凿的痕迹，旨在创造出一种简朴、清宁的境界。诠释大自然的"纯"是日本造园手法的代表之一，它通过对大自然魅力的引入和阐述，让看似简单的园林景观带给人极大的艺术震撼力。可以说"纯"赋予了日本园林真实、和谐和完整的"自然美"。日本造园者可以娴熟地将粗犷朴实的石料、细砂等纯自然的元素运用到庭园内，通过精心布置使自然之美浓缩于园中的一石一木之间，其目的是为了重现自然中所特有的形态、纹理、材质和色彩，让使用者仿佛置身于简朴、纯净的自然世界，走在园中品味到的是纯真，感受到的是精致（图 19~22）。

4.2 提炼的微自然——含而不露

在表现自然时，日本园林更注重对自然的提炼、浓缩，并创造出能使人宁静入定、超凡脱俗的心灵感受，从而使日本园林具有耐看、耐品、值得细细体会的精巧细腻；同时具有突出的象征性，能引发观赏者对人生的思索和领悟。设计的精心和细致能够培养观赏者对景观意境的探索和共鸣。例如，墨绿的松针洒落在青石板地板上，自然而富有美感；一株红枫在屋檐之下，光影参差；井边的自然山石包裹着厚厚的绒样的青苔，生态美观；细流潺潺从竹槽中流入井中，叮咚作响；颜色厚重的石井，井水中浮着几片红叶，起起伏伏，动静成趣。日本园林细微而注重细节的设计手法，使得造园艺术达到接近极致的程度。这种对自然的提炼，使精心设计的自然景观融会了文化的精髓而产生了深远的意味（图 23、24）。

4.3 一沙一世界——由小见大

日本园林的精妙之处在于它的玄妙精致、枯寂空灵、抽象深邃，用极少的构

图 23 日本园林里的红枫

图 24 日本园林里的樱花

图 25 和田仓喷水公园透明风景的运用

图 26 和田仓喷水公园桥与洲的尺度模拟

成要素、极简洁的构成技法来达到极大的景观意境效果。日本园林在长期的发展过程中形成了独树一帜的日式特色，尤其在小庭院方面产生了颇有特色的庭园景观（图25、26）。

4.4 一岁一枯荣——植物设计

日本园林可以说3/4都是由植物、山石和水体构成。从园林的种植设计上来说，日本园林植物配置的一个突出特点是：同一园中的植物品种不多，常常是以一两种植物作为主景植物，再选用另一两种植物作为点景植物。由此创建的园林层次清楚，形式简洁，十分美观。日本园林选材以常绿树木为主，花卉较少，且多根据花语赋予其特别的含义，极富趣味（图27、28）。

图27 枯山水中植物的搭配结合　　图28 枯山水中植物的搭配结合
常绿乔灌木、青苔是枯山水庭院中主要的植物元素。

图29、30 现代景观中枯山水与园路的结合
砂石象征海洋，汀步象征一个个小岛，不同的宽度和形状体现永恒的变化。

4.5 无处不禅意——宁静致远

公元538年，日本开始接受佛教，并派一些学生和工匠到中国学习内陆的文化艺术；到了13世纪，源自中

国的另一支佛教宗派——禅宗开始在日本流行起来。从表现形式上看，日本园林的禅意体现在亲近自然、善于借景、合理地使用植物来规划点缀空间，以及对各种材料的娴熟运用上；但最为重要的是，透过这些要素的组合能让人们反观自身，得到启发。在日式园林的设计中，"禅"的意境是设计的着力点，园林融入"禅"的精神中，能使身在其中的人们思索生命、净化心灵（图29、30）。

5 对于日本现代园林设计风格的借鉴与思考——传统与现代并存

纵观古今日本园林范例，可以发现，日本现代景观设计的风格与倾向演化，显然不是非此即彼的决然断裂，而是传承、包容、演进与创新发展。日本当前的园林设计中关注的对象与内容，无不体现出对以前发展阶段中重要成果的吸收与发展，主要体现在以下三个方面的设计倾向，值得我们从中借鉴。

5.1 致力于传承传统文化要素的现代园林设计

如前所述，日本在学习和继承中国的传统造园之后，结合了本国的自然条件、本民族的文化及生活方式等，逐渐发展出具有自身特色的日本传统造园体系。尽管中日造园的形式、手法、使用方式等不尽相同，但两国同属东方造园体系，其共有的特质是对造园意境的追求，也就是对"象外之旨，言外之意"的追求。这正是西方景观设计中普遍缺失的，因而被看作是东方园林的特征。譬如，场地通过设计有了超越形式本身而升华到更高审美层次的可能，而追求这种可能也成为园林设计高明与否的评判标准。无论是园林的设计者还是使用者，这种共同的追求造园意境的审美心理结构，是不会随社会的现代化发展而消失的。作为民族文化特征，它将长期存在并逐渐发展。多样化的日本城市景观，有许多值得被记忆的段落：无论是现代时尚的东京，或是日本第二大经济中心"水城"大阪，还是京都这座被称作是日本人"心灵故乡"的城市，以及一个可以在那里寻找到中国传统

历史文化的地方——奈良，它们都以各自独特的设计与文脉展现于世人面前。这些由不同地域文化和生活方式影响下的城市景观，构成了日本城市景观的丰富内涵（图31、32）。

图形式和构图规律受到追捧，本身就体现出民众审美的时代化发展要求（图33、34）。

5.2 与城市发展同步的现代园林设计

随着城市的发展，现代主义的景观设计理念更加强调满足功能使用要求，即以较少的设计元素、相对简洁的组合规律，追求图面的构成感和视觉冲击力。这一理念在日本的建筑设计和城市设计中也取得了斐然的成就。20世纪90年代以来，一批追随美式现代主义设计风格的设计师在日本创作了大量的作品，园林在与城市的同步发展过程中，也受到了日益深远的影响，主要体现在形式的创新和内容的深入两个层次上。在快节奏生活和快速文化消费影响下的城市民众，在将园林作为审美对象的同时，也要求它具有简洁、易识别并印象深刻的特性。例如，现代感的构

图33 东京国际展览中心枯山水的现代抽象布局

图31 日本传统园林缘侧空间处理

图31、32 通过传统和现代缘侧空间的处理对比，在新时代里寻找传统文化的再生。

图32 根津美术馆的现代缘侧空间处理

图34 东京OAZA屋顶花园石灯笼的现代抽象表现

图33、34 充满现代感的简洁线条融合枯山水园林表现手法，同时兼具现代感和自然美感；透明玻璃、石材的现代抽象造型配合自然的庭院设计，独具张力和美感。

图 35 日本庭园中的生态景观表现　　图 36 日本庭园中的生态景观表现

图 35、36 生态健康的景观环境满足了现代人们的审美追求和心理诉求，是景观随着时代变迁而体现出来的时代特征。

5.3 立足生态本位的现代园林设计

　　日本非常注重生态保护，其环境教育是从 20 世纪 50 年代的自然保护教育和公害教育开始的，到 90 年代进入环境教育的法制化阶段，将保护生态环境与社会发展的各个方面相结合，因此，日本国民的环境教育水平和生态保护意识都比较领先。结合日本人崇尚自然的国民性，在保护生态环境的同时，也对新建园林项目的生态设计提出了更高的要求。各种现代生态技术的运用，如微气候调节设计、水资源节约设计、增加物种多样性设计等生态设计方法，已从理论研究逐渐结合到各类实践项目的设计中。大自然作为日本传统园林的灵感源泉，运用极为广泛且容易引起共鸣。现代日本景观设计师首先理解了日本民族心中的自然风景原型，而后运用现代的表达方式进行诠释，再次发展了日本园林的现代化设计（图 35、36）。

6 结语

　　日本庭园设计独树于世界园林设计之中，特色突出。本文分析了日本园林文化的不同层面。我们看到，虽然日本庭院规模通常都不大，然而其内涵张力和表现力却很强。在创作手法方面，日本园林将包含人们自然观的审美思想，通过对大自然景象的抽象和浓缩在有限的空间里进行表达，创造出既可以欣赏大自然的美，又可以赋予人们冥思和遐想机会的园林空间。研究日本园林的设计精髓，其园林设计与文化的紧密关联、与自然的和谐审美、与佛教禅宗的灵性合一、对优秀历史成果的传承与发展、在发展城市兼容生态环境保护等方面都值得我们深入了解和借鉴。🌸

参考文献：

[1] 村山茂樹 . 日本美の伝統─日本庭園にみる日本美の秩序─[A]// 宝塚造形芸術大学紀要，2003(17)：42-48 .

[2] 刘庭风 . 日本小庭园 [M]. 上海：同济大学出版社，2001.

[3] 曹林娣，许金生 . 中日古典园林文化比较 [M]. 北京：中国建筑工业出版社，2004.

[4] 王德，彭雪辉 . 走出高城市化的误区——日本地区城市化发展过程的启示 [J]. 城市规划，2004(11)：29-34.

[5] 章俊华，张安 . 日本园林专业的大学教育及千叶大学园艺学部的绿地环境教育课程 [C]// 中国风景园林教育大会论文集，2006.

[6] 张云路，董丽 . 日本传统园林中的 "纯" 在日本现代园林中的运用 [J]. 中国园林，2010(10):71-74.

[7] 张云路，李雄，章俊华 . 日本传统园林中的意境表达在日本现代园林中的运用 [J]. 中国园林，2010(5):50-54.

[8] 张一弛，车伟光，郑锋，姚茜 . 浅谈枯山水和极简主义园林对中国园林的启示 [J]. 云南农业大学学报：社会科学版，2010(5).

[9] 吕慧，文素珍，曹毅 . 日本园林石景设计分析 [J]. 佛山科学技术学院学报：自然科学版，2009(2).

[10] 刘锐 . 谈日本园林风格特征 [J]. 才智，2010(22).

[11] 王世英，张艳芳，高中华 . 浅议日本园林与中国园林的差异 [J]. 中国科技信息，2006(3) .

[12] 陈蓓，张胜松 . 日本园林的设计理念概述 [J]. 城市，2007(1).

[13] 王志强 . 论日本园林的景观设计 [J]. 艺术探索，2007(2).

[14] 熊瑶，杨云峰 . 浅析日本园林的理水艺术 [J]. 今日科苑，2007(20).

[15] 张洲朋 . 日本园林文化 [J]. 中国冶金教育，2007(5).

[16] 丁岚 . 日本园林中的日本文化 [J]. 黑龙江史志，2008(21).

[17] 廖为明，楼浙辉 . 日本园林的特点及启示 [J]. 江西林业科技，2004(4).

[16] 刘庭风 . 日本园林教程 [M]. 天津：天津大学出版社，2005.

[17][日] 大乔治三 . 日本庭院造型与源流 [M]. 郑州：河南科学技术出版社，2000.

作者简介：

邓大海，出生于 1980 年 10 月，男，现任深圳文科园林股份有限公司景观规划设计院设计总监，研究方向为园林景观设计。

王晓红，出生于 1987 年 6 月，女，现任深圳文科园林股份有限公司景观规划设计院设计师，研究方向为风景园林规划。

水景观在园林文化中的运用
WATER LANDSCAPE'S APPLICATION IN GARDENS

作者:

蔡胜陆 吴宛霖

CAI Shenglu, WU Wanlin

关键词:

园林文化;水景的表现;水系生态

Keywords:

Garden; Expression of Water Landscape; Water Ecology

摘要 Abstract

水的流动性能被用以创造特色效果,也正是由于这项特性,一处水源受污染,其他水流经过的地方也受牵连。对于水景观,我们更应做到的是虽由人造、取自天然、和谐于自然。现代社会中,水景观已经不局限于景观装饰的概念,由于全球气候及环境的变化,我们必须站在高点来看待水景观和水生态。亲水是人的自然本性,高品质的水景观在现代生活中的意义正越来越重要。

Water mobility could be applied to create special effects, but just in this character, other water is easily influenced by a polluted water source. So we should know that water landscape is made by people, come from nature and in harmony with nature. In modern society, water landscape is not limited in landscape decoration. Owing to changeable global climate and environment, we should treat water landscape and ecology on a high point. Water loving is people's nature, high-quality water landscape has more important significance in modern living.

水 是园林景观中极富特色的一个元素,主要是因为其无形和天然的性状,它遇势而变,遇器而形,因而在景观中的形态千变万化。而水又不仅仅只有"表象"。在人类发展的历史中,它被赋予了各种性格,流过不同的地域,承载着不同的文化和风情。亲水是人的自然本性,在园林景观演变的过程中,人们不断追求设计出更好的水景观。

1 水及水景观的特点

1.1 水的形态

水顺势成型,随风而动,因受地心引力影响而往低处流,在自然界中处于不断的循环运动之中,充分体现出它变幻、活泼的特性。自然界中的水呈现出河流、瀑布、海浪、激流、涌泉等各种各样的形态。阳光下微风拂过水面,水被风力推出波浪褶皱,产生波光粼粼的视效,这是其他物体轻易达不到的效果。人们模仿这些溪流、瀑布、涌泉、湖泊,加以修改,应用在景观设计中,为整体的空间增添了一味灵动的元素。

1.2 水的受光反应

水的倒影和反射带给人的感受是富有诗意和趣味的,平静的水面具有很强的反射性,水面物体的倒影具有增加景深之效果。水是透明的液体,但水中的浮游生物和光线的反射作用赋予了它丰富的颜色,使水面能随周边物体色彩的变化而变化,和周边的景物进行融合,进一步加强了虚实对比、镜面正反对比的效果。倒影、逆光、反射、折射……水不仅投射了周遭物体,更投射了人们不同的心理感受。

1.3 水之声

水因为受到承载或封装时相对静止,没有一丝声响,呈现出趋于内敛的空间氛围。润物细无声,水可以轻易拂过物体而几乎听不到动静,空间氛围相对静谧;水流因穿过空隙或受阻而发出悦耳动听的潺潺水声,空间氛围开始显得灵动可爱;瀑布、海浪发出的轰鸣则营造出蓬勃激烈的空间氛围。我们通过对水流变化的控制,可以使其产生各种各样的声响,以营造不同性格的空间。

2 水在园林文化运用中的起源及形式

追溯历史,园林景观的文化产生于人类文明。不论是地理、政治、宗教信仰,还是人类生活生产的历程以及科技发展的水平,都决定着园林景观背后蕴藏的文化。随着四大文明古国历史的变迁、地理特征、文化的传承及交流,形成了西亚(古

图1 湖之水,随风而动

波斯)、欧洲(古希腊)和中国三大园林文化体系。由于受水影响和用水方式的不同,水景观在各园林文化体系上的运用也不尽相同。

2.1 水景观的起源及形式

西亚及欧洲的园林文化传统,可追溯到古埃及时期。当时的园林是模拟经过人类耕种、改造后的几何式布局,因此在园林规划布局及水景布置形式上都是采用几何形,这也影响到后期整个西亚及欧洲国家园林的构图风格。

由于气候干燥,干旱的环境限制了园林景观的面积。为了易于养护,人们仅在自己的庭院里培养绿洲。他们的庭园轮廓规则,是一种独立庭园,而园内的布局呈"田"字形,以纵横的十字形林荫路作为轴线。水作为阿拉伯文化中生命的象征与冥想之源,在庭院中常结合景观轴线以十字形水渠的形式出现,象征《古兰经》中描述的水、酒、乳、蜜四条河流。轴线节点处或水渠交叉处设中心水池,以象征天堂。中心水池的水通过十字水渠来灌溉周围的植株,形成了既有观赏性又具备功能性的园林水景。后来,水的作用又得到进一步发挥,由单一的中心水池演变为各种明渠暗沟、跌水及喷泉等,成为主轴线的核心景观元素。

图2 西班牙线性喷水水景　　图3 西班牙中庭水景

2.2 水在欧洲园林文化中的运用形式

欧洲(古希腊)于公元前5世纪时,学仿波斯造园艺术,在原有的果树蔬菜园里引种栽培了波斯的许多名花异卉,后来发展成四周为建筑围绕、中央为绿地或水景、布局规则方整的柱廊园。基于地理地貌特征,随着历史变迁、思想文化的革新,欧洲三大园林风格体系(意大利台地式别墅园林、法国宫廷园林以及英国自然风景

园林)逐渐成形。而他们对水的解读与理水方式也略有不同。

欧洲三大园林风格中的水景,亦动亦静,动则擅于运用或精致华丽、或张力动感的雕塑喷泉水景,静则常用几何形状的静水,以大面积、气魄与宁静取胜,形成典雅、大气的格调。同时,那些平静的水面像镜子一样,反射了建筑、树木、云天,因而又被称为"水镜"。水镜在空间中的位置恰到好处,往往都在透视和投影关系上精心推敲过,以便保证主体建筑能在某些视角范围内

图4 法国凡尔赛宫的大面积静水面

完整地倒映水中,烘托建筑的立体感。

当时的园林景观主要是服务于皇室或权贵的,在17~18世纪,这种风格深受欧洲王室的追捧。特别是以教皇马尔班八世、法王路易十四为代表的欧洲显贵建造的水景及宫殿园林,无处不着重体现宏大的气势。路易十四于1689年下令为自己建造的凡尔赛宫,其中有1400座喷泉及众多精美雕像,最为著名的有阿波罗喷泉和拉托娜喷泉。这个时期的喷泉雕塑具有庄严肃穆、宏大精致的艺术特点,期间涌现出许多艺术精品。罗马西班牙广场上的幸福泉是巴洛克风格的杰作,该泉耗时30年完工,建成于1762年,雕刻精美,气势如虹,成为法国宫廷园林水景的代表。

2.3 水景观在中国园林文化中的运用形式

中国自然山水园林中对于水体的运用起源可以上溯到周朝。周文王所建之灵囿中就有一片神奇的水面,名

为"灵沼"。此后，汉武帝建造的建章宫苑区内人工凿挖 10 万 m² 的太液池以象征北海，内置三山，以至于"一池三山"成为中国山水园的传统程式。

中国自然山水园林水景的运用受到地理、宗教、文人墨客等因素的影响，分为皇家园林、文人园林、寺庙园林和邑郊风景园林几种类型。其中呈现的水景类型大抵有三种：

（1）大面积舒展的素雅湖区，多利用阔大的水面，或将天然水体略加人工，在水面上布置岛屿、增设建筑，创造了一种悠然的山水画意境。

（2）而小庭院中则以一潭浅池象征千里江湖，或设置蜿蜒的溪流以表达山川河流的意趣，水域常与精细水岸和石雕相契合。若是偷得半日闲来，一汪池水就足以引得浮想翩翩。

（3）跌瀑和溪流，这种形式也是仿照自然

图5 北方园林　　图6 南方园林

景象而来，又依照个人喜好修饰而成。跌瀑的叠级数量、高度、角度都颇有讲究。

中国人讲究修身养性，讲究出身家境，讲究风水命理。有身份地位的人，无不希望继承培养好的修养品性，营造别具一格的优越环境，这就必然涉及文化造园。前面提到的运用水来装点园景，为的就是利用水的质感声色，来美化环境、体味优雅、酝酿文化。

综上所述，在西方园林中，人是主体，他们推崇"秩序美"的设计理念，强调人对自然的改造和人类再创造，着重表现规律和秩序的景观效果；而东方园林则体现了一种"游园"的理念，

推崇"自然美"，暗含一种避世隐逸的追求，造一片世外桃源置身其中，人是自然山水中的一部分，园林即是山水，即是自然。

设计源于文化，正是由于中西方设计理念与文化积累的不同，理水手法也不同。中国园林的水景设计会基于风水来进行选址，水不仅是景，更是为使用者带来福祉的象征。而西方古典园林水景设计的思维方式却大不相同，水景是众景中的点缀物，在整体结构中的比重不大，在思想层面上也没有过多的寓意和象征。西方园林中大量运用几何图形来设计水池，体现出人工痕迹，也就是一种建造和构成的过程。此外，西方园林的水景设计中融合了雕塑设计，从布局上来讲，水景在整个园区多处于中轴线处，这种中轴的位置，加上与雕塑的配合，使轴线结构更加突出，水景作为一个焦点，来引导汇聚观赏的视线和统领整体空间。

在形式上，东方习惯将园中的水处理成仿照自然的形态，是自然界水体的浓缩。而西方地理情况是平原居多、天然水网不发达，因此需要修筑大量水渠灌溉农田，这也逐渐演变成他们独特的自然风光。也正因这样，西方园林中的构成方式大部分以直线为主。直线型的构图形式加上轴线的对称处理，形成了西方独有的设计方法。

3 水景在不同类型项目中的运用

现今社会东西方文化交融，园林景观的受众也变得广泛，并不局限于达官贵人、文人墨客，水景在园林景观中的表达也因此受到世界各地更广泛的文化的影响。运用水的方法多种多样，呈现出的景观风貌也多姿多彩。由于园林景观设计的发展，城市规划更加科学细致，考虑到因地制宜，水景在不同类型的项目中的表现也有所不同，也因此体现出不同的文化、情感，流露出不同的韵味。

3.1 私人住宅与水

住宅是人类休息安身的私密场所，而别墅生活被认为是家庭观、人生观、价值观的延续，是人类最终生活理想的反映。"流水别墅"则把这种观念推向了极致，

图7 流水别墅　　图8《清明上河图》

这栋建筑与流水融为一体，好像是从溪流之上滋长出来的。赖特描述这个别墅是"在川溪旁的一个峭壁的延仲，生存空间靠着几层平台而凌空在溪水之上，一位珍爱着这个地方的人就在这平台上，他沉浸于瀑布的响声，享受着生活的乐趣。"他为这座别墅取名为"流水"。溪流带着潮润的清风和淙淙的声响飘入别墅，这是赖特永远令人赞叹的神来之笔。

3.2 商业综合体与水

谈及商业综合体与水，不得不提到一幅画——《清明上河图》。图中的汴河是商业交通要道，画作上人口稠密、商船云集，有人在茶馆休息，有的在看相，还有的在进餐；河里船来船往，船头紧追船尾；岸上纤夫齐齐拉纤，船上船夫急急摇橹；船儿或满载逆行，或靠岸停泊卸货；虹桥码头区的桥头遍布各种货摊，一片匆忙繁荣的景象。这是一个水陆交通的会合点，展现了水·商·人和谐共存的画面。

园林景观里的城市水文脉络，有别于那些独立的水景，它们更加自然地联动着周围的环境，承载着更加丰富的人文气息，质朴地体现出人对水最基本的需求，传达出人与水的亲密关系，正如"一方水土养一方人"的说法，以及那些咏水恋水的诗词歌赋。

在中国，江南水域别有特色，自古就享有"人间天堂"之美誉。人们傍水栖居，顺水而游，水带亦是交通带，不仅解决了运输问题，更可以载运旅客和货物，发展经济，久而久之，便形成了这里独有的水乡文化。

意大利的威尼斯是世界著名的历史文化名城，是文艺复兴的精华，城中桥梁和水街纵横交错，四面贯通，水道两侧有许多著名的建筑，到处是作家、画家、音乐家留下的足迹。人们以舟为车、以桥为路，来来往往、熙熙攘攘，形成了一种特有的生活景象。

水是人类赖以生存和发展的重要资源，早期城市一般都在水边建立，人类文明的起源大多都在大河流域，如尼罗河流域的古埃及文明，两河流域的巴比伦文明以及长江、黄河流域的中华文明等。而商业综合体是应时代而生的生活体系圈，是"城中城"概念的迷你版本，包含了现代人生活的各方面内容。

例如，深圳的欢乐海岸汇聚全球大师智慧，以海洋文化为主题，以创造都市滨海健康生活为梦想，开创性

图 11 深圳欢乐海岸曲水街　　　　图 12 深圳欢乐海岸大型水景

地将主题商业与滨海旅游、休闲娱乐和文化创意融为一体。它借助科技之力，将水的各种状态运用得有声有色、淋漓尽致：光感喷泉、变色瀑布、水幕电影、曲水街、心湖、滨水沙滩、湿地公园……这些水景，可远观、可触碰、可聆听，让人们可以尽情体会沿水游园的乐趣。各具特色的水系牵系着不同的功能区，创造了城市亲水空间，

图 9 江南水乡　　　　　　　　图 10 威尼斯水城

图 13 美国"归零地"纪念景观

延续着这方土地独有的水域文化。

3.3 纪念广场与水

"911"遗址景观重建项目——"归零地"（Ground Zero）的特点是两个下沉式喷泉。每一个喷泉的面积接近 1 英亩（约 2047m²），喷泉流入的空洞是核心景观，也是"世界贸易中心"双子塔的基址。涓涓水流形成瀑布，在水池四周形成壮观的水幕，庄重深沉的场景令人肃然起敬，跌落的水则静静地流入池中央的深井之中。设计师是在用两个看似什么都没有的空洞表现这里曾经有些什么。

不同的水景形式带给人不同的感受，使人们的思想和情感产生共鸣与升华，那些精致的外观背后所诉说的故事和想要延续的情感，体现出的是人类文明历程中的核心精神和追求。

4 探索水景运用的可持续性

随着人口的增加和工业城建等的快速发展，人们忽视了对自然生态环境采取保护措施，导致地球生态失衡，人类赖以生存的稀有的水资源受到不同程度的污染及浪费，造成水源氮、磷、碳和钾等元素含量过高，富营养化超标，水体失去了应有的自净力，因此出现水体发绿、浊度升高、气味难闻、水生动植物死亡的现象。

我们不应当仅仅停留于追求水景的短期景观视效的层面，而必须认真考察项目地的水资源状况、水文化、水景运营的可持续性、水源的收集、污水的处理再生等一系列的先决问题。虽然可以通过相关设备来处理净化景观水，但大多设备在运行过程中会产生能耗，其间会对环境造成二次污染，表面"光鲜"的水景背后却是恶性循环的运作系统。在水资源匮乏的现代社会，结合当地的自然资源和经济等条件来建造适宜的、可持续

性的水景观，是每一个园林景观从业者必须直面的问题。

4.1 雨水花园

雨水花园的概念最早由美国马里兰州的雨洪专家在 1990 年提出，旨在通过模仿自然的渗透系统来管理城市中的雨水径流。有些雨水花园自然形成，有些由人工挖掘，形式多为低洼绿地或浅坑，首先利用地面高差来汇聚吸收雨水，再通过植物与沙土的过滤得到净化过的雨水。这些雨水一方面能缓速渗入土壤、逐渐下渗，让地下水也受到涵养；另一方面可以补给城市用水，如景观、厕所等用水。这是一种生态可持续的雨水循环利用系统，现已得到越来越多的利用与推广。

图 14 雨水过滤系统   图 15 雨随地形变化顺流而下，雨水丰沛时成小溪，无水时成石景旱溪

图 16 在最低处的流水汇集池，做成自然式亲水池塘

深圳华侨城生态广场及燕晗山郊野公园片区就是一个很好的例子。它尽量少地使用硬质排水设施，通过地形处理分散引导雨水，硬质铺装收集的大量雨水都被排入人造湿地当中，在水的滞蓄过程中利用植物截流、土壤渗滤净化雨水，减少了污染，削减了洪峰流量，减少了雨水外排，保护了下游管道和水体。

由生态广场拾级而上至燕晗山郊野公园，可以看见沿路各式各样的雨水收集、过滤和排放设施，模拟了自然野趣的水循环生态系统，无论是雨水汇聚点还是沿途径流都被打造成可以观赏互动的景观。山水绿地和花鸟虫鱼人，这些在城市生活中断裂的生态链在这里又被重新链接在一起。

4.2 生态修复

生态修复，可以说是人们环保意识的觉醒和正视城市历史遗留问题而产生的理念。清溪川是韩国首尔市中心的一条河流，由于早年注重经济增长及都市发展，清溪川曾被覆盖为暗渠，其水质亦因废水的排放而变得恶劣，而后来在清溪川上兴建的高架道路再次破坏了水流系统。

2003 年 7 月起，韩国政府开始了清溪川的修复工程，将清溪高架道路拆除，并重新挖掘河道，为河流重新美化、灌水、种植各种植物。重新修筑的河床使水不易流失，在旱季引汉江水灌清溪川，使其长年不断流；并将清溪

图 17 韩国清溪川跌水水景

图 18 韩国清溪川生态廊

川按清水及污水两条管道分流，使水质得以保持清洁。

河道设计为复式断面，一般设 2~3 个台阶，人行道贴近水面，以达到亲水的目的。河道虽长，但处处有景，每隔一段距离便会出现体现历史文脉的特色元素。游走在水边，听水声看水流，两岸的生活也被水环境带动起来，惬意而舒适。

无论从哪个角度讲，首尔清溪川的整治复兴都堪称水环境治理的典范。持续可循环的水才能持续孕育文化，新的清溪川连接了过去、现在、将来，修复了断裂的情感与文化，提醒人们"饮水思源"。

与其说水是一种物质，不如说水是一种载体，它既深受环境影响而多变，又因这种状态而顺应万变。因此，对于水在园林景观中的运用的探索永无止境，既包含物理特性，更蕴含着哲学思想。

景观水源应该在不增加当地供水负担、水资源可以长期满足的环境下运用。在缺水地区，可持续水景观设计的首要追求是尽可能利用当地现有的水资源、天然水资源，尽可能减少利用自来水来营造水景观。

5 结束语

水是自然赋予人类的宝贵资源，不仅使我们得以生存，更是以各种各样的景观形态及文化特质给我们以身心的愉悦。一个好的景观设计师，应当充分尊重自然，尊重资源，合理运用、合理设计园林中的水景观，使人们在得到充分的精神享受的同时，珍惜地球的水资源，保持水景观的长效发展。 ⑩

参考文献：

[1] 金儒霖. 人造水景设计营造与观赏 [M]. 北京：中国建筑工业出版社，2006.

[2] 闫宝兴，程炜. 水景工程 [M]. 北京：中国建筑工业出版社，2005.

[3] 杨杰，谢鲲. 景园水体艺术 [M]. 沈阳：辽宁科学技术出版社，1999.

[4] 王受之. 世界现代建筑史 [M]. 北京：中国建筑工业出版社，1999.

[5] 林茨. 城市景观艺术水景·喷泉 [M]. 南昌：江西美术出版社，2000.

[6] 朱钧珍. 园林理水艺术 [M]. 北京：中国林业出版社，1993.

[7] 周维权. 中国古典园林史 [M]. 北京：清华大学出版社，1999.

[8] 蓝先琳. 园林水景 [M]. 天津：天津大学出版社，2007.

作者简介：

蔡胜陆，男，曾任深圳文科园林股份有限公司景观规划设计院设计师。

吴宛霖，出生于 1989 年 6 月，女，现任深圳文科园林股份有限公司景观规划设计院设计师。

东南亚园林文化及其实践应用
SOUTHEAST ASIAN GARDEN CULTURE AND ITS PRACTICAL APPLICATION

作者：
陈日港 CHEN Rigang
关键词：
东南亚；园林文化；实践应用
Keywords:
Southeast Asia; Garden Culture; Practical Application

摘要 Abstract

随着中国城市化的不断发展，人们对高品质的生活、休闲环境愈发关注和重视起来。一些具有异域风情的生活、休闲环境，加上现代的生活理念，在市场上极受欢迎。东南亚园林便是其中比较重要的一种。东南亚文化独具一格，人们尊重自然，讲求自然的生活方式，加上本土的地理气候环境，从而形成了独特的风情。东南亚园林在中国很多度假酒店及住宅园林中有很成功的应用案例。东南亚园林在中国如此受欢迎，因此，我们有必要针对东南亚园林文化的发展概况及其特点做些探讨及总结，以期为更好地在实践中应用提供借鉴。

With the development of China's urbanization, people pay higher attention on high-quality living and recreation environment. Some exotic living and leisure spaces, together with modern living concept, are very popular in the market. Southeast Asian garden is one of the most important kinds. Unique Southeast Asian culture respect nature and focus on nature living style, combined with local climate, thus providing distinct amorous feelings. Southeast garden is widely used in china's resort hotels and residences, and some of them are very successful. Therefore, it's necessary to discuss and summarize Southeast garden's development and characteristics, so as to provide better reference for practical application.

图1 早期历史的画作

图2 缅甸仰光大金塔

图3 柬埔寨吴哥窟

图4 泰国大皇宫

1 东南亚的历史背景和地域因素

1.1 历史及文化发展概况

东南亚地处亚洲东南部，由越南、老挝、柬埔寨、缅甸、泰国、马来西亚、新加坡、印度尼西亚、菲律宾、文莱以及东帝汶 11 个国家组成。在历史上，东南亚各国都出现过频繁的民族迁移和各民族之间的交往融合。各国不仅拥有各自独特的悠久历史和民族文化，而且留下了许多辉煌的历史文物遗迹。东南亚文化发展深受亚洲周边地域、国家及西方国家的影响，其中影响较为深远的有印度、中国以及从 16、17 世纪开始曾长期对东南亚进行殖民统治的英国、法国、荷兰等西方国家。由此，东南亚各国形成了多样的历史文化、民族文化和外来文化。

1.2 地域及气候因素

东南亚主要由中南半岛和马来群岛构成，大部分国家的地理环境是大陆与岛屿并存、山地与平原共生。中南半岛受亚洲季风影响，属于热带季风气候，干湿季节分明，分旱雨两季；其地域特点主要表现为山河相间，纵列分布，各大河源上游水资源丰富。而马来群岛所处纬度较低，属于热带雨林气候，终年高温多雨，水资源十分充沛；其地域特点主要表现为山岭、沿海岛屿众多，地形崎岖，同时由于受热带气候和海洋的调节，植物资源也十分丰富。

图 5 沿海岛屿及度假区   图 6、7 热带雨林

2 东南亚园林的整体特点

2.1 整体风格特质

由于东南亚地区自然资源丰富，早期为农业国，热

图 8 自然特质

图 9 与自然环境相融   图 10 手工艺

带环境及海洋文化突出；人们敬畏神灵，崇尚古朴简单的生活，生活态度乐观又爱好自由，其园林整体上比较突出自然、健康和休闲的特质，无论从空间的打造，还是对色彩、材料的运用和细节的装饰，都体现了对自然的尊重和对传统手工艺的推崇。

从整体上来说，东南亚的园林风格受到了中、印两种古老文化的双重影响。从体系上来说，东南亚园林属

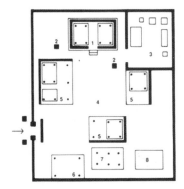

① 夫妇卧室   ⑤ 卧室
② 神龛   ⑥ 厨房
③ 本家祠堂   ⑦ 谷仓
④ 起居/会客   ⑧ 打谷场

图 11 传统民居平面布局

图 12 传统民居   图 14 院落感的度假区平面

图 13 院落高墙   图 15 私密性强的庭院

于东方园林，它跟以中国园林为代表的园林既有一些相似之处，又存在很大的区别。

2.2 空间特点

（1）庭院化空间。在东南亚的民居中，人们的居住空间往往用高墙围合起来，形成一个独立的强调私密性的大院空间，而不同功能的房子就散置在大院里。居住者在高墙设置出入口大门，从大门进入大院；看似没进入他们的房子，但实际已经进入了他们的家。这个家包含了房子及这个围合起来的院落。而这种居住环境，加上不同功能的房子，就形成了大小不一的庭院空间。这种庭院空间，讲究幽深感、私密性，可以让人们放松身心，享受宁静的休闲时光。其与中国园林空间的营造手法有异曲同工之妙，如也会有变换、疏密对比、小中见大、步

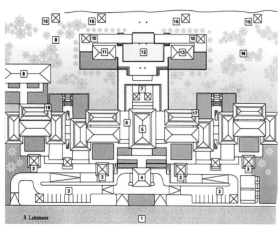

图 16 某度假酒店平面布局

图21 宗教活动的入口空间　图22 仪式感的过道空间　图23 庭院入口空间　图24 变换空间特质的景区空间

图17 建筑空间与景观空间相融

图18 几何化空间规划

移景异等空间效果。由此可见,东南亚园林空间讲究院落感,尽量形成尺度亲切、宜人的庭院空间。

（2）有机化的几何空间。随着东南亚旅游业的极速发展,大量度假酒店园林兴起。它们追随国际建筑的发展步伐,进行现代建筑空间的创新,将传统建筑形式与现代观念的空间组织方式

进行结合,形成建筑空间与园林空间的融合,成为特别追求有机化、自然化的几何空间,丰富了人们亲近自然的体验,更能满足现代人的精神需求。

（3）仪式感、变换感空间。东南亚园林空间不单讲求空间的围合感、融合感,而且也讲求仪式感、变换感。具有仪式感的空间形式,会出现一种序列感,具有宗教般的庄重、肃穆、尊贵之感,如在举行宗教祭祀活动或一般活动的广场入口空间,会出现宗教般的洗礼空间。而具有变换感的空间形式,在一些入口空间的营造上会刻意引导人们经过精心设计的水景区,通过一种转换的手法,让人的体验和感受随着空间的变换而变化。这种空间形式,在度假酒店入口区景观表现得尤为明显。

2.3 色彩的运用

东南亚园林一方面受本地及外来的宗教文化影响较大,在色彩的运用上,基本以宗教色彩浓郁的深色系为主,如深棕色、黑色、褐色、金色以及体现其神灵崇拜的庙黄色和陶红色,因而在园林氛围上,往往营造出神秘或敬畏之感;另一方面,在16—17世纪被殖民之后,受西方文化的熏陶,引进了西方的先进建筑技术,出现了大量的西式建筑,在色彩上也有浅色系的体现,如珍珠色、米黄色、奶白色等,使其也有清新优雅的一面。

另外,植物作为体现东南亚景观色彩的重要元素,基本以鲜艳的红色和黄色为主,这主要是由于东南亚地区热带植物品种丰富,色彩缤纷。

图19 宗教或一般活动空间

图20 仪式感的轴线空间

图25~28 深色系的运用

图29、30 浅色系的运用

2.4 材料的运用

东南亚人民崇尚自然古朴的生活,乐于接受传统材料及手工艺,在园林材料的选择上,常以最接近自然的材料为主,展现其古朴、粗犷的一面,体现尊重自然、与自然相融的思想。他们往往就地取材,如使用天然的茅草搭设构筑物的屋顶,使用木材建造休闲空间的木平台,运用石材(如火山岩、板岩、青石、麻石、鹅卵石等)进行步道及活动空间的铺装;使用手工抹灰及质感涂料

图31 不同肌理的自然材质

图32 火山岩　　　　图33 凉亭茅草顶

图34 卵石贴面　　　　图35 麻石汀步

来涂装墙面等。

3 东南亚园林元素

东南亚园林元素包括:(1)硬质景观,如亭廊、台榭、景桥、雕塑小品(雕塑、花坛、标识、特色照明)等;(2)水景景观,如湖泊、泳池、池塘、跌级水景、压力水景等;(3)软质景观,如乔灌木植物、植被花卉、水生植物、藤蔓植物等。

3.1 硬质景观之建筑小品

园林中的建筑小品,往往具有地方或者民族的特点,加上他们的当地文化,所呈现出来的风貌是独树一帜的。它们所独有的建筑特征,使其在园林中显得风情感十足。这些建筑小品及构筑物主要有凉亭、连廊、台榭、景桥等。

图36 民族特点的凉亭　　　图37 时代特点的凉亭

(1)凉亭。由于东南亚地处热带,常年高温多雨,因此凉亭具有高耸的斜屋顶,便于快速泄水,通风纳凉,让人们在此休闲、交流,既美观又实用。在材料的选择上,则主要以茅草或木材为主。当然,现代东南亚园林中,为体现时代的特点,更加适合现代人们的生活方式,也会加以改良,以提升品质感,加强建筑整体感。

(2)连廊。东南亚常年雨水充沛,连廊的设置显得

图38 庭院中的连廊　　　图39 连接建筑物的连廊

图 44、45 宗教或历史题材的雕塑

不可或缺。连廊可以在庭院中设置，也可以是连接不同功能建筑物的纽带，既可以让人们在此遮阳避雨，同时又可以成为停留、休憩的休闲空间。

（3）台榭。包括水边的高榭和平地的高台，一般出现在水景边，或者处于园林的制高点；可以成为观赏整体园林的最高点，或是园林中的焦点。如果结合高低错落的植物、雕刻精美的小品及休闲感强的室外家具，台榭就更显得别有一番风味了，其所呈现的迷人景致，可以形成"人在观景，人观景中人"的意境。

（4）景桥。景桥基本出现在自然的水景区或者人工化的泳池区中，其设置体现了东南亚水文化的特点，使人们可以更好地接近自然、体验水景。设计独特美观的景桥，往往可以成为自然

图 40 水边的台榭　　图 41 制高点观景台

园林中独特的风景。其在结构上体现时代特征，在材料上一般选用石材或者木材。

3.2 雕塑小品

东南亚各国主要受基督教、伊斯兰教和佛教的影响，其现存的建筑遗产，基本都是宗教文化的遗物。几乎所有的东南亚园林都有宗教文化的影子，展现出令人敬畏的、神秘的一面，其中最典型的莫过于园林中营造的大量雕塑小品。这些

图 42 自然水景中的景桥　　图 43 泳池中的景桥

雕塑小品往往体现了宗教般的肃穆感、仪式感，不但为园林增添了艺术的光辉，同时，作为东南亚园林精华的代表，还体现了东南亚地区的民族风情及艺术成就。

雕塑小品在园林应用中的体现，主要表现有：

（1）宗教或人物题材的浮雕及圆雕，讲述古老的故事及传说，为园林添加了历史感、厚重感，让人们在园林中读到历史的沧桑并引起对现实生活的珍视；

（2）动植物为主题的浮雕及圆雕，如典型的大象、孔雀、热带植物等。艺术化的造型，通过将其诉诸视觉的空间形象，来反映其地域感或风情感，突显人们

图 46~48 人物题材的雕塑

对异域的向往或对异域文化的认知。

（3）装饰性题材，包括陈列式、情趣式雕塑等。其主要为造型艺术、静态艺术的体现，往往成为园林中的重点景观，成为点睛之笔；或者表现某种仪式感，烘

图 49、50 动植物题材的雕塑

托活跃空间氛围，使园林中呈现精彩的人文景观效果或人们对美的情趣追求。

总之，其雕塑小品往往数量众多，内容广泛，特别富有创造力和想象力，造型多样有趣，石刻刀法细腻、技术娴熟，可以说是世界石刻艺术不可多得的瑰宝！

3.3 水景景观

东南亚园林营造中，水景无疑是最浓重的一笔，其运用可以说达到了极致。东南亚地区常年雨水充沛，岛屿众多，海岸线漫长蜿蜒，拥有天然的海洋及雨林景观。这些天然景观资源的存在，使东南亚出现了大量的度假酒店，造就了大量的度假

图 51 陈列式雕塑（拍摄：陈日港）

图 52~54 装饰性小品

式园林，也造就了东南亚园林的水景观文化。可以说，没有水景元素，简直不能称为东南亚园林。

在东南亚，不管是度假区的园林还是住宅区的园林，水景都占有重要的地位。尤其在度假区园林中，水景往往融合于天然的环境之中，如紧挨海洋、沙滩，与海洋连接产生延伸感；而在雨林之中，水景映衬出周围的天然环境，呈现水天一色之感，同时显得神秘、空灵、静谧，让人犹如置身天堂一般。

水景的类型基本为自然式和规则式两种。自然水景采用不规则形式，崇尚自然，强调自然生物的和谐相融，即使有人工小品的点缀，也是尽量掩映其间。人造水景则往往立面丰富，体验感十足，加上精雕细琢的小品，就更显得精美独特了。其形式主要有静水池、小瀑布、喷泉、景墙跌水、游泳池等，其中尤以游泳池为代表。这些泳池不但形态各异，而且在手法上比较有创造性，在设计的理念革新方面也比较先进。例如，与天然环境有融合之感的无边界溢流，结合保健功能的按摩设置，水质处理的方式等。尤其是在度假区的水景设计中，有水疗、按摩健身、休闲等功能设置，可以使人的身心在水中得到双重体验，获得极大的愉悦感。

图 55 与天然环境相融的泳池设计

3.4 软质景观

东南亚地区属于热带季风气候和热带雨林气候，终年高温多雨，使其有观赏价值的植物资源十分丰富：单

图 56 自然式泳池　　　　　图 57 几何式泳池

图 58 带有保健功能的泳池设计

图 59 庭院中的自然水景　　　图 60 入口区的静水

图 61 跌水　　　　　　　　图 62 景墙喷水

棕榈科就有不下 15000 种之多，常见品种有海枣、椰子树、华棕、油棕、大王棕、槟榔等；其他科的植物还有凤凰木、榕树、菠萝蜜、橡皮树、旅人蕉、鸡蛋花、芒果等。

东南亚气候炎热，雨量充沛，一年四季适宜植物生长，可以说是四季如夏，众多类型的植物品种都有其生存的空间和时间。所以在园林中，往往能感受到其植物配置种类繁多、层次分明、色彩鲜艳夺目，庭院的每处空间

图 65 槟榔　　　　　图 66 棕榈科　　　　　图 67 海枣　　　　　图 68 旅人蕉

都被充分利用,使其热带风情热烈、浓郁。在色彩的组合上,基本以红色、紫色、黄色为主。人们在祭拜神灵的时候,往往也使用以红色和黄色为主的鲜花作祭品,这些植物品种包括簕杜鹃、火鸟蕉、龙船花、热带兰、彩色草、凤梨等。

东南亚人民的生态意识比较强,崇尚自然,所以在一些水景和构筑物中,往往也会覆盖水生或藤蔓植物。水生植物有睡莲、水葱、香蒲、水鸢尾及藻类;藤蔓植物有簕杜鹃、铁线莲、多年生牵牛花等。

图 63 茂密多姿的植物配置

图 64 色彩丰富的花灌木

4 东南亚园林在中国的实践应用

东南亚园林在中国度假酒店及住宅园林中有大量的应用案例。本文只针对住宅园林,通过对比南、北方的两个实际案例,分析同一类型的园林风格,在不同的地理环境及气候影响之下,会呈现出怎样的效果。

4.1 深圳金域蓝湾

深圳属于亚热带海洋性季风气候,全年拥有充沛的雨水及阳光,植物品种也很多,其地理及

图 69 簕杜鹃　　　　　图 70 水鸢尾　　　　　图 71 睡莲

气候特征很适合建造东南亚园林。深圳金域蓝湾可以说是其中的代表之作。该项目地处深圳海滨,拥有稀缺的海滨及红树林景观,建筑高度超百米,树立了高端生活的新标杆,2006 年一经推出,就轰动全城甚至全国。其具有度假酒店品质的东南亚园林,成为经典之作。

4.2 沈阳金域蓝湾

沈阳金域蓝湾位于沈阳市浑南新区,其地理及气候特点与南方迥然相异,尤其是植物,无法营造原汁原味的东南亚园林,但是开发商通过对空间及风情感的重点营造,成功建成了具有东南亚风情的园林景观。该项目根据建筑布局及尺度

图 72 深圳金域蓝湾总平面

图 73~76 大量的水景空间

图 77、78 各具特色的雕塑小品

图 79、80 空间营造

图 81、82 建筑小品

5 结语

　　本文介绍了东南亚园林文化发展的历史背景和概况，对其园林风格及空间特质做了概述，并对其色彩及材料的运用、主要的园林元素等方面做了详细的归类及分析。东南亚园林具有浓厚的民族色彩，随着中国园林行业的发展及完善，人们对东南亚园林的认识应该更理性成熟，使其更适合及满足中国园林市场的需求。我们期望，在未来的东南亚园林设计中，不单能体现其民族风情，也能融入中国本土文化元素，创造出更具时代特色及创新意识的环境景观，以满足人们对园林景观的需求。

作者简介：
陈日港，出生于 1979 年 11 月，男，曾任深圳文科园林股份有限公司景观规划设计院设计总监。

图 86、87 特色的建筑小品

图 88~90 雕塑小品（拍摄：陈日港）

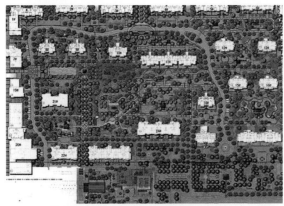

图 83 沈阳金域蓝湾总平面图（来源：新西林景观国际）

图 84、85 水景及空间营造（拍摄：陈日港）

特点，主要从空间营造入手，加上大量的特色建筑、雕塑小品，从而使得营造的风情景观别具一番风味。

图 91、92 冬季景致（拍摄：陈日港）

浅析楚文化在现代景观设计实践中的应用
——以武汉东湖壹号二期景观设计为例

ON THE APPLICATION OF CHU CULTURE IN THE MODERN LANDSCAPE DESIGN
—LANDSCAPE DESIGN OF WUHAN EAST LAKE NO. 1 (PHRASE II)

作者：
周炳标 ZHOU Bingbiao
关键词：
楚文化；现代景观设计；武汉东湖壹号
Keywords:
Chu Culture; Modern Landscape Design;
Wuhan East Lake No.1

摘要 Abstract

楚文化以其辉煌灿烂的成就举世瞩目，其景观的设计形式和风格充分体现了楚人的想象力和审美意识。今湖北省大部分、河南省西南部为早期楚文化的中心地区。武汉东湖壹号小区的景观设计基于对楚文化的收集、整理，从中抽取了楚文化中最具代表性的凤图腾、"天人合一"观以及东湖水文化等来表现楚文化。本文通过分析东湖壹号项目中对于楚文化的运用，在挖掘文化深度的同时，提炼了景观设计中文化运用的优势，从中借鉴现代景观设计对楚文化的运用。

Chu culture is renowned for its glamorous achievement, and its design styles have fully reflected Chu people's imagination and aesthetic consciousness. Nowadays, the central areas of early Chu Culture are located in large part of Hubei and southwest Henan. The landscape design of Wuhan East Lake No. 1 is based on accumulation of Chu culture, and representative phoenix totem, unity of heaven and man, east lake's water culture are used to express Chu culture. This article has analyzed the application of Chu culture in the East Lake No. 1, not only discovered the culture depth, but also refined the advantages of culture in the landscape design, thus guiding to apply Chu culture into modern landscape.

1 楚文化的来源与特征

文化在我国古文化中占据着重要地位，它以江汉地区为中心，可追溯到炎帝神农，深刻影响了荆楚大地的文明进程。史前蒙昧，炎帝神农植五谷、尝百草，点亮了荆楚文明的曙光；先秦时期，楚人创造了恢诡谲怪、精彩绝艳的楚文化；秦汉之际，楚人揭竿而起推翻暴秦，建立了汉朝，汉承秦制，可以说是汉承楚制；三国纷争，荆襄地区是南北交通要道，为天下瞩目，群雄逐之。所有这些构成了荆楚文化早期的壮丽篇章，而这些无不与汉水流域紧密相连[1]。

楚文化的内容是广泛而博大精深的，楚文化在民族心理层面的特征是崇火尚凤、亲鬼好巫、天人合一、力求浪漫，与中原文化中的尚土崇龙、敬鬼远神、天人相分、力主现实形成鲜明对照。楚文化在民族精神和民族心理层面上是源远流长且深入人心的。除此之外，楚文化的物质文化也渐渐被广泛地运用在园林造景之中，走进了现代人的生活。

2 楚文化在现代景观设计中的实际应用

随着社会经济的快速发展以及信息科技的不断进步，在现代景观设计中，现代元素与传统文化的融合已经成为主流趋势。这二者看似矛盾实质却一脉相承，若能将其有机地融合在一起，在保留传统文化中的优秀成分的同时，结合当地富有特色的文化，可使景观不仅具有当代的风采，同时还保留了相应的地域传

图1 城门

图 2 东湖壹号项目总平面图

统文化，从而使整体特色脱颖而出，打造出更具归属感的文化大景观。下面将通过对楚文化和现代景观设计之间的融合进行研究和分析，并结合具体实例进行详细的阐述。

武汉东湖磨山景区是一个古朴、恢宏的楚文化旅游区。它有仿古代章华台而建、可与江南三大名楼媲美的楚天台；反映先秦时期国家象征的楚城城门（图1）；被楚人视为真善美化身的凤凰（铜雕）；古楚国人进行商贾贸易的楚市；楚国远祖、天文学家祝融塑像；比泰山御字碑还大、毛泽东手书的"离骚碑"；展现楚国八百年风云历史中的名君、名相、名人、名事的"唯楚有才"雕塑园；记录宋代人袁说友游览东湖的"摩崖石刻"；刘备转运得天下的"郊天坛"；楚国神箭手养由基"一箭定乾坤"的清和桥等。这些景点文化内涵丰富、建筑艺术精湛，有着极其浓厚的楚文化特色。

除磨山外，承载着武汉重要交通运输功能的新武昌车站也将楚文化蕴含其中。其整体建筑呈长方形，外墙上镶有编钟文饰，充分体现了楚文化特色。

在武汉地区之外，楚文化也早已被人们运用在了实际当中。早在 1992 年，在古城荆州的大东门处耸立起了一座气势雄伟的城徽——金凤腾飞，其中也运用到了楚文化中的重要图腾——凤图腾，体现了楚文化的博大精深，也显示出景观的寓意深度。

以上仅是众多运用楚文化的优秀案例中的一部分，下面我们将通过分析武汉东湖壹号小区的景观设计，再次明晰楚文化在现代景观设计实践中的应用。该项目从设计思想到实施的整个过程都体现了与楚文化的完美结合。

3 武汉东湖壹号小区的楚文化主题思想

武汉东湖壹号小区地处国家 5A 级景区武汉东湖西南岸，生态、景观资源得天独厚，景观总面积约 7 万 m²，是东湖风景区内的高档住宅小区（图 2）。场地地形西高东低，在有限地势变化的基础上，结合建筑特定的布局以及巧妙的景观营造手法，形成"一湖、两庭、

图3 东湖壹号项目景观构架

一园"的景观构架（图3）。

4 东湖壹号四大主题中对楚文化的应用

东湖壹号小区的景观设计融合了独具当地特色的楚文化精髓，其表现为"天人合一的栖水人居"，同时也在四大文化主题中突出了楚文化。

楚汉之美——地域文脉的萃取与体现；

东湖之水——将东湖的水文化融入人居环境；

天人合一——对东湖壹号的"壹"的理解与景观的表述；

活字之源——汉字活字印刷的艺术化演绎，

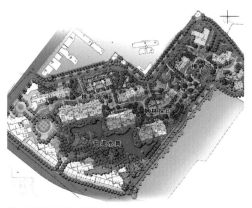

图4 东湖壹号项目四大主题

形神具备的雕塑化元素。

园中一大景观轴线由主入口起，经圆形聚散广场、林荫道，到自然湖体，湖体由西往东布置涌泉、跌水、假山叠水、潭等一系列水景，溪流沿地势蜿蜒跌落，贯通整个轴线。湖岸边荷风阵阵，垂柳如烟倒映在水中，美不胜收。

园中一系列休闲空间是背面两排建筑之间形成的窄长形空间，以四季植物为主进行造景，布置具有楚文化内涵的园林建筑及艺术小品、点状水景，形成了一种风情、两种体验，创造出自然、生态、楚文化艺术有机结合的天人合一的滨水人居环境。

该景观设计基于对楚文化的收集、整理，从中抽取了其中最具有代表性的凤图腾、"天人合一"观以及东湖水文化来表现楚文化，以传统文化为整体风格，楚文化为主体点睛，以四季变化的"春、夏、秋、冬"绿化主题，将楚文化的烙印打入四季之中（图4）。

4.1 "春"之"桃苑凤栖"

主入口沿北侧往东延伸，形成一个带状的组团庭院，空间以静为主。设计源于楚人的氏族图腾——凤，景点名取自著名的诗句："梧桐萋萋，有凤来栖"，这是后人对《诗经·大雅》中《卷阿》这一章关于凤来栖时的景象描写，有吉祥安宁之意，也是传统文人尊凤、视凤为天人合一的情怀写照。庭院西侧设凤栖亭，以凤为主题布置对联题刻："吾令凤鸟飞腾兮，继之以日夜；飘风屯其相离兮，帅云霓而来御"，几棵高大的梧桐树进一步呼应了这一主题。在凤栖亭前方位置，巧妙地设置朱雀特色小品，进一步点明主题。

这一"梧桐萋萋，有凤来栖"的祥和景象是以常绿乔木形成的植物围合空间为背景，小路贯通形成的连续变化的流动空间，为居民散步游赏的佳处。入户处怒放的多花紫薇，平台侧旁的桃花林，道路两旁的小桃红、郁李、樱花等构成了一幅春意盎然的景象，也增添了几分幸福安宁的生活情趣。

4.2 "夏"之"曲堤水舞"

在一、二期之间是人工开挖的湖体，设计师在这个景区希望把东湖水文化引到小区里来，让住户在小区就能感受波光粼粼、烟波浩渺的湖光水色。为了使人工湖区内达到"清涟白浪"的景观神韵，设计师以"春兰、秋桂、夏荷、冬梅"为蓝图设计植物景观，力图再现东湖的植物空间韵味。在观赏游览路线的设计上，则采用楚风楚韵的亭台馆榭、小桥流水、曲径通幽等传统工艺技巧，使得路线自然流畅而丰富，给住户留下更大的活动空间。以"夏荷"为例，"接天莲叶无穷碧，映日荷花别样红"，在满池荷花飘香的夏季，住户可以欣赏千姿百态的荷花芳容，接受荷花文化的熏陶与洗礼。

4.3 "秋"之"枫林探印"

"枫林探印"园区紧邻着"桃苑凤栖"庭院,以秋色植物景观为背景,宣扬传承中国古代四大发明之一的活字印刷术,以中国传统文化烘托出楚文化的特色。设计师将活字印刷的形象镂刻在庭院中的跌水景墙立面上,并在另一庭院的四个喷水小品设计中融入活字印刷的元素,以期在住户活动的庭院中展现印刷文化。同时,秋色叶植物如三角枫、枫香、鸡爪槭、桂花等主景植物营造出宜人的秋色景观。金秋时节人们可享丹桂飘香的情趣,晚秋时候可赏"霜叶红于二月花"的主题景致。

4.4 "冬"之"梅岭问雪"

东北角组团以冬景为主,取梅花景观为衬托,在此区域设计师加深了人们对楚文化根源和精髓的相关思考。楚文化在民族心理层面的特征是崇火尚凤和天人合一的精神追求,因此设计师在园区中以"天人合一"中的"一"为中心,通过彰显"1"的形态和背后所涵括的"天人合一",力求构建出楚文化的载体。

庭院中心位置高台处设一构筑物"1"字形玉琮,构筑物结构轻盈飘逸、细节粗犷、色泽朴素,既体现了中式古构建的风骨,又富有现代气息。园台下的蜿蜒跌水溪流,比拟着楚文化的源远流长。本组团堆土成微地形起伏,以梅树为主景植物,配以自然山石点景,成为冬日踏雪寻梅的佳处,营造出从容、诗意的生活情趣。

5 楚文化的造园手法

要实现文化造园,首先要分析当前文化造园存在的一些问题,包括漠视园林文化和歪曲传统文化的现象,继而指出文化造园需要了解场地、尊重历史,其发展与丰富依赖于人与风景在时间长轴上的共同作用、不断积淀[2]。然而中国传统文化博大精深难以一言概括,下面以楚文化为切入点,从"意境"、"诗画园林"和"路回峰转"三大中国传统造园手法来阐述楚文化的造园精神,并阐述在园林设计过程中如何结合实际、因地

制宜,有效传承、发扬文化造园精神。

5.1 "意境"——楚文化景观的内涵

"意境"是中国传统园林风格的核心。所谓"意境",意是寄情,境是借物,情景交融而产生意境。古人说:"情与景遇,则情愈深,景与情会,则景常新。"因此"意境"赋予园林艺术以灵魂与生机、情思与画面,使人们在欣赏园林景观之时能够自然地产生共鸣。

结合传统的造园手法,楚文化意境造园首先要确保能够给人强烈的视觉共鸣,使人们能够自然联想出优美的意境,这在主题公园的设计中尤为重要。有时为了突出主题,设计者们常常把最能够体现文化内涵的核心景点设计在最引人注目的位置,例如蕴含楚文化的雕塑、喷泉以及花园等,这样很容易给人带来强烈的视觉冲击,

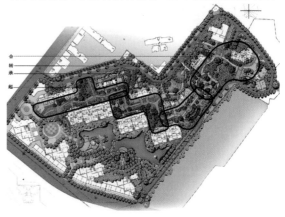

图5 东湖壹号项目景观空间结构

使人们能够产生强烈的心灵震撼,从而能够更好地感受到园林的文化和特征。

5.2 "诗画园林"——楚文化园林景观的诗意特色

在中国古代文学中,楚文化景观作为古代诗人寄托情怀的主要内容,成为诗中不可或缺的"景"与"物"。以诗人、画家自成一派的"诗画园林"在盛唐时期出现,对后人在园林设计的构景与创意方面影响很大,促进了中国古代园林艺术文化的发扬光大。

上文中提到的《诗经·大雅》中《卷阿》这一章关于表现凤来栖时的景象,正是将描写楚氏图腾的"无声

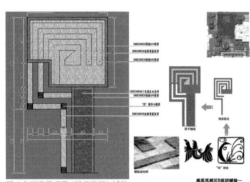

图6 东湖壹号项目"桃苑凤栖"铺装一

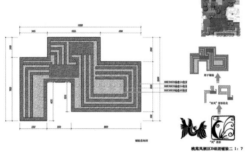

图7 东湖壹号项目"桃苑凤栖"铺装二

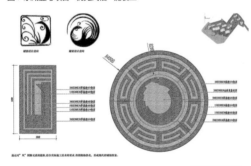

图8 东湖壹号项目"桃苑凤栖"铺装三

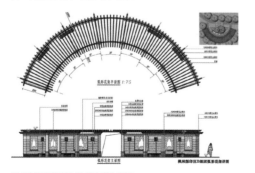

图9 东湖壹号项目"枫林探印"组团

的诗"打造为"立体的景观画",使诗画寓于自然园林山水之中,打造独一无二的文化景观。

5.3 "路回峰转"——楚文化园林景观的空间布局构思

大至皇家园林、苏杭景观,小至水乡农舍,在设计时首先体现的是一个完整的审美系统。借鉴于文学艺术的立主题、分段落,讲究起、承、转、合的程序组合,也被应用于园林景观的规划设计中(图5)。

起:空间序列的开端,以蜿蜒的通道引导人流入户和开始游赏庭院;

承:延续空间的发展,构建两个楚文化风情的庭院空间,展示楚文化的同时,以植物景观的季节变化来衬托;

转:经过一条曲径连接着另外一个楚文化风情的庭院空间,空间由半封闭转向开放,为后续的景观展示做铺垫;

合:景观路线的终点站,也是景观和文化结合展示的高潮区域,通过多方面多层次的景观设置、文化渲染,营造出一处休闲、浪漫、优雅的景观空间。

6 楚文化在现代景观设计中的表现方式和演变过程

现代园林景观文化的内涵可从外在表现与内在形式两个方面来体现。外在的表现手法是最基本的表现手法,主要是通过文字、园林的设计等来体现园林的气氛,在表达上更加直接和具体。

在运用的过程中,要深入地了解传统图形,不能只是对传统图形进行简单的抄袭和复制,而应该在深入了解的前提下进行创新和演变。深入解读我国的楚文化,有利于对景观设计产生新的启示和创意,从而创造出更具有生命活力的现代景观。

中国传统文化历史悠久,其文字根源于图形,从古代青铜器上的纹路发展到当前的文字图形与景观艺术,这些都为现代景观设计带来了很多启发。将传统文化中的图形艺术融入现代景观设计中,并与现代文化进行有机的结合,可使景观设计更加具有国际性与时代气息。

在景观设计过程中,传统图案是运用比较广泛的要素,多用于手绘和石刻。比如在东湖壹号的景观设计中,"桃苑凤栖"在铺装上就应用了楚文化的传统图案,通过对"凤"图腾元素的提取,结合实际施工技术的要求,将图像抽象化,形成现代的铺装图案(图6~8)。

楚文化的表现形式还可以体现在雕塑小品、景墙、景亭、廊架等方面。在东湖壹号的"枫林探印"组团中也大量的出现了楚文化元素(图9),如在窗花样式上基于楚文化的编钟和音符图形抽象地提炼出了适应现代景观的线条(图10)。

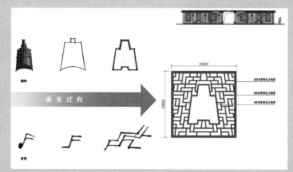

图 10 东湖壹号项目中的编钟窗花样式

7 楚文化在现代景观设计运用中的优势

楚文化在现代景观设计中的应用，不仅体现在保留了中国源远流长的文化精神，同时对于现代社会来说，简单而有深刻含义的雕形图案具备易推广、实用性强、成本较低等优点。而大量使用浮雕、雕塑小品等，不仅会导致单方造价的提高，还跟以植物造景为主的现代景观建设思想相违背。

意境之美是园林景观设计的灵魂与核心，也是我国园林设计的最主要特色。与外在的表现手法不同，内在的表现手法更加注重场景意境的营造，其表现手法含蓄、深刻，能够让人触景生情，引发联想，给人一定的启示。

内在表现手法又可分为内在意境表现手法和内在结构表现手法，这些意境表现手法往往会给人带来意想不到的视觉效果和心理愉悦。

内在意境的表现手法和方式广泛，在审美活动中，既可高度发挥意象思维的能动性，又能激发心灵创造出比实景更为丰富的艺术情趣。在感性体验中，让游者从身、心、情、神领悟崇高的精神世界，这是中国园林艺术传统中的审美心理结构，是建立在内心境界基础上的"心物感应"和"兴到神会"的审美价值。

中国传统文化的元素由于具有地域性、传承性和民族性而呈现出不同的特点，富含着中国文化的精神和气质，其中楚文化元素具有较强的归属感。现代园林设计所追求的和谐、含蓄和朴素思想可结合运用楚文化中的美好意境，以展示中国式的智慧、意境及审美。

8 总结

通过对东湖壹号二期景观设计方案的分析可以看出，中国的传统文化元素和现代景观设计之间的融合越来越受到景观设计师的青睐，楚文化元素对于现代景观设计也有着非常重要的启示和借鉴作用。景观设计师在景观设计创造中融入传统文化元素，并对其进行改造加工和应用，使其具有时代的特色，开创出一种多元化景观设计的风潮，将现代园林景观的发展推向了一个新的高潮。🌸

注：文中东湖壹号项目相关图片由武汉道博物业发展有限公司提供。

参考文献：

[1] 李亮宇.论早期荆楚文化与汉水流域的关联性——以史前至三国为考察中心 [J].湖北民族学院学报，2013（4）：66-69.

[2] 欧阳勇锋，和太平.浅议文化造园 [J].北方园艺，2011（16）：119-121.

作者简介：

周炳标，出生于 1976 年，男，深圳文科园林股份有限公司景观规划设计院设计总监，擅长景观设计及现场施工指导，代表作品：郑州联盟新城七期西班牙院子、漯河福鹏喜来登酒店景观设计

浅谈园林植物景观的意境营造
——文化造园之植物文化内涵表现
ON THE CONCEPTION CREATING OF GARDEN PLANT LANDSCAPE
—CONNOTATIVE EXPRESSION OF CULTURE GARDEN'S PLANT

作者：

黄英敏 HUANG Yingmin

关键词：

植物景观；意境营造；意境美

Keywords：

Plant Landscape; Conception Creating; Beauty of Conception

摘要 Abstract

植物在园林中有着重要的作用。懂得运用植物美，创造植物景观的意境美，对提高造园者的艺术水平至为重要。本文从植物景观的意境、植物意境的内蕴、意境营造的发展、如何营造意境美四个方面，层层深入剖析园林植物景观的意境营造，并借助案例强调植物对于园林意境营造的重要性。

Plant plays a vital role in the garden. Know about how to apply plant's beauty and create plant landscape's artistic conception are extremely important to promote landscape architects' art level. This article has analyzed the conception creating of garden plant landscape from four aspects: plant landscape's conception, plant conception's implication, development of conception creating and how to create artistic conception. Moreover, typical cases have emphasized the importance of plants in the garden's conception creating.

中国园林在美学上的最大特点是重视意境的创造。自然山水园林之所以能够达到"虽由人作，宛自天开"的效果，是源于造园者（现代称为景观设计师）对园林意境的理解，以及对自然山水、植物等造园要素的意境表现的充分运用。

植物是园林的主体，植物配置是园林设计、景观营造的主旋律；植物亦是美的物质基础，是大自然生态环境的主体，是风景资源的重要内容。取植物材料用于园林创作，可以创造一个充满生机的优美环境。对于无生命的建筑来说，尤其如此。园林景观之所以产生，也可以说主要是为了满足人们对植物与动物环境的享受，可以说植物是美的物质基础。

意境是中国古典美学的核心范畴
深深扎根于各项古典艺术门类里
沉积于民族文化心理中
也和园林景观艺术的发展有着千丝万缕
不可割舍的联系

1 植物景观的意境

园林植物的优美形态，是始于人们对景象的直觉，通过联想而深化展开，能

图1 西湖春景

图2~4 青竹与桃花营造出的春天美景

够产生生动优美的园林意境，则是由于造园者倾注了主观的思想情趣。

"几处早莺争暖树，谁家春燕啄春泥。乱花渐欲迷人眼，浅草才能没马蹄。最爱湖东行不足，绿杨阴里白沙堤。"白居易在诗中用"暖树"、"乱花"、"浅草"、"绿杨"描绘了一幅生机盎然的西湖春景（图1）。

"竹外桃花三两枝，春江水暖鸭先知。"苏轼用青竹与桃花带来了春意。"空山不见人，但闻人语声。返景入深林，复照青苔上。""独坐幽篁里，弹琴复长啸。深林无人知，明月来相照。"王维用深林、青苔、幽篁这些植物营造出多么静谧的环境（图2~4）。

"月落乌啼霜满天，江枫渔火对愁眠。姑苏城外寒山寺，夜半钟声到客船。"张继所描绘的江枫如火、古刹钟声的景色，竟引得大批日本友人漂洋过海前来游访，这就是诗之意境的感染力。诗的灵感源于包括以植物为主构成的景象。因此，对植物美的了解与运用，创造植物景观的意境美，对提高造园者的艺术水平至为重要。

"碧云天，黄叶地，秋色连波，波上寒烟翠；山映斜阳天接水，芳草无情，更在斜阳外。"如诗如画的景象，引人无限遐思（图5、6）。

图5、6 满眼黄叶的秋天美景

自古而今，这种表达植物景观美的诗词歌赋，不胜枚举，加上文人墨客的内涵风采，一树、一花、一草、一地……令人陶醉。在植物景观中，植物在意境中沉淀和承载了人们的情感与情怀。

2 植物意境内蕴

意境是中国古典美学的核心范畴，深深扎根于各项古典艺术门类里，沉积于民族文化心理中，也和园林景

图7 富有诗情画意的中国园林

观艺术的发展有着千丝万缕、不可割舍的联系。而植物景观的意境美更是能唤起人们对美好生活的追求，寄托与释放人们的各类情感与思绪，使人与自然高度融合。

中国历史悠久、文化灿烂，很多古代诗词及民众习俗中都留下了赋予植物人格化的优美篇章。人们从欣赏植物景观形态美到欣赏植物景观的意境美，是欣赏水平的升华。植物景观与文化契合，从古而今，生生不息，并在不同的造园师手中发扬光大。

3 园林植物景观意境营造的发展

中国园林是由建筑、山水、花木等组合而成的一个综合艺术品，富有诗情画意。中国园林的树木栽植，不仅为了绿化，更要具有诗情画意，也就是我们所说的意境（图7）。

古时造园，喜在窗外植花树一角，即折枝尺幅；山间古树三五，幽篁一丛，乃模拟枯木竹石图。重姿态，不讲品种，和盆栽一样，须能"入画"。如：拙政园的枫杨、网师园的古柏，都是一园之胜，左右大局，如将这些饶有画意的古木去了，一园景色顿减。树木品种又多有特色，如苏州留园原多有白皮松，怡园多松、梅，沧浪亭满种箬竹，各具风貌。中国古典园林植物配置非常强调艺术性，常利用不同植物特有的文化寓意，寄托园主的思想情怀，如荷花"出淤泥而不染，濯清涟而不妖"被认为是脱离庸俗而具有理想的象征，现代多在小区水边或公园湖区栽种荷花、睡莲等，亦取此意。植物配置需讲究诗情画意，如苏州拙政园的"听雨轩"、"留听阁"是借芭蕉、残荷在风吹雨打时所产生的声响效果而取其名；"雪香云蔚"和"香远益清"（远香堂）等则是借桂花、梅花、

荷花等的香气而名闻天下。

这是古代植物景观与文化的契合，一般是先景而诗，赋之于牌匾，或留之于诗，流传于世。在现代植物景观的创造及配置中，汲取古人诗词歌赋对植物意境的描述及人格化的象征，先定性定位，再进行深化发展，从空间、层次、品种搭配等方面加以处理，更有利于植物景观意境的形成。

4 营造现代植物景观意境美

我们以植物的美学特征及环境景观为表现，从而引导人们从生态和美学的角度去认识和欣赏城市园林的意境美，在设计中充分营造生态园林和植物景观。此为当前国际园林建设理论发展的趋势。

如何营造植物景观意境美？

首先，作为造园者、现代景观设计师，须充分熟读古诗美文，以提高自身的文学修养，从而将文化思想应用在景观设计中，特别是植物景观的设计中。

其次，植物景观的配置应以营造植物景观的意境美为出发点，根据植物品性引申的人格化及寓意来配置植物的景观。此手法从古代皇家园林开始到如今市政园林及各大风情小区，都不断地重复着。植物景观的意境营造亦为文化造园的一个主要的文化载体。在现代的文化造园中，植物景观是一个相对独立而又与其他专业相辅相成的特殊领域，有着自成一格的表现形式。

"疏影横斜水清浅，暗香浮动月黄昏"是植物景观意境中最雅致的配植方式之一。我们通过"主题立意"、"组织空间"、"品种选择"、"细部搭配"等手法来营造植物景观的意境美。

（1）主题立意：意境的文字提炼即为我们设计植物景观的主题所在。我们在植物景观营造

图8 日樱舞春　　　　　　　图9 枫叶秋离

的前期，必须对设计的区域进行定位定性，并提炼出该区域的植物特色及各分区表达的主题，为该区域植物景观意境美植入一定的文化特征。

（2）组织空间：在植物景观中，空间是景观表达的另一个重要手段，是疏密之间开合变化的重要形式，是植物景观类型与形式美的重要表现。

（3）品种选择：更直接地说就是植物配置。在所有的植物景观中，品种的选择是对主题的直接体现。如主题设定为日樱舞春（图8）、榆林夏馨、枫叶秋离（图9）、雪叠翠松（图10）的话，则在配合空间界定后的植物选择中，选用樱花林、榆林阵、枫林、雪松作为主要表现对象，与主题及空间对应，与中国文化相呼应，营造植物景观的意境美。

（4）细部搭配：更能体现一些框景的效果。如前所述的"疏影横斜水清浅"，就如一个水榭旁，扶着横斜入水的柳树或造型独特的疏影植物，搭配一些清秀的下层灌木，以植物形态的美，来营造一个月夜的意境图（图11）。

图10 雪叠翠松　　　　　　　图11 园林细部搭配

5 案例分析

下面以新疆塔城滨河风光带景观规划项目的植物景观设计为例进行说明。

5.1 项目概况及区域特征

本项目位于新疆塔城市区东北部边缘，沿规划中的5号路呈东西走向，全长8.6km，基地宽250m，运河主河道宽30m以上。项目河道自东向西连通喀浪古尔河、加吾尔塔木河、台河、发展河、萨孜河等，是构成塔城城市水网的重要部分。

图12 新疆塔城滨河风光带平面图

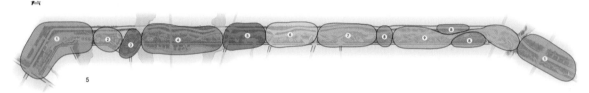

图13 新疆塔城滨河风光带植物景观主题分区

根据规划，运河北部将成为以自然形态为主的自然绿地，运河以南则分成三大部分：东部结合现有的良好绿地资源，设计成郊野式的生态自然公园；中部主要为一类住宅区；西部会与城市中心体相匹配，引入城市中心氛围，打造生态型的商业中心（图12）。

塔城地区地处亚欧大陆腹地，远离海洋，具有干旱、少雨、多风的特点，生态环境比较脆弱。植物设计一方面要满足防风固沙的功能需求，另一方面要体现其景观功能需求。常用的乡土树种有樟子松、胡杨、柽柳、白桦、沙枣、稠李等。

5.2 设计原则

（1）结合乡土树种的应用，适地适树。

（2）营造区域内植物特色主题景观。根据当地条件及特点，通过植物本身的形态、色彩、花色、质感及群落的美感，形成丰富的林相及季相变化，营造一定的植物景观意境美，以形成特色的植物景观。

（3）品种多样性的应用：尽可能地选用多样化的适生植物品种，以各种形式进行配置，通过美学方式组织起来，形成丰富多样的植物景观。

（4）规格多样性的应用：在本项目中，主要以滨江景观为主，但也要考虑主景点的快速成型效果，所以在同一植物的应用中，按其观赏特性及需求，拟采用多种

规格进行搭配，以尽快形成多层次的植物景观效果。

5.3 植物设计景观构成分析

本项目主要分为四个功能分区：活力水岸区、风情文化园、新能源教育园、湿地观鸟园。

在植物景观的营造上，根据不同的空间格局及场地特色，又细分为九个植物景观主题区，分别为：（1）四色叠翠景观区；（2）杨林楸意疏林草地区；（3）柳翠桃靥水岸植物景观区；（4）松风秋红山林区；（5）果林溢香生态林景观区；（6）杏林梅香生态林景观区；（7）樟松揽翠景观区；（8）桃花岛生态片区；（9）芦苇莎秋湿地景观区（图13）。

图14~16 四色叠翠景观区选用植物

（1）四色叠翠景观区：主要选用的植物有樟子松、新疆云杉、国槐、榆树、沙地柏等（图14~16）。

（2）杨林楸意疏林草地区：主要选用的植物有胡杨、

图 17~19 杨林楸意疏林草地区选用植物

图 20~23 柳翠桃靥水岸植物景观区选用植物

新疆杨、天山花楸等（图 17~19）。

（3）柳翠桃靥水岸植物景观区：主要选用的植物有桃花、旱柳、紫丁香、金焰绣线菊等（图 20~23）。

（4）松风秋红山林区：主要选用的植物有樟子松、复叶槭、紫椴、柽柳等（图 24）。

（5）果林溢香生态林景观区：主要选用的植物有山楂、毛稠李、巴旦杏、沙枣等（图 25~28）。

（6）杏林梅香生态林景观区：主要选用的植物有国槐、巴旦杏、榆叶梅、珍珠梅等（图

图 24 松风秋红山林区选用植物

图 25~28 果林溢香生态林景观区选用植物

图 29~31 杏林梅香生态林景观区选用植物

29~31）。

（7）樟松揽翠景观区：主要选用的植物有樟子松、新疆云杉、五角枫、沙地柏等（图 32~34）。

（8）桃花岛生态片区：主要选用的植物有桃花、珍珠梅、榆树等（图 35、36）。

（9）芦苇莎秋湿地景观区：主要选用的植物有芦苇、莎草等湿地植物（图 37~39）。

图 32~34 樟松揽翠景观区选用植物

图 35、36 桃花岛生态片区选用植物

中华文明五千年的历史，给我们留下了宝贵的文化遗产，并在园林景观中独具特色。我们应把中华文化的瑰宝融入景观造园中，把文化渗透到园林设计中，以创造更美好、更具诗情画意的景观环境（图 40、41）。

图 37~39 芦苇莎秋湿地景观区选用植物

参考文献:

[1] 邴文俊 . 中国文人思想与文人园林植物造景 [J]. 广东园林，2009，31（1）:14-16 .

[2] 余江玲，陈月华 . 中国植物文化形成背景 [J]. 西安文理学院学报·自然科学版，2007（1）:33-36 .

[3] 刘可雕 . 中国古典园林植物的文化内涵 [J]. 科学咨询（决策管理），2006（6）:62-63 .

[4] 陈有民 . 园林植物与意境美 [J]. 中国园林，1985（4）.

[5] 邹维娜 . 景观意境的研究 [D]. 武汉:华中农业大学，2004.

[6] 论植物造景意境的营造手法探讨 . 园林艺才网 .

[7] 诗词中的植物景观 . 园林艺才网 .

作者简介:

黄英敏，出生于 1975 年 9 月，女，曾任深圳文科园林股份有限公司景观规划设计院总工，研究方向:园林景观及植物景观。

中华文明五千年的历史
给我们留下了宝贵的文化遗产
并在园林景观中独具特色
我们应把中华文化的瑰宝融入景观造园中
把文化渗透到园林设计中
以创造更美好
更具诗情画意的景观环境

图 40、41 植物营造出的园林美景

CULTURAL
LANDSCAPE

文化造園

贰

深圳东部华侨城天麓九区景观设计
LANDSCAPE DESIGN OF TIANLU MANSION ZONE 9, OCT EAST

吴文雯 WU Wenwen

一、项目概况

项目位于广东省深圳市东部华侨城景区内，该景区由华侨城集团斥资35亿元精心打造而成，是国内首个集休闲度假、观光旅游、户外运动、科普教育、生态探险等主题于一体的大型综合性国家生态旅游示范区。

天麓九区地块东高北低，高低错落的中式建筑呈带状分布，周边自然资源丰富，背靠苍翠山体，远眺三洲田水库，依山而居，亲山近水，又有山顶观音坐莲宝像的佛光普照、殷殷祈福，集诸多非凡之美于一体，使此地块显得弥足珍贵。

二、基地分析

基地周边环境优美，自然条件优越，但建筑的初期施工势必会对原有生境产生较大破坏，如横刀切的硬质挡墙护坡、分割小区与山体联系的截洪沟、被铲除的与山体接壤的原有乡土植被等。如何结合现状的优势和劣势，变优势为强势，转劣势为区别于其他楼盘的优势，都是我们在设计中所要解决的重要问题。

思索：

● 如何与建筑形态有机结合和呼应？——简约而不简单（内涵）

● 如何与基地及周边环境更好地融合、统一？——生长的景观（神韵）

● 如何满足人们对美好生活的长久向往？——诗意的栖居（寓意）

结论：造山环水抱之风水格局。

图1 入口LOGO（拍摄：吴文雯）

三、设计原则

1. 以人为本的原则

充分尊重自然，在理解地域文化的基础上，从人的需求角度出发，针对使用者的心理和审美需求，再现天、地、人完美合一的景观。

2. 绿色生态的原则

打造在绿地中生长的楼盘，而不是建筑围着一片有限的绿色空间。在有限的空间里，创造大范围的生态环境，通过空间的借景、障景、框景等作用，使人在视野范围内尽可能多地接触绿色，从心底感受到大自然的勃勃生机。

3. 体验自然的原则

现代城市居民离自然越来越远，自然元素和自然过程日趋隐形。设计要用一种显露自然的生态语言，重新唤起人与自然的天然情感互动。

以人为本的原则
充分尊重自然
在理解地域文化的基础上
从人的需求角度出发
针对使用者的心理和审美需求
再现天、地、人完美合一的景观

TIANLU MANSION ZONE 9. OCT EAST

4. 主题性原则

挖掘"东部华侨城·天麓九区"的文化内涵,大到景观立意,小到景点命名,不但要具备浓郁的中式韵味,更要从点滴中流露出中式的内涵和品位,使人们看到的不仅是简单的物质景观,更是能让人们获得心理愉悦的精神载体。

四、景观构思

1. 目标人群分析:向往、渴望美好生活的人

人类从古猿进化到现在,骨子里遗传了对庇护所的隐、逸追求:追山逐水享宁静——风景秀美、交通便利——居住、旅游、度假——远离繁华都市的喧嚣——脱去尘浊后的理想境界——寻求心灵深处的宁静港湾——独享属于自己的一片山水等等,这些都是人们理想的居住模式。

2. 理想居住模式

"走廊 + 豁口 + 盆地"的世外桃源景观模式历来为人们所寻求和探访,获得了最广泛的共鸣。长久以来,

中国人一直向往着"葫芦中的无限天地"式的生活。

寻求景观突破口:"壶中天地、世外桃源"

● 亲山近水:如何体现尊贵独特唯一?——壶天模式(营极佳风水之模式)

● 佛光普照:如何诠释东方美好寓意?——观音坐莲(借可观之山景)

● 丰富地形:如何体验自然生态景观?——梯田文化(取三洲田之意境)

● 中式元素:如何宣扬中国传统文化?——传统窗格(融传统之符号)

● 简约建筑:如何升华中式空间精髓?——古典韵味(酿中式之氛围)

3. 构思元素

构思元素一:宝葫芦

葫芦是天地的微缩,里面有一种灵气——是极佳的风水格局——葫中天地——壶天模式——锁口——锁住财气不外漏——吸收外界之灵气——隔绝晦气——空间收放自如——私密性强——视觉感官愉悦——极易营造出别有洞天的世外桃源——中国人长久以来的理想居住

图2 世外桃源宝葫芦口(拍摄:吴文雯)

图3 入户 (拍摄：吴文雯)

模式

构思元素二：观音坐莲

观音坐莲——佛面 (正对) ——佛光普照——财气——佛与"福"谐音——莲花坐或为吉祥坐 (象征吉祥) ——诸事如意——莲花在佛教被尊为"圣物"——超凡脱俗——象征东方文化的宁静、愉悦、超脱——蕴含清净的功德与清凉的智慧——无量佛如莲——无边佛如莲——人生亦应如莲——安详则步步生莲

构思元素三：梯田

梯田——取基地三洲田之"田"的意境升华——与现有地形高差完美统一——与山体更好融合——人工与自然完美结合的经典范例——繁忙的都市人对田园生活的向往——骨子里对自然的渴望

构思元素四：中国传统窗格

传统窗格——极具中国特色——古典、雅致——经典艺术的集合体——中国传统文化瑰宝——装饰性强、寓意丰富——有内涵——功能性强

构思元素五：建筑屋顶

中式坡屋顶——与山体地形相融合、呼应——简洁又不失古韵——朴素的外观包含的是原生态的高品质——和基地的山地高差形态有机结合——犹如传统折纸般丰富精彩——完美地与周边环境交融、统一

五、景观设计亮点

平面推敲：宝葫芦 (风水) + 观音坐莲 (吉祥) + 梯田 (生态) + 中国传统窗格 (文化) + 建筑屋顶 (统一)

1. 探寻桃花源 (主入口)

结合中式园林含蓄、隐秘的特点，整个入口区域打破常规，调整了道路原有直白、开敞的布置体系，利用高差，设计出颇有情致的蜿蜒道路景观，用框景、对景、借景等中国传统设计手法，再现陶渊明笔下的桃花源之纯美意境。优美的弧线犹如宝葫芦口，在避免外围车行道景观干扰的同时，更迎合了人类对庇护所的隐、逸追求，营造出别有洞天的世外桃源效果。这种极佳的风水格局空间收放自如，私密性强，不同于一般小区入口的显露、张扬做法，也更符合中国人向往的"葫芦中的无限天地"式的含蓄、隐逸生活模式。

2. 借苍翠山景 (私家庭院)

利用其他楼盘所没有的绝好山体资源，做足山的文章，在确保安全、私密性的同时，结合室内外视线分析，设计出院墙的开敞与闭合空间，引山景入园，甚至在与山体交接的地方去掉院墙，拉近住宅与山的距离，营造人与自然的互动空间，使人们在视野范围内尽可能多地接触绿色、体验绿色，从心理上感受大自然

图4 借苍翠山景 (拍摄：吴文雯)

的生态之美。设计更用一种显露的生态语言，重新唤起人与自然的天然情感互动，也进一步提升了楼盘的商业价值。

作者简介：
吴义雯，出生于1984年5月，女，现任深圳文科园林股份有限公司景观规划设计院设计总监。

3. 营枯石山水（截洪沟）

重新审视原有死板、毫无美感可言的截洪沟之后，我们决定在满足其泄洪流量的同时对其进行美化提升，对已渠化的深沟部分，利用场地开凿的自然山石，在其镂空盖顶上铺设疏密有致的枯山水意境，赋予其第二次鲜活生命，使之犹如生长在山脚的旱溪，在通畅排水的同时也更完美地与周边环境融合、统一，打造出一幅有山有水（枯山水）的纯美画卷。

4. 造竹海梯田（挡墙护坡）

和许多山体别墅一样，基地内也有多处护坡如刀切般生硬扎眼，对整体效果影响很大。景观取基地三洲田之"田"的意境升华，结合常绿的小青竹，造梯田竹海的别样景观，短期内便可提高绿量，同时也与山体更加完美地融为一体。梯田是人工与自然完美结合的经典景观范例，竹海梯田的护坡更是繁忙的都市人对充满生态闲趣的田园生活艺术进行的再现和升华，体现着人们对自然的渴望。

5. 修中式内涵（植物配置）

植物是园林的重要组成部分，自古以来，它就是构成景点的重要文化元素，传递着居住者所寄托的思想和愿望。整个天麓九区的植物配置设计即以此为出发点，在管理粗放、生命力旺盛的基调背景林的基础上，对各个分区的景点进行点明主题的寓意设计，并在一些重要的节点种植各种寓意美好的植物。各个区域根据主题植物的不同寓意来命名，如：玉桂府（主植玉兰、桂花等，寓意福贵、富裕）、梧竹幽居（主植梧桐、竹子等，寓意吉祥、和睦）、远香堂（主植睡莲、荷花、含笑等，寓意祥瑞、昌盛）等，使整个景观不仅具有浓郁的文化气息，更在点滴中流露出不凡的品位。🌀

图5 佛光夕照（拍摄：吴文雯）

图6 葫芦入口（拍摄：吴文雯）

河北唐山市凤凰新城地块景观设计
LANDSCAPE DESIGN OF PHOENIX NEW CITY, TANGSHAN, HEBEI

吴超 WU Chao

一、项目概况

项目位于唐山市西部凤凰新城板块，总占地面积 185458.89m²。地块西侧紧邻城市主干道友谊路，北侧紧邻城市主干道长宁道，东侧紧邻城市次干道大里路，南侧紧邻裕华道。该地区是原唐山市的老机场区域，自然环境良好，空气新鲜，绿化率高，是唐山市最适宜居住的地区之一。

该项目的定位是打造一个装饰主义（Art-deco）人文社区，远离喧闹的大都市，在宁静、温馨的小城镇抚育孩子，展开生命的旅程。

二、基地分析

1. 区域位置分析

河北省位于中国东部地区，东临渤海、内环京津，辖 11 个地级市。

唐山市（英语：Tangshan City，汉语拼音：Tángshān Shì）是一座沿海的现代化城市，地处渤海湾中心地带（南部为著名的唐山湾），南临渤海，北依燕山，东与秦皇岛市接壤，西与北京、天津毗邻，是连接华北、东北两大地区的咽喉要地和极其重要的走廊。

2. 交通分析

唐山地处交通要塞，是华北通往东北的咽喉地带，东有秦皇岛港，西邻天津港。境内铁路、公路成网，交通发达，京沈、京秦、大秦三大铁路横贯全境，津山、京沈干线公路横跨东西。

3. 历史文化

唐山历史悠久，文化底蕴深厚。早在 4 万年前，我们的祖先就在这块富饶的土地上繁衍生息，在漫长的岁月里用自己勤劳的双手和卓越的智慧创造了绚丽多彩的文化。

唐山是中国评剧的发源地，评剧、皮影、乐亭大鼓被誉为"冀东三枝花"，在国内外有着广泛的影响。其民间文化也十分丰富多彩，不仅有秧歌、跑旱船、高跷、跑驴、背杆、抬杆、花吹等 30 多种艺术表现形式，还有花会、庙会等群众文化活动。

唐山素有"北方瓷都"之称，其陶瓷业始于明永乐年间，距今已有 600 多年的历史。另外，其泥塑、绘画、剪纸、刺绣等工艺也名闻遐迩。

三、设计原则

1. 人文原则

居民在文化上追求什么，是居住区文化的载体，是在设计时需充分突出的人文信息内涵。

因此，我们要在充分理解地域文化的基础上，从人文角度出发，从人的居住需求出发，设计出符合居住者心理需求和审美需求的景观。

2. 生态原则

以自然生态为主体，结合精致的细部及边界处理手法，打造精致大气、便利温馨的宜居之所。

3. 主题性原则

项目定位是打造一个装饰主义（Art-deco）人文社区。

Art-deco 风格作为新艺术运动的延伸和发展，主要运用对称的几何化造型，突出最经典、最朴素的"对称美"，以打造一个高贵、古典、宁静、惬意的生活空间。

图 1 装饰主义人文社区

四、设计目标

远离喧闹的大都市，在宁静、温馨的小城镇抚育孩子，展开生命的旅程。

图2 入口水景效果图

《城市排名和等级》的作者之一斯伯灵（Bert Sperling）曾说，"人们越来越倾向于寻找一种不同于大都市的生活方式"，"我们排出的这10大城市各有优势，唯一的缺陷是，好地方很难保密。它们大部分在过去几年中房价都在上升。"另一位作者衫德尔（Peter Sander）也说过，"一个好的居住地不应该仅仅适合当地居民的生活需要，还要有值得人们来逛逛的地方。"

1. 创造良好的生态环境

景观在居住区中发挥着越来越重要的作用。

时下，城市居民大约有2/3的时间待在居住区中，他们在生活品质提高后对生活环境有了新的需求，从对建筑质量的要求，发展到对生活环境的要求。我们充分利用小区内的空间，实施绿化、造景，力求营造出"绿树成荫、花木扶疏、鸟语花香、缓坡清流、阳光草坪、生机盎然"的居住环境。

2. 进行人性化设计

从小区环境的社会性、生态性、经济性、实用性和地域性五个方面做文章，打造一个满足居民心理需求的居住环境，让居民真正感到安全、温馨及舒适，从而产生认同感和归属感。

3. 实现资源的可持续利用

雨水花园是兼具观赏和生物保水功能的渗透性雨水庭院，通常是一块风景优美的洼地，一般包括贮水池和排水系统。它的精妙之处在于运用极为简洁的构成元素营造出丰富的景观效果，且能达到雨水资源的再利用。

五、景观构思

1. 理想的人居环境

绿色、环保、可持续发展是21世纪最重要的主题，已然深入人心。与自然和谐共处，也已成为人们共同的关注和期待。

对城市而言，居住小区是重要的组成部分。绿色小区具备节能、节地、节水以及资源再利用等功能，体现了一种全新的建筑意识和改善生态环境、提高生存质量的强烈责任感，符合可持续发展的理念，是21世纪人类运用科技手段达到与自然和谐共处的理想人居环境。

2. 北纬 40°的十面人生

漫步街头

发现这座城市的美

它恬静优雅 古色古香

自然景色的美 艺术的美 水乳交融

浑然一体

特别是当你置身在雕像林立的广场

置身在那些古建筑群的周围

望着那作为翡冷翠象征的

用各色大理石砌成的钟楼

望着那巍峨的宫墙

那石头铺成的街道

那铃声叮叮的老车

那街道两旁鳞次栉比的艺术品

你简直就像进入了一座中世纪城市

亲身感受到它浓重的

文化气息

用自然的语言描述优雅、大气、惬意之感受，尽享十面人生。

3. 装饰主义（Art-deco）人文社区

以 Art-deco 风格为基调，以自然生态为主体，结合精致的细部及边界处理手法，营造庄严大气的入口轴线空间、生态自然的滨水生活轴线、功能丰富的宅间活动场地以及满足日常基本功能的宅前入户花园。从而，在悠闲的空间内将功能需求及生活体验最大化，打造出拥有自然生态的、既精致大气又便利温馨的宜居之所。

六、景观设计亮点

1. 圣地亚大道（主路口）

入口广场作为一个重要的人行入口，同时也是小区的一个重要展示窗口，设计十分注重大气

和标识性。此段接步行街区，端口以喇叭形为主，大道中间设置一条较大的对称水景，在水景周围配以 Art-Deco 风格的景墙，交通主节点则以大气的喷水作为转化空间的景点设计。

2. 华尔兹大道（次入口）

本区位于面向裕华路的入口处，是景观生态轴的起始点，贯穿着一期、二期区域的生态大道，设计时整体上融合了新古典主义与现代装饰主义的元素。

次入口轴线的景观运用几何图形铺地，并设计了景观阶梯跌水。拾阶而上，可以看到水景草坪，还有整齐的银杏树阵，形成了一个强烈的视觉中心。

宅间绿地设计成雨水花园，供人们驻足、休憩和交流，营造邻里间亲近的氛围。

如此，有铺满卵石、鲜花盛开的小径，有可供小憩的密林，有可与家人席地畅谈的草坪……这正是都市的生态家园。

3. 香榭丽舍街（商业街区）

商业街区的空间景观轴线与城市景观相结合，形成城市景观视廊，同时将城市绿化带引进街区，构成有机统一的整体。总体布局以线性的步行系统为主，同时与大型公共空间、广场绿化区相结合，再配备人性化的伞状购物空间。

好的商业步行街，不仅能吸引如潮顾客，也能得到商家的青睐。根据经验，有的商家愿出高于平均价格 20%~25% 的租金，来租用这些既有格调又具人性化的零售空间。

商业步行街属于在一条轴线上水平展开的空间。本街区拟在步行轴线上选择若干节点，将空间划分成几个部分，配以景观树阵以及 Art-deco 风格的景观柱，

图 3 夜景效果图

以打破线性空间的单调，有节奏地营造出多层次空间的魅力。

浪漫的景致、商业化的布局、人性化的设计，在这里尽显。漫步其间，我们也会成为风景的一部分。

4. 枫丹白露花园（私密庭院）

设计采用"新古典装饰主义"风格，以尊重自然、追求真实为宗旨，运用现代的手法和材质营造出古典气质。

次入口水景广场，衔接着别致的溪流；靠近溪流周边的大片绿地，还设置了休闲草坪。这里是儿童的乐园，也是人们放松身心、享受生活的场所。

这里有漂浮着水岛的小湖，湖边有自然的卵石和天然的水草，有施工精细的平台和精致的雕塑，还有富有动感与韵律的喷泉，处处都能体现生态生活。

喷泉旁，茂密的绿荫形成一个绿色围合的低碳空间。这里，有新鲜的空气，有悦耳的鸟鸣。寻一处坐下，看着孩子们玩耍时流露出的纯真笑容，会有一种难言的幸福。

图 4 商业休闲区

图 5 水景一角

七、结束语

设计住宅小区的景观，在融入大环境大生态的同时，合理地设置水景景观，再配以契合环境的绿色植物，可营造出人与自然充分亲近的休憩生活空间，使久居闹市的居民获得重返自然的身心感受。🌼

作者简介：
吴超，出生于 1985 年 9 月，男，曾任深圳文科园林股份有限公司景观规划设计院设计师。

这里有漂浮着水岛的小湖
湖边有自然的卵石和天然的水草
有施工精细的平台和精致的雕塑
还有富有动感与韵律的喷泉
处处都能体现生态生活

辽宁普兰店市鞍子河景观设计
——水上莲城

LANDSCAPE DESIGN OF SADDLE RIVER, PULANDIAN, LIAONING
—WATER LOTUS CITY

吴文雯 慎海霞 WU Wenwen, SHEN Haixia

在 辽东半岛南部，有一片迷人的绿洲，景色秀丽、环境宜人，被誉为"辽南绿洲"，它就是辽宁大连的普兰店市。

古莲绽新花

（郭沫若，1962年）

一千多年前的古莲子呀，

埋没在普兰店的泥土下。

尽管别的杂草已经变成泥炭，

古莲子的果皮也已经硬化。

但只要你稍稍砸破了它，

种在水池里依然迸芽开花。

当普兰店与"千年古莲"结缘的时候，当鞍子河与"千年古莲"结缘的时候，就注定它会从沉睡中醒来……

一、项目概况

鞍子河景观带贯穿普兰店市城区东西发展轴，东至鞍子河水库，西至入海口（滨海路鞍子河大桥），全长7000m。河道岸墙平均宽度60m，最宽处为108m（与平安河交汇处）。

依据《普兰店市总体规划（2009~2030）》，鞍子河景观带是市区重要的东西向景观轴，是联系鞍子河水库与普兰店湾的重要水系生态走廊。沿岸已有及正在建设的项目有：老店街地段改造（鞍子河南侧沿河150m）、亿城·御景湾（鞍子河北侧沿河800m）、西班牙印象（鞍子河南岸沿河200m）、海湾新城（鞍子河入海处南岸沿河800m）等。城市的高速发展要求对鞍子河沿岸景观环境进行提升，以满足城市生态建设、景观优化、产业带动、提升品位的发展需求。

鞍子河景观带的设计需要充分挖掘普兰店市的历史文化和自然资源，全力打造出一个集旅游、休闲、绿化、防洪等多功能于一体的滨海、

滨河公园，使之成为辽宁地区独具特色的景观走廊，成为普兰店普湾新区对外开放的靓丽窗口。

图1 "花开千年"鸟瞰图（绘制：吴文雯）

二、基地分析

1. 区域位置分析

普兰店市地处辽东半岛南部的丘陵地带，三面环山，一面临海，形成了"山、城、水"阶梯状分布的地貌特征。鞍子河作为贯穿普兰店市东西的重要景观轴，是连接鞍子河水库和普兰店湾的唯一纽带，而且它还流经人民公园、古泡子山公园等生态绿肺区，河两岸布满已有和在建的若干项目，尚有大部分区域待开发，可谓亲湖临海，潜力巨大！

2. 功能分析

整个河道与城市接壤的边缘带被硬化，同时也强化了城市与河道的"隔离"。如何才能让人亲水亲河流，让滨水休闲景观带带动周边甚至整个城市的发展呢？

3. 河流现状分析

整个河床比降大，源短流急，暴涨暴落，径流量受季节影响较大，枯水季节多断流。另外，入海口受潮汐影响，落差较大，虽有潮起潮落之壮观景致，却令人难以亲近。我们该如何改造，才能让人亲水亲自然、乐水乐生活？

4. 场地元素分析

●硬质的河堤如何加入更人性化的设计，以便在满足雨洪功能的同时，又能为人所用、为人所享，为城市发展创造更多价值？

●河道内丰水期与枯水期水位高差大，枯水期时间长，河道滩涂显露，应如何解决枯水期景观美化问题甚至巧用枯水期打造不俗景观？

●河道内堆积了淤泥和细沙，如何在满足雨洪功能的基础上加以利用？

●高铁横穿河道，是否可以结合地域文化，打造出属于普兰店的新型高铁时代景观？

●整个河道两侧大部分堤坝被硬化，使毫无修饰的河道更显通直狭长，让人难以亲近。可否随河流水势，局部就地打通堤坝，整合河道周边用地，从而进可观大河东流之磅礴，退可守小河潺潺之恬静，让鞍子河与周边用地更加融合、统一，以真正改善用地性质，提升土地价值？

●入海口是城市对外交流和展示的门户。如何改善盐碱地并亮化、提升鞍子河景观？

三、设计原则

1. 整体性原则

整个河道设计应考虑与鞍子河沿岸已有的公园、小区等景观形成一个整体，在短时间内迅速产生影响力。

图2 "莲开结果" 鸟瞰图（绘制：吴文雯）

2. 生态性原则

利用生态包、绿色生态挡墙等，采用新技术和新材料调整土丘地形等，进行防洪防涝；改造原有硬质堤岸，由不同类型的生态、半生态堤岸、湿地、浅滩以及滨水栈道等贯连其间；以现代生态设计理念为指导，形成一个自然的"野"的基底，然后在此基底上，设计出体现人文理念的"体验区"，以最大限度地保护基地的生态性，同时又能使人与日常的潮水和河波相呼吸，感受丰富的滨水生态系统和湿地绿肺带来的自然气息。

3. 主题性原则

挖掘鞍子河的独特文化内涵，突出特色，营造"亮点"和"看点"，彰显蓬勃向上的精神，提升城市品位，设计出主题鲜明并具有地域文化特色的魅力景观。

4. 经济性原则

利用现场已有资源，节约成本，以最少的工程量达到最好的效果。以实用为原则，在满足防洪防涝功能要求的同时，结合场地原有的浅滩、地形来造湿地、疏林草坡和密林等丰富景观；重要节点做点睛处理，采用体现最少工程量的场地设计；并在枯水期结合野外拓展、滨水休闲等带动商业活动，以鞍子河生态恢复与景观建设为契机，带动周边土地增值，提升城市品质，顺应市场发展需要。

5. 体验自然的原则

给自然现象加上着重号，突显其特征，并引导人们观赏和参与，把人们的体验也作为设计的一部分。健全城市绿道系统，完善交通体系，规划连续的自行车道和散步道，突显生态，便于人们亲近自然。

四、设计目标

1. 挖掘历史，弘扬文化

做有文化、有内涵的景观，整体构思要新颖，要有较强的可识别性和地域特色，塑造出体现普兰店本土文化的人文生活环境。

2. 从人出发，以人为本

打造一个以人的需求为准、以人的体验为主的实用而又美观的景观，让使用者融入环境当中来，甚至参与其中，成为景观的一部分。

3. 雨洪利用，显露自然

进一步加强或利用现有场地的自然优势，并找出针对劣势的改善方法，甚至把劣势也变为自己的优势加以

图3 "开枝展叶" 鸟瞰图（绘制：吴文雯）

利用，打造出独具特色的景观。洪水来时展现的是以柔克刚的行云流水，枯水期时展现的是枯笔书法的悠远意境。不是去改变她，而是去顺应她，发挥出她的特性，利用她的特点甚至"劣势"，把劣势变成自身区别于其他景观的最大优势。

4. 画龙点睛，经济实用

做最少工程量的设计，充分利用现有地形、河流、山体甚至浅滩等，不做改造或者稍做调整，只在重要的节点做处理，节能节材而又实用。

五、景观构思

● 起源：20世纪初，在普兰店市鞍子河畔出土了大量的千年古莲子。历经岁月的沧桑，古莲子在沉睡千年后重新发芽、结果，以顽强的生命力创造了自然界的奇迹，为世人演绎了千年的传奇，也向炎黄子孙传达出顽强不息、坚韧不拔的精神。

● 弘扬：普兰店在"城市精神"大讨论里，追溯历史，放眼未来，从每个个体身上寻找闪光点，并最终将它们定义为具有莲城特色的"古莲精神"。古莲文化是普兰店人精神的真实写照，多年来，市民已把"古莲精神"提升为城市精神，古莲已成为普兰店的代表符号。

● 升华：一座城市有一座城市的精神，一个人有一个人的信仰。当个人的信仰与城市的精神高度融合，便能形成一股强大的推进力，推动这个城市走向繁荣，走向灿烂的明天。古莲文化，为普兰店打开又一个特色文化的窗口，也为大连市敞开了又一扇通向世界的大门。

1. 思路

（1）主题：水上莲城

（2）由来：《古莲绽新花》（见文首）

（3）展望：古莲精神

沉睡千年的古莲子苏醒了，

重新发芽的千年古莲子享誉世界。

可古莲发源地——鞍子河，还在沉睡……

母亲，您是在沉睡？还是在，孕育？

也许，

沉睡千年的古莲，等待，只为千年之后的怒放；

沉睡千年的母亲河，等待，也只为了今日的辉煌……

2. 构思体现：大河之舞

● "序"：孕育——古莲子的置换（古莲生态岛）

● "起"：萌芽——裂变萌芽（曲折绿道）

● "承"：展叶——荷叶展枝（亲水平台）

● "兴"：开花——含苞待放（水上莲城）

● "腾"：结果——绽放千年（漂浮岛）

六、景观结构

方案总体构图创意来自"古莲经历"（古莲被发现和孕育开花结果的过程），"觉醒"的大河舞动着五大体验区——鞍子河畔、郊野闲欢；老城新意、源之文蕴；亲水之滨、欢庆连欣；水上莲城、价值连城；滨海休闲、莲开千年。整个河道的平面功能布局也呼应了古莲子孕育、萌芽、展叶、开花、结果的五个过程。

整个景观带分为五个主题区：

● 千年孕育——鞍子河畔 郊野闲欢

● 吐叶萌芽——老城新意 源之文蕴

● 开枝展叶——亲水之滨 欢庆连欣

● 花开千年——水上莲城 价值连城

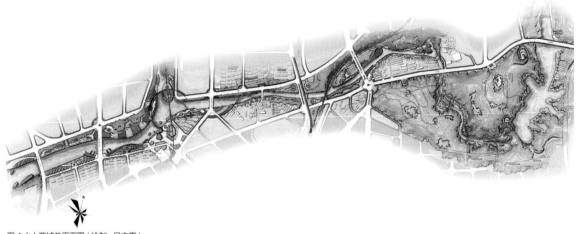

图4 水上莲城总平面图（绘制：吴文雯）

●莲开结果——滨海休闲 莲开千年

1. 千年孕育——鞍子河畔 郊野闲欢

结合场地原有的生态基底，将原场地提升成具有生产、防洪、水体净化、生态保育、审美启智等综合生态服务功能的城市公园。保留滨水带的芦苇、白茅、狗尾草等种群，大量应用乡土树种加强河堤的防护，在滨河地带形成多样化的生态系统；在生态护岸及生态防洪堤的设计上，以土丘式的地形来替代常规的防洪堤，根据水流动力情况，分别用生态包、绿色生态挡墙、网箱、抛石和栈桥式护岸等新材料和新技术，来解决水流冲刷等问题，既经济又实用，还不失美观。

另外，针对普兰店冬季色彩平淡的特点，特添入"古莲生态岛"，表现古莲子被人发现之初的过程。规整而富有韵律的古莲岛，成为普兰店秋冬季节灰暗色调的点睛之笔，形成视觉的亮点。散步道蜿蜒其间，或深入密林，或淌入草地，或伸进浅滩，或探出水面，或步入古莲生态绿岛……在这里，古莲方阵、疏林草地、"孕育"雕塑（古莲子）、水上花廊、绿肺般的生态湿地等——闪亮登场。漫步其中，空气中都洋溢着幸福的气息。也只有在这时，我们才可以放下工作的劳累与烦恼，把自己融进这青山绿水里，去感知自然、感知生命。在这样的环境中，连一棵树都可以成为一件雕塑品，带着它自己雕刻的岁月，不断地更新变幻着。

2. 吐叶萌芽——老城新意 源之文蕴

整个设计弱化了城市与河道的"距离"感，让人可以真正亲近河道，融入环境。设计利用河道内现有的水草淤泥，稍做改造，变河道为人工湿地，沿河四周创造了栈桥式堤岸、可淹没的大台阶、休闲平台和水上栈道，在满足泄洪的同时又能在枯水期给人提供多种亲水体验。设计还利用不同的植物，根据其水生、沼生、湿生和中生的特性，配置成一个能在不同水位下遮护湖岸的生态群落。错落的格局配以高低的野草，随着水位变换呈现不同的景致。有条件的地方应考虑修建人工异型块鱼巢，尽量采用自然毛石护坡，正常水位以下的护岸衬砌可采用空心异型块、预制鱼巢等结构形式，为鱼类等水生动物提供安身栖息的地方。

另外，整个河道规划设计大的景观跌水坝，保证重要节点枯水期水量，并设多处40cm高的景观溪涧小矮坝，分断截流形成蓄水塘，使冬季水景"枯"而不断。坝体另留有一定宽度的辅助性陡坡输水道，以便水生动物上下游交流，有利于鱼类生长；局部河段设置两栖动物上下岸的通道，为两栖动物的栖息繁衍创造条件，从而保护河道的生态环境，维护河流生物的多样性。微雨时节，更有鱼儿在草间阶上嬉戏，营造出难得的情趣。

3. 开枝展叶——亲水之滨 欢庆连欣

注重人的参与性。场地周边现有在建的社区若干，紧临亲水位置，但现有河道滩淤河直，很难体现流水的价值。设计清除场地内的盐碱淤泥，改变以往杂草不生、淤泥袒露的不雅之景，在河道内重设可淹没的亲水休闲散步道，时而利用荷叶边之优美曲线整合亲水平台，时而借荷花齿轮状边缘设临水台阶，打破人与河流的隔离，改变"人只可河上走，不可湖底游"的传统观念，充分利用水的魅力，打造滨水休闲好去处。丰水期可观激流之磅礴，枯水期可享静水之恬美。既能"河上走"，又能"水中游"，双重空间、多重体验，徜徉其中，观溪底沙石依依，赏两岸树木婆娑，只觉无羁无绊。

水不仅能提升周边居住环境的品质，更为城市的蓬勃发展注入一股新的活力。因为，我们所完成的不仅仅是一个提供单一物质、单一空间的传统景观，还是一个

打造一个以人的需求为准
以人的体验为主的实用
而又美观的景观
让使用者融入环境当中来
甚至参与其中
成为景观的一部分

具有多重功能的、富有生命力的空间！

4. 花开千年——水上莲城 价值连城

横穿河道的高铁是整个场地的一大亮点。设计以高铁的现代科技、高速发展为契机，结合普兰店的特色文化，塑造出只属于普兰店的新型高铁时代景观。

场地位于两河交汇地。两河交汇易成丘，设计局部打破原有的硬质堤坝，结合高铁，顺势打造一朵含苞待放的水上莲花——水上莲城。她，盛开的不是"莲"，而是一座"城"，寓意沉睡的鞍子河即将醒来，沉睡的普兰店即将如千年古莲一样莲开万象。

景观细部也处处体现"水上莲城"这个"价值连城"的概念。几何抽象化的莲花图案，结合了休闲平台、广场、水上漂浮种植槽、莲桥、景观大树阵等。另外，莲花苞状的莲灯、沉寂在场地里的古莲子塑石坐凳，都是用现代的语言和手法诠释只属于普兰店的莲城辉煌。

拓宽的亲水开放空间、景观化的防洪设施，处处美景如画，可以让人在休闲娱乐的同时忘却这是防洪区，真正体现"以人为本，享乐亲水"的主题。

图5 "花开千年" 鸟瞰图（绘制：吴文雯）

图6 鞍子河景观实景

5. 莲开结果——滨海休闲 莲开千年

　　入海口区域是鞍子河大河之舞的一曲终了，也是古莲子开花结果不断繁衍的重音收尾，更是对城市发展的无限展望。

　　作为城市对外交流和展示的第一窗口，设计紧贴主题展开。漂浮的古莲子种植箱，可利用潮涨潮落来变换景观，出其不意地在浩瀚海面上再现古莲奇迹；同时也与一曲之"序"有一个首尾呼应，寓意城市发展如植物孕育、发芽、开花、结果一般，生机勃勃，不断发展壮大！构图的几何曲线则代表着莲花盛开后落叶花瓣的变形体，大波浪的曲线不但避免了无规律常规曲线的小气、无分量感，同时更能与海的宏伟气魄呼应，给人以强烈的视觉冲击。

　　综上所述，整个景观设计通过对水岸开放空间的重塑，表达了对城市历史的尊重，带出人们对城市文化的自豪感，让普兰店找回了自身独特的人文气质与精神。

　　蓝天、碧海、阳光构成浪漫旖旎的滨海风光，形成海天一色的自然景观。不经意的一瞥，它已深深地烙在心底，让我们长久回味、意犹未尽……🌷

作者简介：

吴文雯，出生于1984年5月，女，现任深圳文科园林股份有限公司景观规划设计院设计总监。

慎海霞，出生于1987年10月，女，现任深圳文科园林股份有限公司景观规划设计院设计师。

在这样的环境中
连一棵树都可以成为一件雕塑品
带着它自己雕刻的岁月
不断地更新变幻着

图7 鞍子河景观实景

遵义长征诗词壁
——红色经典中的理性与感性
LONG MARCH POETRY WALL, ZUNYI
—SENSE AND SENSIBILITY OF RED CLASSIC

宋振 SONG Zhen

*这些画面轻而易举地展现出
人渴望征服自然的决心
也把那段特殊的发展时期中
中国人对工业发展的
迫切渴望表露无疑*

1949 年新中国成立以来，美术史上诞生出两件具有历史研究价值的大型浮雕精品，它们是人民英雄纪念碑浮雕和南京长江大桥桥栏杆浮雕。人民英雄纪念碑碑座上的浮雕是新中国雕塑的开篇大作，其四面镶嵌的八块汉白玉浮雕，分别以虎门销烟、金田起义、武昌起义、五四运动、五卅运动、南昌起义、抗日战争、胜利渡江，及胜利渡江两侧的支援前线、欢迎中国人民解放军为主题，由历史学家范文澜组织研究历史资料，雕塑家刘开渠、滑天友、王临乙等参与创作构思，历时 4 年才创作完成。如今，它早已举世闻名。而南京长江大桥上的 202 块铸铁浮雕，则是继人民英雄纪念碑之后的另一件新中国红色经典雕塑。它以 6 块国徽、96 块人文风景图案的浅浮雕及 100 块镂空向日葵浮雕组成。其中，96 块人文风景图案中反复出现巨轮、火车、飞机、汽车、工厂等工业社会的象征符号，一些画面生动地刻画着工业社会的场景，如海上航行的万吨巨轮、冒着滚滚浓烟即将驶入山洞的火车、北京火车站站前广场上的车水马龙等，这些画面轻而易举地展现出人渴望征服自然的决心，也把那段特殊的发展时期中中国人对工业发展的迫切渴望表露无疑。

1984 年，时任四川美术学院院长的雕塑家叶毓山先生为红色经典文化的宣传

图 1 浮雕之遵义会议会址（拍摄：何春霞）

图2 毛泽东手迹《念奴娇昆仑》(拍摄：何春霞)

重镇——遵义市创作遵义红军烈士纪念碑。纪念碑坐落于红军山烈士陵园顶端的平台上，碑身由花岗岩和汉白玉两种材质组成，整个纪念碑高30m、下宽6m。纪念碑碑面镌刻着"红军烈士永垂不朽"，这是1984年11月2日由邓小平同志亲自题写的。纪念碑顶端是5m高的镰刀锤子造型的金属雕塑，由于其表层是鱼鳞状的氮化钛合金，所以视觉效果光彩熠熠。碑柱外围是一个直径20m、高2.7m、距地面2m高的同心大圆环，圆环雕塑由四个5m高的红军头像托着，象征着威震四方。圆环雕塑外壁有节奏地分布镶嵌着28颗金星，而内壁镶嵌着极为精彩的4组汉白玉浮雕——强渡乌江、遵义人民迎红军、娄山关大捷、四渡赤水。叶毓山先生凭借着自己对长征命运和气息的深切把握，用斧劈冲削的雕刻手法，克服雕凿深度的限制，通过夸张人物与山景的比例关系，创造出具有独特气质的战斗画面。这件足以进入中国雕塑史的作品，永久地安置于遵义，也为后来的创作者树立了极高的创作标准。

从红军山上俯瞰，可以清晰地看到遵义的红色地标——遵义会址、遵义公园、遵义宾馆，这三处景观与红军山共同营造出遵义长征文化核心圈。凤凰南路、石龙桥、石龙路、红军街是这几处景点的必经通道，而红军街被游人徒步磨得光滑锃亮的石砖，也充分证明这里强大的长征效应。20世纪50年代中期建成的遵义宾馆，曾接待过历届党和国家领导人，如今依然风光无限。旁边古木环抱的遵义公园别有一番情趣，园内幽静清雅，亭、廊、室、馆、假山、池塘一应俱全，

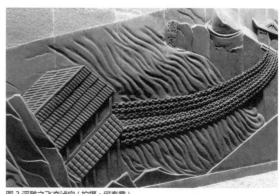

图3 浮雕之飞夺泸定（拍摄：何春霞）

我们正在挑战
一个不可能完成的任务——
如何阻止忘却

图5 毛泽东手迹《十六字令·三首》（拍摄：何春霞）

长廊中一直在举办少年儿童书法展，一些小作者运笔流畅沉着，书写着"厚德载物"、"自强不息"、"业精于勤"等古训，颇有几分功力，也足见当地民间有十分深厚的文化底蕴。

1935 年遵义会议召开至今，已有八十年。八十年超过大多数人的生命周期，但对于一个国家的历史却很短暂。对遵义来说，近代中国百年来的革命战争和社会主义生活的经验沉淀在它的每个角落，至今仍影响着当地社会的发展形态，并积淀为遵义最深刻的人民记忆。而我们如此审慎地回顾过去，是为了能够给未来更优秀的答案。

2015 年为遵义创作浮雕长征诗词壁恰逢其时。整幅浮雕起于石龙桥的东南上桥口，沿着湘江河堤的块石挡墙逐步展开，空中俯视图呈"S"型。浮雕由本地红砂岩与黄砂岩石料组成。浮雕分主篇与续篇两部分。

主篇是单幅全景式浮雕，全长 250m，高 3.84m，远观如中国传统山水横轴画卷。它以长征的时间节点设定画面时间轴，以毛泽东同志的九首长征诗词手迹为线索，展开叙事。

我们通过对毛泽东百年诞辰时中央档案馆编纂出版的《毛泽东手书选集》的细致研究，最终选出以下几首：1934 年 7 月 23 日毛主席登会昌山时所作的《清平乐·会昌》；1934 年 10 月至 1935 年初完成的《十六字令三首》；遵义会议后，在遵义所作的《忆秦娥·娄山关》；1935 年 9 月红军翻过岷山后，毛主席即兴朗诵的《七律·长征》；1935 年 10 月创作的《念奴娇·昆仑》与《清平乐·六盘山》；1936 年 2 月，毛泽东与彭德怀在陕北胜利会师时所作的《沁园春·雪》。依据这

图4 浮雕之长城（拍摄：何春霞）

些主席诗词与长征事件，概括整理出长征叙事的九个重要篇章——十送红军、血战湘江、遵义会议、娄山大捷、四渡赤水、飞夺泸定、雪山草地、胜利会师、走向胜利，最终使诗词与画境相得益彰。

续篇全长 30m，与主篇等高。画面以精选的六首遵义主题的将军诗词——《遵义会议》（作者：朱德）、《初抵吴旗镇》（作者：林伯渠）、《过贵阳》（作者：陈毅）、《遵义》（作者：胡绳）、《长征组歌》（作者：萧华）、《西江月·娄山大捷》（作者：张爱萍）为主，依照诗文构思画面，并将诗文的情怀隐于山水图景之中。

整幅浮雕的创作经历过大量的历史文献整理，也经历过政府与群众的多番论证，最终将长征故事所具有的传奇性和丰富性，借以诗文与图画相结合的方式进行展现。浮雕的雕刻技法力求写实，并依照浮雕的空间视觉关系划分为远景层的天空与林海，中间层的

江河山峦、纪念性建筑及近景核心层的阴刻贴金的诗词手迹这三个层次。考虑到长征文化传播中业已形成的风格与趣味，我们尽量使本次创作从全新的视觉角度捕捉雕刻。

毫无疑问，这是一场关于长征的全新写作或者说重新绘画，我们力求将观众引入一种新的阅读经验。这样的创作工作是仪式性的，而且目标很直接，即为了纪念。但我们心里知道，我们正在挑战一个不可能完成的任务——如何阻止忘却？ ◍

作者简介：
宋振，出生于 1983 年 7 月，男，现任中国美术学院教师。

图 6 遵义长征诗词壁夜景（拍摄：何春霞）

广汉·川师学府城景观设计
LANDSCAPE DESIGN OF GUANGHAN SICHUAN UNIVERSITY CITY

尹碧辉 YIN Bihui

国学"六艺"，即礼、乐、书、御、射、数。
子曰："志于道，据于德，依于仁，游于艺。"——《论语·述而》

汉·川师学府城临近四川师范大学广汉校区，作为学府宅地，享有得天独厚的人文优势。设计顺应了这一独特的人居氛围，将国学"六艺"的精粹文化引入景观设计中，唤起人们对风景如画的栖息地的向往，同时，营造出学院派文化的清新氛围，打造出风格鲜明的居住区景观。

一、项目区位

广汉市位于"天府之国"四川之腹心，是成都以北的重镇，自古就是"蜀省之要衢，通京之孔道"。其南距成都市23km，北距德阳市19km，为省辖县级市，与成都市新都区、青白江区、金堂县等接壤。

广汉·川师学府城位于广汉市行政中心西侧，东临川师广汉学院，北边为鸭子河，南边紧邻三星堆快速通道与青广什公路，可快速抵达广汉市中心，通达性好。

二、风格定位——中国新古典主义装饰风格

根据上层规划，建筑定位为时下流行的Art-deco风格，打造具有现代都市风情和文化气息的宜居之城。同时，浓厚的本土文化和川师文化赋予了项目独特的人文气息，故项目景观设计定位为一种新的设计风格——中国新古典主义装饰风格。这样，景观平立面构图将采取与建筑风格一致的Art-deco风格，规则线条将被大量运用，使之紧密相融。同时，在景观设计的空间营

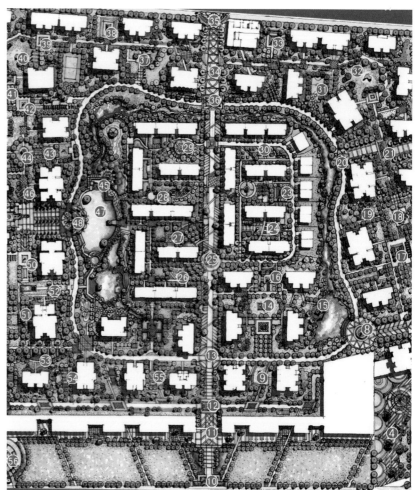

图1 总平面图（来源：文科园林）

造及艺术层面上，采用中国古典园林造园手法，如对景、障景、框景、夹景等，用中式最经典的造园手法来诠释景观的人文底蕴，烘托出学府深处、林间宅院的精致景观。

三、设计理念

为了突出项目地块被赋予的深刻文化内涵，我们将中华传统国学"六艺"——礼、乐、书、御、射、数作为景观设计元素符号进行提炼，以学院派景观传承人文精神为精髓，把文化作为恒久不变的居住主题融入社区活动与空间的营造中，从而打造出现代城市中尤为可贵的一抹学院风景，让该项目从外延到内涵都成为不折不扣的文化人居传奇。

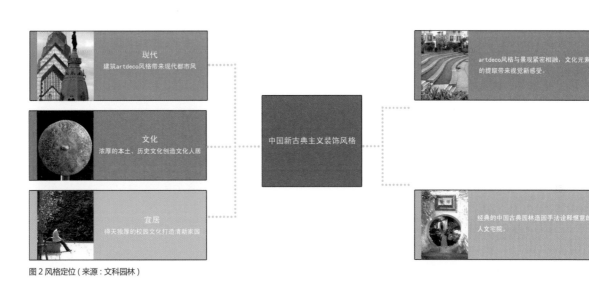

图 2 风格定位（来源：文科园林）

四、设计目标

1. 绿色健康，使人与自然和谐统一

坚持可持续发展的生态原则，以永恒的自然绿色为主题，建立以"绿"和"生态"为中心的自然环境，利用平坦的地形，通过下沉广场、植物景观的手法，营造充满立体感的居住环境。

2. 营造浓郁的人文氛围

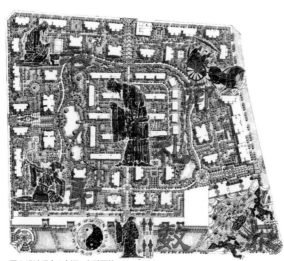

图 3 设计理念（来源：文科园林）

四川师范大学是全国知名大学，该项目正是凭借这一优势资源形成区别于周围其他楼盘的独特特点。设计以创新的视角对人文精神进行诠释，充分运用经典的造园手法，形成步移景异的景观环境，营造出浓郁的人文氛围和幽静的居住环境。

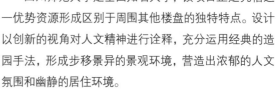

图 4 国学"六艺"

3. 打造学院派和睦社区

通过景观设置构筑一个校园意象生活小区，营造浓郁的学府氛围，构建中国人文气质社区。廊柱、门廊、浅水、雕塑、广场、喷泉等在布局上错落有致，使建筑周围处处散发着百年学府的气质，从而引发人们对于学院生活的畅想。

图5、6 人与自然和谐统一的社区环境

4. 创造幸福人生

景观设计，就是要让人在享受阳光、水、风等的同时，为人与人的交往提供舒适或有趣的空间，促进人际关系和谐发展，为创造幸福人生提供支持。该项目设计把建筑纳入景观范畴，使建筑与室外景观相得益彰，共同构筑出有特色的大景观。

五、景观概述

1. 售楼处景观区——以水为器，奏出美好乐章

售楼处是展示整个小区景观形象的重点区域。设计以水景为主要元素，将音律意境融入水景设计之中，通过控制节奏与韵律营造各色空间氛围，创造出让人亲近的空间。

（1）序曲：音韵水景

用古代的编钟敲响心灵之门，通过灵动的水景将人们带入琴境空间。

（2）发展：七音水镜

平静如镜的水面与特色灯柱交相辉映，犹如七弦古琴奏出的优美画境。

（3）高潮：水韵之声

聆听潺潺的水声，心底的愉悦便随着美妙的音波一圈圈荡漾开来。

（4）尾声：琴海印象

五线谱与波浪的交集，承载着人们的梦想，扬帆远航。

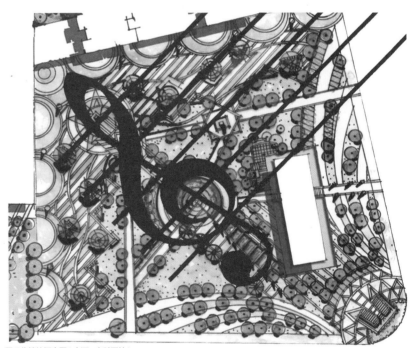

图7 售楼处概念图（来源：文科园林）

2. 中心景观区——沐礼而居，沉淀人文情怀

六艺之"礼"在中国古代有着无可替代的地位。设计将"礼"作为中心景观区

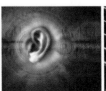

图8~10 售楼处概念图

图11 "六艺"之礼、书、乐、数

的主题，旨在提升整个景观区的文化底蕴。整个平面构图从古人作揖的姿势延展开去，围绕"礼"进行设计。

（1）水景——把集中水系的中心区与组团景观区分隔开，从而体现出景观区域住宅的档次。总体上看，整个水景时而开阔，时而曲折。"山得水而活，水得山而媚"，水景自然也少不了山石的点缀。将水景与木栈道和景观桥结合，再合理搭配植物，再现了"明月松间照，清泉石上流"的诗情画意，让人们在工作之余享受居家的轻松惬意。

（2）学府庭院——设计借鉴传统的"庭院围合"布局，讲究住宅及环境的均好性，赋予各个组团空间以不同特点，做到处处有景、步移景异。同时，结合现代设计手法塑造"功能空间"景观，以坡地、红砖铺砌等自然元素来表现学院情结，并搭配雕塑小品将人居文化落到实处。此外，还设置了更多的休闲空间供业主休闲娱乐，进行邻里交流与家庭活动，如健身场、儿童活动场地等。

3. 景观组团一——以书入景，诠释画意生活

书画艺术是古代文人追求文化意境的最佳体现。景观组团一的设计采取动静结合、以静为主的手法，并以形式相同但又富于变化的方式将组团各个景点连接起来，形成统一的整体。

（1）书——大台阶与草坪的结合。通过提取学院派景观的典型特点，将景观小区化。开阔的草坪作为居民交流活动的场所，展现出一派生机勃勃的景象。大台阶的设置则将学院式的人居空间带入小区，让居民可在闲暇时尽享学生时代坐在浓密树荫下悉心阅读的那份珍贵记忆。

（2）艺术——在休闲小空间中，通过局部加以铺装的自由状态变化，配合 Art-deco 风格，在景墙与雕塑上形成艺术画卷般的景观特色，在提升艺术观赏性的同时，体现出小区的文雅气质。

4. 景观组团二——机灵跃动，投射健康生活

射箭是古代培养君子气度与修养的重要方式。设计通过空间氛围的营造以及小品、景墙、意境联想等形式，将景观的气势与主题完美结合，让君子的优雅融入景观之中。

（1）小区东入口——构型大气，铺装样式来源于古代箭柄的机理，通过变化等方式呼应了 Art-deco 风格。

图12 "六艺"之射、御

入口处的水景以大水景雕塑为中心，搭配一系列古箭吐水小景，让人们一进入小区便产生愉悦之情。入口轴线的终端是一面巧妙运用泳池高差形成的跌水景墙，简练大气，即使在没有水的时候，优雅的墙体景观也魅力不减。

图13 入口模型效果图（来源：文科园林）

跌水景墙之后的植物软景，很好地间隔开入口区域与泳池区，避免了两者的互相影响。

（2）宅间庭院——围绕弓箭主题设置竹林东翠等景点，周边配以趣味小径、小品，再加上丰富的软景组团，营造出立体的景观空间。

5. 景观组团三——清朗宜人，驾驭灵秀生活

"御"是指古代驾驭之术，也包括了礼制、征战技能。该景观组团区域凸显"御"的动感，创造了多变的运动空间，通过设置微地形最大限度地满足了景观的各个观赏角度需求，同时通过起伏的坡地、散步道、雕塑小品等，使景观向庭院层层渗透。

（1）小区主入口——半月形的广场成为社区的标识。主入口采用特色铺装，同时在两侧辅以水景与特色景墙。道路两侧以树林形成景观主轴，通过中心的节点广场后，用规整植物绿化将

人行道路隔开，与入口道路形成变化，增加景观的趣味性。

（2）庭院——创造亲切宜人的邻里氛围，提升生活品位。舒适的交流场所能为人们提供驻足、休憩和交流的空间。为创造多变的空间，体现景观的风格特色，我们在材料的选择上，除了使用刚硬的水泥，还大量运用石材、硬木、烧结砖等朴拙却舒适的材质，并将之与玻璃、钢等相结合。

6. 商业景观区——旋动欢腾，点亮多彩人生

六艺之"数"即"数学"之"数"。我们在商业街景观设计上融入"数"的概念。整个商业街的铺装，结合 Art-deco 风格，采用简洁而洗练的艺术装饰图案和色彩调配，表达出"慢生活"的概念。在景墙小品的设计上，结合古代算盘、算术器的形式体现设计主旨。具有装饰主义风格特色的灯具、简洁的树池、绿篱等组合成景点，形成闲适的步行休闲空间，展示出现代生活的轻松写意。

六、植物设计

在植物配置上，遵循适地适树的原则，充分考虑其与建筑风格的吻合，根据季节特点进行多样性、多层次、多品种的搭配，组合成各具特色的群落。首先，在

整体上有疏有密、有高有低，力求在色彩变化和空间组织上都取得良好效果。其次，选择树形优美、四季有景、花香四溢的植物，创造出自然生态、空气清新且具有人文气息的学府生活区。

1. 市政道路、主园路

以树阵的形式，选择树干挺拔、冠大荫浓、分枝点高的树种，使小区形成整齐统一、气派协调的外围环境，既体现整体美，又能减噪防尘。

2. 主入口及轴线

依势造景，讲究整体性和大方简洁，主要选择的树种有银杏、法国梧桐等。

3. 宅间绿地

根据季节特点合理选择植物，结合绿草茵茵的大草坪，使其为居民提供内容丰富的活动场所和宽敞、明亮的休闲空间。

4. 水景景观区

将丰富的水景与水生植物相搭配，再配置适合水岸种植的乔木，营造出幽静的生态环境，从而进一步优化学府人文环境，打造悠闲、恬静的休闲空间。

七、结束语

整个项目设计以国学"六艺"为主题，以学院派景观为意向，创造出安静、生态、怡人的景观风景，营造出现代、优雅、宁静、平和的生活氛围。纵观川师学府城，既有现代感的简洁，又富有自然的韵味，但更多的是平静的抒情、细致的笔触和平和的表情，让人们得以在都市的喧嚣中回归久违的恬静岁月。

以国学"六艺"为主题
以学院派景观为意向
创造出安静、生态、怡人的景观风景
营造出现代、优雅、宁静、平和的生活氛围

作者简介：
尹碧辉，出生于 1984 年 3 月，女，曾任深圳文科园林股份有限公司景观规划设计院设计师。

活在当下，乐在托斯卡纳
——辽宁盘锦盘山县地块景观规划设计

LIVE IN THE PRESENT, PLEASURE IN TUSCANY
—LANDSCAPE PLANNING DESIGN OF PANSHAN, PANJIN, LIAONING

Garry Samiley, 吴宛霖　WU Wanlin

或许是米兰的时尚魅力，或许是威尼斯的水色旖旎，又或许是佛罗伦萨的诗情画意，虽然大家了解意大利的渠道各式各样，但是对她的印象却是大同小异的。闭目神游那些风情小镇，幻想一下华灯初上的浪漫，就足以让人倾心沉醉了。

意大利的艺术与文化悠久而灿烂，生活在那里的人们每天都对此耳濡目染。博物馆和画廊是他们时常光顾的地方，音乐和舞蹈是他们休闲娱乐的方式，这些对于意大利人来说，就如同穿衣吃饭一般自然。生活就是艺术，艺术和生活在交融里得到升华。

一、项目概况

项目位于辽宁省盘锦市盘山县，其定位是集居住、休闲和商业为一体的高档别墅住宅区。

1. 灵感来源

意大利，因其丰富的人文艺术和优美的自然景色，被认为是世界设计灵感最重要的源泉。此项目景观设计的灵感来源，正是意大利的托斯卡纳大区和威尼斯水城。

2. 设计理念：创造一种生活状态，而不是单纯地打造景观

意式风格的楼盘在中国可谓遍地开花，甚至在一个城市里就有很多个意式风格的住宅小区。但是，就算把意大利的街道、建筑或者景观小品完全复制过来，也不见得能达到人们想要的效果。人们对异域风情的追求已不再满足于构筑物的形似。

很多人从意大利回来后，走访各个意式楼盘小区，却怎么也找不到异国的情调。其实人们找不到的正是意大利本土的那种艺术气息和生活环境。意大利的构筑物可以复制，但是那些历经岁月而沉淀下来的艺术文化氛围和生活习惯是无法刻板誊抄的。

图 1~3 意大利的艺术与生活互相交融

图 4 辽宁盘锦盘山县地块景观规划设计鸟瞰图（来源：文科园林）

对我国平原水网地区、近海滩涂地区和油田作业区等生态脆弱、环境敏感的地区而言，发展生态农业和生态工业，促进经济与环境可持续发展具有十分重要的意义。因此，我们的方案也将基于维护生态建设这一基本要素和原则，对这个蕴藏着发展潜力的地块进行规划设计。

2. 场地解读

项目场地地势平坦，有着丰富的水资源和植物资源。一方面，平坦的地势对于景观设计来说更具灵活性，并且会使利用和规划场地内自然资源所产生的成本问题得到一定程度的解决；另一方面，此区域在寒冷的冬天会有水体冻结的现象，很多种类的植物不适宜在这里生长。本方案充分考虑了水域面积与驳岸的设计，并针对不同季节的观景效果，筛选得到适宜本地生长的植物。

场地周边地域的城市化发展都处于较缓慢的态势，而且这里道路通畅，交通便捷，正适合作为高档别墅的优先选址。此项目将成为这片地区发展的先行者，更应创造机会引进新的设计理念，以作为这个地区和谐城市化进程的风向标。

图 5 艺术展馆

图 6 休闲游船

图 7 艺术休闲街道

二、基地分析

1. 区域位置和城市发展原则

项目位于辽宁省盘锦市盘山县。盘山县地处辽河下游、渤海之滨，东与台安县、海城市隔河相望，南邻盘锦市大洼县，西连凌海市，北接北宁市。盘山自然风光优美，内陆生态系统和谐，宜渔宜林，具有典型的北方水网农业特色。经过几年的生态建设，盘山已形成具有当地特色的生态模式，并拥有一批示范工程。盘山还有丰富的石油、天然气和井盐资源。辽河油田的主要采油厂均位于盘山境内。

图 8 区位分析

三、设计概况

1. 功能分区

在我们的规划设计中，本项目分为 6 个区域，分别

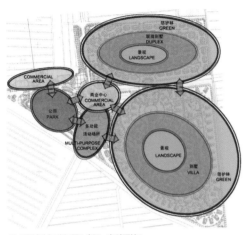

图9 设计空间分析图（来源：文科园林）

为双拼别墅区、单体别墅区、景观风光区、休闲公园区、商业中心区、多功能活动区。整个发展空间有 610165m²，分为 18% 的建筑空间和 82% 的开放空间。

大多数住宅别墅的建筑风格以托斯卡纳风格为主，分为三种户型：①双拼别墅；②私人别墅；③办公别墅。

2. 设计风格和设计引导

设计将托斯卡纳区的城镇风光特色运用到各个功能活动区的规划中。休闲公园、花园、绿坪和林荫走廊是规划设计的重要环节，它们作为各个区域的衔接空间和过渡地带，柔化了生活环境，延展了绿色空间。

项目设计创建了一种生活环境意象，一个充满感官体验的乐园：眼观异域美景，耳听水流鸟鸣，清风拂面、吐纳芬芳……多样化的空间合理搭配，宜动宜静的场所相互结合，引导着人们关注当下、融入环境，并主动创造生活乐趣。

四、愿景和设计定位

放松心灵一隅，

提炼生活品质，
回归睦邻社区，
乐享私人空间。

这些愿景反映了一种对生活状态的期望，是设计保持一致性、完整性的准则。透过这些准则定位，未来居住在这个新地标的人们，将感受到这里不仅仅是一个有特色的社区，还是一个将不同文化与人居体验融合到一起的高级生活社区。

五、设计目标

1. 提供开放空间与私密场所

亲水平台：满足人们亲水游玩的愿望；
别墅后花园：独享午后的阳光，增添生活乐趣。

2. 提供活跃与休闲的体验空间

商业中心、公园：购物的乐园，交流互动的场所，提升生活品质的空间；
广场、亭廊：舒适的环境、优美的风景，可聊天、下棋、听音乐，还可以自由选择惬意的娱乐方式。

3. 因地制宜，创造多层次的绿色生态空间

通过地形变化、植栽搭配，加强竖向设计，使每个节点、每一条路既是观景点，

图10 设计平面图（来源：文科园林）

图11 某楼盘的托斯卡纳风格景观

也是景观本身。

4、把握城市的未来发展重点，创造优质地产环境

    合理利用资源，提高环境质量，规划植被空间，创造区域可循环小气候。

六、设计策略

1. 交通处理

    通畅便捷的道路是规划的基本要求。

    设计要根据现有地形和六大区域的设置，规划出联结的道路，以便于人流车流来往于各个区域。同时，道路应穿插于不同区域之间的过渡空间中。因此，过渡空间的景致变换要结合道路的使用来设计：既有开阔又有闭合，步移景异。

2. 边缘和过渡空间

    在不同功能的区域之间，河岸线、区域边界这些线性要素常常会被忽略，如果这些地方设计不足，很可能造成空间断裂、衔接生硬等问题。在处理这些空间时，我们注重植物的搭配、小品样式的选取和地形的构筑，使得空间层次更加生动；并充分运用植物形态各异的枝干和不同时节的观果、观花、观叶效果，给它们留足自然生发的空间，让景观随着年岁活起来，沉淀出它应有的自然美。水岸线的形状、浅水区的植栽和叠石组合则照顾了低层空间的场景效果。当冬季水体冻结时，沿岸风光又显现出另一番景象，丰富了人们行走其间的体验。

3. 功能分区

    别墅区中不同功能的区域能满足人们不同的需要，丰富人们的生活。建筑之间的绿地、广场、林荫道，以及我们参考威尼斯打造的生态水体景致，都不仅仅是一种审美需要，更是一个个娱乐活动场地。它们将为人们创造互动交流的机会，为人们展开轻松惬意的生活提供绝佳场所。设计通过有条理地规划创建社区中的各种设施，呈现出一个和谐的生活环境。

我们希望打造的是
步移景异的空间效果
犹如音乐般自然流淌
人们回到这里
感受到的不仅有家的温暖
还有空间的律动和仿佛走在旅途
路上的轻松惬意

七、关键词：异域之旅，精致在此，时节性场景如诗如画

我们希望打造的是步移景异的空间效果，犹如音乐般自然流淌。人们回到这里，感受到的不仅有家的温暖，还有空间的律动和仿佛走在旅途路上的轻松惬意。

对异域风情的把握如果仅仅着眼于建筑的塑造，只会让空间变得生硬、单调且没有时节弹性。设计的价值，不在于用金钱堆砌的华丽，而在于融合得恰到好处，以及能够给人带来愉悦。一草一木、一花一石都需要用心斟酌它存在的意义。

一个地域、一个城市的形成，并不是先有建筑的，那秀丽的山水、和谐的生态环境、轻松惬意的氛围……才是人们想要的家园。我们会在这里筑路修桥、建造楼房，在自己的花园里种植各色花草，在这里目送晚霞、企盼旭日。

八、结束语

生活氛围不是复刻出来的。作为景观设计师，我们不单要通过设计和建造给人们提供便于开展活动的场所，更要着重使各区域都处于一种流通的、有交流的

图12 设计手绘图——商业空间（来源：文科园林）

图 13 设计手绘图——水景花园（来源：文科园林）

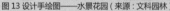

图 14 莫里斯·普雷德加斯特《救世主节》

有生命的空间，呈现一种活在当下、可以用心去感受的生活。🕉

作者简介：

Garry Samiley，男，现任深圳文科园林股份有限公司景观规划设计院设计总监。

吴宛霖，出生于 1989 年 6 月，女，现任深圳文科园林股份有限公司景观规划设计院设计师。

大环境中。认真雕琢这些场所的异域之味，并让其融入周围的精致景色,生活会越醇越香,变得精致而充满情调。这里就是人们理想中的家园，记忆中的威尼斯，梦中的托斯卡纳。

作家用辞藻描写和形容威尼斯与托斯卡纳的风情，让读者去意会；而我们是将语言和意象转化为实景，通过调动人的主观想象，唤醒其脑海中的记忆，创造一个

山东缔景城居住区景观设计
LANDSCAPE DESIGN OF SHANDONG DIJING CITY RESIDENCE

梁寸草 LIANG Cuncao

本着"以人为本"的原则
充分满足居民在行为及心理层面
的多样化需求
为居民提供一个便捷、健康的
生活社区。

项目定位为荣成人的舒适宜居大盘，建筑采用高级涂料涂装的帝王黄外立面，配以紫灰砖瓦，通过新都市主义的设计手法，营造出大欧洲的生活氛围以及意大利式的美景和生活品质。

一、项目概况

缔景城为荣成市政府规划旧村改造的重点项目，规划总面积 316302m²，一期规划面积 140605 m²。

荣成市位于山东半岛最东端，三面环海，海岸线长达 500km，与韩国隔海相望，是我国距韩国最近的地区。该市属暖温带季风型湿润气候区，四季分明，年平均气温为 12℃左右，年平均日照 2600 小时左右，年平均降雨 800mm 左右。

二、基地分析

1. 优越的地理位置

缔景城项目占地 31.63 万 m²，位于荣成市青山路与邹泰北街交叉口，连通商业区与滨海政务区，是荣成市的生活核心区域。

2. 完善的生活配套设施

本项目紧邻青山公园和荣成的标志性休闲文化广场，附近有益成医院、蓝天幼儿园、实验中学、二十六中、中国银行、工商银行等完善的生活配套设施。

图1 入口区效果图（来源：文科园林）

图 2~4 庭——庭前花开花落，享受自然休闲生活

3. 良好的场地条件

场地地势平坦，有利于营造各种园林景观空间。

思考：什么样的园林景观才足够引人入胜？

尊贵的欧式田园风格社区

自然水木与高雅园林相映成趣

景观形式多样化

如何营造这种风景？

运用对称法则，打造尊贵气质

融入欧式田园风格，营造浪漫风情

美化景观的动态视觉

三、设计原则

（1）追求开放、整齐、对称、有序的景观布局，使景观功能最大化和分区合理化。

（2）园林空间疏密有致，营造尊贵、典雅、风情、时尚、浪漫和舒适的空间。

（3）本着"以人为本"的原则，充分满足居民在行为及心理层面的多样化需求，为居民提供一个便捷、健康的生活社区。

（4）遵循整体和谐统一的原则，使整个社区与自然环境融为一体，营造绿色生态的景观。

四、设计理念与主题

（1）设计风格定位为欧式风。通过空间的轴线穿插和节点布局，结合欧式田园风格以及意大利小镇风格，设计出符合本小区空间特色的园林景观。

（2）加入自然化、生态化的元素，以"源于自然、注重整体、强调功能"为设计特点，突出尊贵、典雅、浪漫、风情和时尚的主题，打造具有泛欧风格的综合型高档住宅区。由此提出"尊、庭、游"三大景观概念。

尊——彰显王者之尊，享受优雅时尚生活

庭——庭前花开花落，享受自然休闲生活

游——曲径通幽深处，享受宁静恬淡生活

（3）小区场地设计分为尊、庭、游三个区域，构思布局为"一轴、一心、一环、两组团"。

一轴：入口阿波罗商业广场—罗马林荫大道—中心别墅区

一心：罗马尊贵居住社区"罗马假日"

一环：佛罗伦萨人居花园

两组团：意大利风格小镇；普罗旺斯和托斯卡纳（田园浪漫风情）

罗马假日：将传统典雅的皇家气息与庭院巧妙融合，通过具有精致、神秘、尊贵气息的景观元素，使景观与建筑浑然一体，打造风情、时尚、生态、精品、高雅、高品质的居住场所。

西西里风情花园：景观层次丰富、材料多样、色彩绚丽，建筑立面与多姿的园林共同构成了五彩斑斓的风情花园。

波波里花园：将充盈美感的建筑空间与自然空间、园林节点的设计巧妙融合成一体。

巴洛克艺术花园：以雕塑、喷泉景观为主，结合总体园林布局，营造出一种欧式艺术氛围。

图5~8 游——曲径通幽深处，享受宁静恬淡生活

圣天使艺术花园：把整个庭院的小径、林荫道和水渠分隔成多个部分，在陶罐或雕塑周围种植一些常绿灌木，修剪成各种艺术造型，营造出欧式庭院园林的风情。

阿波罗商业广场：在主轴线上规划设计与商业设施融为一体的景观，打造气派的景观效果。

普罗旺斯：以组团形式布局，综合考虑户型、景观、朝向等因素，让水、绿地和生态景观融为一体。

托斯卡纳：通过托斯卡纳式拱柱、喷泉广场、薰衣草田、雕像景墙等景观，充分演绎托斯卡纳质朴空灵的气息。

（4）小区景观以欧式风格为主，兼顾生态化，尽量凸显尊贵、典雅、风情、时尚、浪漫和舒适的氛围。在遵循整体风格统一的前提下，各区域应营造出独具特色的宜人景观。区域之间通过轴线节点和林荫步道相连，并提取欧式风格中的典型元素，如许愿池、少女喷泉、铜质雕塑、盆式小喷泉、修剪花坛等，采取景观集中化的设计，在小区域创造出集散、游乐、赏景的空间。

五、景观概述

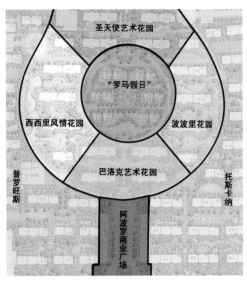

图9 功能分区（来源：文科园林）

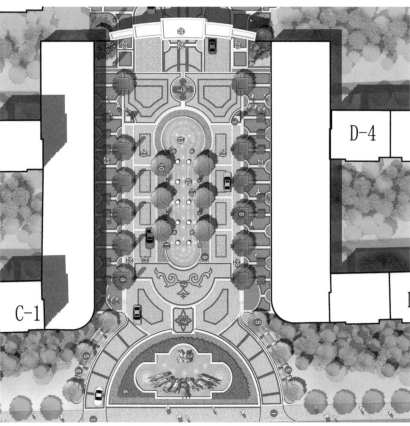

图10 入口区平面图（来源：文科园林）

图 11 鸟瞰效果图（来源：文科园林）

图 12 入口商业街实景（一）

六、植物设计

1. 原则

（1）以本土最常见、表现最优良的树种为绿化骨架。

（2）引入适合当地气候条件且生长良好的外来名优树种，为楼盘增添华丽气氛与品质感。

（3）营造各具特色的四季景观。根据场地条件，通过植物本身的形态、色彩、质感及群落的美感，形成丰富的空间及季相变化，实现四季长春、三季有花、景景宜人的景观效果。

（4）植物品种多样化。选用能够适应当地气候的多

图 13 入口商业街实景（二）

样植物品种，以乔—灌—地被花卉相结合的搭配方式进行种植，并根据美学原则组织起来，形成丰富多变的特色景观。

（5）规格多样性的运用。同一植物按其观赏特性及需求，拟采用多种规格进行搭配，以尽快形成多层次的植物景观效果，同时采用最经济的规格组成方式，节约成本。

2.定位

该项目的总体定位为欧式景观，因而在植物设计手法上运用欧式新古典的植物及造景手法，突显尊贵典雅、惬意自然、生态人居的景观特色。

该区域采用规则式布局，植物配置以修剪对称灌木为主，点缀少许花灌和地被植物，将传统典雅的皇家气息与庭院进行巧妙融合。景观植物强调对称，设计中要做到小中见大，使园林空间疏密有致，并通过加入精致、神秘、尊贵的景观元素让景观与建筑浑然一体，打造出风情、生态、高雅的居住场所。

（1）佛罗伦萨

图14 组团景观透视效果图（一）（来源：文科园林）

此区域包括圣天使艺术花园、巴洛克艺术园、波波里花园、西西里风情园四大花园。区域内整体风格统一，但又各具特色，设计以修剪灌木为主，加以花灌木烘托，并在核心景观中轴线上设置植物景观花坛、花钵等。整个庭院采用自然围合式布局，景点散布其中，由游园步道有机相连，使景观在空间上有主次之分，让人步移景异，体验不同的空间感受。

（2）普罗旺斯

普罗旺斯更多的是象征一种生活方式，一种惬意、不被喧嚣都市所烦扰的田园生活。该区域内主要以丰富的植物形成自然的绿色组团，让灌木和草坪形成鲜明对比，重点突出空间关系，在园林景观上以意大利优雅情境为标准。庭园内树木交错掩映，鲜花五彩缤纷，通过组团和层次错落的自然种植风格，完美勾勒出一幅四季盎然的美好画卷。

图15 组团景观透视效果图（二）（来源：文科园林）

（3）托斯卡纳

图 16 组团景观透视效果图（三）（来源：文科园林）

　　此区域通过种植多样化的植物品种，构建出生机盎然的绿色组团，乔木、灌木和草坪完美地融为一体，充分演绎出托斯卡纳质朴空灵的气息。整个设计承袭了意大利的优秀建筑血统，让充盈美感的建筑空间与自然空气、阳光园林的延伸设计巧妙融合为一体，让人感觉仿佛沐浴在阳光里的山坡、农庄、葡萄园，过着朴实而又富足的田园生活。

七、结束语

　　漫步在花园的青石路上，感受着周围一草一木的芳香，聆听着周围小生灵的鸣叫声，累了就坐在香樟树下的椅子上休息……这才是小区景观设计真正要打造的高品质生活场景。

　　优美典雅的社区环境为人们提供了一个良好的沟通交流场所，对于建立更为友善的邻里关系大有裨益，从这个层面上来看，景观带给人们的不只是美的享受，还有对生活的一种由衷关怀。🌷

通过加入精致、神秘、尊贵的景观元素
让景观与建筑浑然一体
打造出风情、生态、高雅的居住场所

作者简介：
梁寸草，男，曾任深圳文科园林股份有限公司景观规划设计院设计师。

让我们一起去游乐场吧!
——儿童游戏环境设计思考
LET'S GO TO PLAYGROUND!
——DESIGN THOUGHTS ON CHILDREN PLAYSCAPES

鲍文娟 BAO Wenjuan

还记得儿时那些让我们着迷的游戏么?丢沙包、弹玻璃弹珠、捉蜻蜓、跳皮筋、挑棍子、抓筛子等等,游戏虽然简单,却陪伴着我们度过了快乐的童年。

记得第一次看《天线宝宝》时,我愣了,这个节目在干什么呢?但当我注意到旁边还不会说话的宝宝,正兴奋地跟着天线宝宝向左向右一遍一遍地迈着小脚丫时,才明白这节目做得好,是真正给宝宝们看的。

这些事例,给儿童游戏环境设计者们带来了很好的启发。对于孩子(特别是5岁以下的)而言,任何物件都可能成为他们的玩具、玩伴。他们常常就像一只玩弄自己尾巴的小猫咪,可爱至极。那么我们是否考虑过现在的孩子需要什么样的游戏环境呢?什么样的情景才能让他们开怀大笑,并从中受益?怎样的自由空间才能让他们尽情地玩乐?而作为设计师,我们又该如何把自己置身于儿童的世界中,去了解他们的真实需求呢?

带着这些疑问,现在就让我们一起去儿童游乐场吧!

一、儿童游戏心理

回想自己童年时玩过的游戏,我发现它们的规则和表现形式并非一成不变,而是随着生活环境及情境的变化有所不同。这说明孩子的游戏心理是软性的,它不强硬也没有太多目的性,而具有极强的适应性。孩子的意识里对于"我要玩什么、我要怎么玩"并没有明确的想法,而是更注重"在当下,我可以玩些什么让自己开心"。孩子心里是没有固定的游戏方式、游戏规则的,虽然许多游戏玩法是从年纪大些的孩子那里传承过来的,但这并不影响他们根据实际情况自行整合。因此只有全面深入地分析、了解儿童的游戏心理,设计师们才能打造出满足儿童需求的游戏环境。

二、国内外的教育背景

国内外不同的教育背景,也间接影响了我们营造儿童游乐场所的思维方式。

在国内,一般情况下儿童的游戏环境是由家长来决定的,而不是依据孩子们的需求来设计的。首先,家长会对游戏环境的可玩性以及游戏内容等做出自己的评价,然后才决定是否让自己的孩子留在这里玩。因此,儿童的游戏场地总会在一定程度上受到限制,从而间接影响设计者的思路。而在国外,父母们更多的是让孩子自主决定去哪里玩、怎样玩,这种给予孩子选择空间的养育方式往往会给他们带来意想不到的收获。

三、游乐的内容

1. 尽可能自由

抛开国内外教育的差别,在成长过程中孩子需要玩什么呢?我想,随着年龄的增长,"游"的文化内容会相应丰富,而"乐"的运动空间也会随之扩大。因此

图1、2富有创意的儿童游乐设施

在营建儿童游乐园之前,我们要考虑不同类型的游乐园,是为哪个年龄阶段的孩子服务的,然后针对该年龄段的特点来进行设计。例如,要建造一个供 14 岁以下孩子长期玩的户外场地,首先应考虑游戏环境的安全性;然后,尽可能利用自由多变的场地,营造更多可变的、趣味的游玩空间;再以玩具、道具等相辅助,不一定是滑梯或跷跷板,可以是一段木头、小道边的滑道,还可以是浅水边飞舞的蜻蜓、土坡上的蚂蚁等。总之,随意而造,自由发挥。

2. 注重孩子的需求

自然、人文等的标榜对孩子来说没有太大意义,它们纯粹是我们成人的思维和想法罢了。大人觉得孩子生活在钢筋水泥的城市,会失去对自然的认识,会无法延续传统文化的精髓。但是孩子并不这样想,他们是通过游戏来发现世界、探索环境的。随着年龄的增长,他们要探索新事物,也就需要不断扩大自己的游戏环境。不能简单地认为生活在城市中的孩子没有童年,生活在农村的孩子才有真正的童年。笔者认为,要为孩子们设计出好的游戏环境,我们就不能从成年人的角度出发去想问题,而应该根据不同年龄段孩子的成长特点进行设计,帮助他们通过游戏更好地去探索和发现,为他们提供一个充满创造性和可能性的游戏空间。

图 3、4 富有创意的儿童游乐设施

四、实景案例

下面介绍两个案例,希望能为设计师提供设计灵感与思考空间:其中一个作品的设计师充分发挥了想象力,利用简单的元素,创造出趣味无限的游乐空间;另一个则是尊重当地历史,对遗留下来的物件进行再组合设计,既体现了可循环利用的理念,也带来耳目一新的游戏空间。从这两个简单的案例中,我们可以体会到只有深入到儿童游戏当中,了解儿童的真正需求,才可能设计出适合不同年龄、性格的儿童游乐场所。

1. 案例一

该项目是荷兰 KapteinRoodnat 设计工作室为一所小学设计的。KapteinRoodnat 的设计团队以对社会负责而著称。这个设计的灵感来源于雅克塔蒂的电影《我的舅舅》中的一个情节:一天,男主角去他哥哥的铁管制造厂上班,他尝试性地按下各种按钮,结果导致机器失去控制……

图 5、6 KapteinRoodnat 为荷兰某小学设计的儿童游乐设施

图9 由老杉树改造的儿童游乐设施

这所小学的操场和礼堂就是基于这个故事而设计的：明绿色的铁管失去了控制，带来了无限变化的想象空间。

直径5cm的管子在主入口处充当扶手，并且变换着各种形状，一直延伸到游乐场中，形成了攀爬结构、座椅区等功能各异的游乐设施；它们还穿过墙壁延伸到学校的礼堂，构成了礼堂的舞台、休闲区、座椅和幕布滑竿等。整个项目设计非常巧妙，令人叹为观止，再加上铁管的价格低廉，且易于安装，使项目设计适用于多种场合，并得到推广。据学校称，这个独一无二的项目自落成那天起，就几乎让所有的孩子都为之着迷。

一个简单但富有变化的铁管的设计，赢得了如此多孩子的青睐，让他们以此创造出各种各样的游戏，这才是真正为孩子而设计的游乐场所。

2. 案例二

Traxing Fir 是一棵著名老杉树的名字，在瓦尔特基尔辛附近的 Traxing 小镇

图7、8KapteinRoodnat 为荷兰某小学设计的儿童游乐设施

图10 由老杉树改造的儿童游乐设施

图 11 由老杉树改造的儿童游乐设施

上。小镇居民在杉树被砍倒之后，将树干保存起来。后来 RehwaldtLandschaftsarchitekten 景观设计事务所接受委托，将其改造成当地儿童的游乐设施，赋予了这棵树第二次生命。现在，这棵"树"已成为瓦尔特基尔辛游乐园老园区的入口。

垂直于地面的木料构成了这棵"树"的新皮肤。虽然从外面就可以看到这个设施的内部结构，但是孩子们进去之后，才能发现暗藏其中的各种游乐功能。从木料之间的夹缝，我们可以看到诡异的层状结构、布满结点的攀爬网和悬在空中的椭圆形铁环彼此堆叠在一起。孩子们可以轻松而又安全地沿着"树干"内部的网状结构一层层地爬到顶端。同时，绳子之间网眼的大小可确保孩子们穿过一层后不会掉到另一层网状结构上。当孩子们爬到顶端时，古镇的屋顶和周围的田园风光尽收眼底，一种前所未有的成就感油然而生。

3. 思考与借鉴

这两个充满特色的游乐场所，无疑都能吸引儿童的注意力。在这里，孩子们可以尽情游玩，或与伙伴开怀大笑，或独自游戏、安静思考。对孩子来讲，玩耍是他

们的天性，是日常生活的一部分，对身体、智力和情商的发育都有好处。孩子们不仅能够通过玩耍释放体能，发展运动技能、平衡能力和协作能力；而且，能够通过社会性活动激发创新思维、思辨能力和语言能力，从而造就他们良好的个性。另外，游戏还能让他们学会在面对挑战时如何处理问题，进而培养他们的组织、策划和决策能力。可以说，游乐活动是孩子们对未来生活的一次"彩排"。

五、结束语

对于儿童游乐环境的设计，除了要解决和业主无法专业沟通、设计尺度较难掌握、安全设计要求复杂等难题之外，作为设计师，还应给自己提出更高的要求。不能只停留在目前滑梯加沙坑的单一模式（虽然这被称为一个伟大的设计），而应继续积极创新，为孩子创造出无限的游戏可能性。让我们一起去游乐场吧！用心和孩子们一起参与其中，享受游玩的乐趣，日后才可能设计出真正属于孩子们的"游乐天堂"。 🌐

作者简介：
鲍文娟，曾任深圳文科园林股份有限公司景观规划设计院助理设计师。

图 12 由老杉树改造的儿童游乐设施

莲花佛国，水上佛国
——安徽九华山九华风情河景观设计

LOTUS BUDDHIST AND WATER BUDDHIST
—LANDSCAPE DESIGN OF ANHUI JIUHUA MOUNTAIN FENGQING RIVER

吴文雯　慎海霞 WU Wenwen, SHEN Haixia

昔在九江上，遥望九华峰。

天河挂绿水，秀出九芙蓉。

我欲一挥手，谁人可相从？

君为东道主，于此卧云松。

——李白《望九华赠青阳韦仲堪》

"九十九朵灵秀的莲花，九十九座高空悬寺，九十九个岁月修成的正果。"传说，九华山是九十九朵莲花与神秘佛国的结合。

作为国家首批重点风景名胜区，位于安徽省池州市境内的莲花佛国——九华山，因唐代新罗王子金乔觉于此修行，成就了今天这座重要的国际化佛教道场；又因唐代诗仙李白数次游玩并为其赋诗而名传天下。

"山因诗而名传，佛依山而显灵。"自金乔觉之后，九华山已出现过 14 尊肉身菩萨，举世震惊。然而，近年来九华山观光、佛教朝圣等旅游产品已趋成熟，与其他佛教景区也很相似。如何赋予九华山佛教文化新的内涵，寻得突破口打开莲花佛国的新时代，便是我们首要解决的问题。

图1 出水芙蓉并蒂秀，秀水通天（绘制：吴文雯）

"仁者乐山，智者乐水。"而要两者兼备，"山"、"水"缺一不可，更何况传承千年的莲花佛国怎能没有水？

图2 出水芙蓉并蒂秀，秀水通天 夜景效果图（绘制：吴文雯）

"出水芙蓉莲佛国，通天圣水九华河。"九华河因有龙溪、漂溪、双溪、舒溪、澜溪五溪汇入，又称五溪河，是进入九华山风景区的必经之地。当年金乔觉即是由此溯九华河而上，卓锡九华的。其源头为树枝状分布的溪涧谷床，雨过则洪，沿河两岸残缺不全，缺乏宜人空间，虽兼休闲与防洪于一体，但周边环境与景区品质极度不符，整个河道亟待改头换面！

一、战略分析：莲山灵秀地，圣水九华河

"不谋全局者，不足以谋一域"，设计需从大空间、大地域的角度来解析九华河。如何使九华山悠远而又独具特色的佛教文化与景区融为一体，并最终形成白天九华山、晚上九华河的"莲花佛国，水上佛国"新景象，是值得设计者深思的。

首先，挖掘其特色。

第一，金地藏大愿是地藏文化的核心与灵魂。如何让其区别于其他菩萨，独具特色？

第二，肉身菩萨是世界唯一的全身舍利、金身舍利。如何宣扬这世界唯一？

其次，弘扬其特色。

地藏"地狱不空，誓不成佛"的大愿是区别于其他菩萨的最大特点，如何用现代手法重新诠释、弘扬发展？

最后，升华特色，使其合二为一。

地藏立下大愿："地狱不空，誓不成佛，众生度尽，方正菩提。"其用一颗静心，舍去自然，摄一切众生为自体，用无我的智慧，誓立宏愿广度众生。为最终实现其大愿，他于轮回之中数度化身肉身菩萨，来到世间，拯救众生，以达宏愿。

九华山上世界仅存的金身舍利，不是第一个，更不是最后一个，他将因地藏

图3 出水芙蓉并蒂秀，秀水通天 鸟瞰图（绘制：吴文雯）

博爱奉献的精神在中华大地上生生不息，轮回不尽！

二、设计构思：大愿缘起

利用河道的狭长空间，以地藏王"大愿缘起"为发展轴线，以其肉身菩萨轮回的先后时间为顺序，将情景雕塑融入环境，用景观手法演绎地藏王菩萨誓守诺言的决心，即发扬以天下为己任的精神。河流源远流长，隐喻地藏"大愿"犹如流水般连绵不绝、永无止境。在这里，以佛教人，弘扬奉献精神，不是结束，而是一个新的开始。

三、方案设计

九华重现莲山境，佛光普照耀大千。

地藏大愿终未了，金身舍利展新颜。

设计需强化九华河的自然山水格，以九华山为背景，紧抓佛教历史，深挖场地特色，努力打造一个国内乃至世界独有的水脉，创有"魂"的景观，造"精神"的家园。

整个景观分为"一河、两环、三带"：

一河：九华风情河；

二环：佛光大道车行游览环线、环湖人行游览环线；

三带：商业滨水休闲带、生态莲岛度假带、山涧溪流观赏带。

整个河道设计结合了修行佛法的全过程，即参禅、明性、悟道，从最开始的知，再到懂，至最后悟，逐步超脱升华，景观氛围也随之到达巅峰。在下游入口的商业休闲区，犹如初窥佛法门径；到了中游度假区域，渐渐了解了佛教的真意和智慧；直至上游山涧溪流，则返璞归真，顿悟佛理。此景配此境，此心有此景，暗喻游人在游玩休闲中参悟人生，用佛学净化心境，以佛心做事做人。

四、构思体现

菩萨道，度自己，也要度众生，让人人成佛。莲花努力开花不只是为了开花，而是花开方可怡悦众人。片片莲花瓣，正如佛度众生的万般法门。通过不同的法门，可显出藏在其中的佛性。

其实，莲花佛国盛开的不是莲，而是心。

1. "九华可相从？"入口雕塑

设计把佛光大道和九华河第一交汇点定为整个九华风情河的入口，借用李白的诗句"昔在九江上，遥望九华峰，我欲一挥手，谁人可相从？"来宣传九华，用诗仙李白的号召力来招引世人。另在对景和两侧塑地形，为游人营造"山重水复疑无路，柳暗花明又一村"的转世之感。在青山绿水的背景里，那挥袖的召唤——"九华可相从？"雕塑特别醒目，暗示着李白在挥手引人来看看九华的山、九华的水！

2. "大愿缘起" 15 尊金身雕塑

每一尊雕塑都结合各自事迹突出设计，配以相应的场景，或结合框景墙，或结合背景植物等，按时间先后顺序排列，从入口渐至上游呈带状分布，直至 99m 高的地藏王大铜像，仿佛地藏王是从这里开始，一个一个地轮回世间，普度众生。设计一方面再现了地藏王实现"地狱未空，誓不成佛"普度众生的宏愿过程，另一方面也隐喻着其是唯一有据可依、有理可查的真身菩萨。这里的每一节点犹如其一步一个脚印走过的"圣迹"。

3. "佛光大道" 15 根功德柱

功德柱又称莲柱，来源于 15 尊肉身菩萨，

图4 诗经灯海通天莲，莲上九天（绘制：吴文雯）

展现大愿地藏王为实现宏愿而不断轮回到世间的过程。15 只是一个开始，不对称的设计也是为后世不断轮回出现的地藏王金身留下伏笔，寓意大愿缘起永无止境。柱身将莲融合在 15 个各具特点的浮雕里，代表莲生如意、莲生安康、莲生福寿、莲生禄位、莲生吉祥、莲生慧智、莲生圆满等愿望。莲花柱也可结合水景。圣水不断从周边溢出，可让游客、信众礼佛并用圣水洗手、洗脸，祈求大愿无疆。

4. "水上佛国"步步为莲湖心岛

莲花与佛教的关系十分密切，世间花卉都是先开花后结果，莲花则在开花的同时，已具莲蓬。佛家特别强调莲花"华实齐生"的特质，因此莲花被佛家视为能同时体现过去、现在、未来的圣物。人说九华山，是九十九朵莲花与神秘佛国的结合，是"莲佛共存"的莲花佛国。在这里，可以说"莲"就是"佛"，"佛"就是"莲"，而莲出淤泥，生于水。

因此，方案结合场地和周边用地性质，特在河道内设计多种形式的莲岛，并在下游结合九华商业街和接驳站等偏现代设施，使得此处莲岛更加抽象和现代，折线的轮廓更加简约和大气。岛中心特设商业配套建筑群，玲珑通透，酷似九华河上盛开的一朵荷花，又似几片茶叶，自然飘逸。上游则结合自然现状，利用原有地形，借势立岛，在重要节点设置与莲相关的小品。漂浮在九华河上的小岛，犹如地涌金莲，又如出水芙蓉。这时，这座可供休闲游憩的小岛已不再简单，而是佛祖升天脚踏的莲花，岛岛相偎、步步生莲，更加生动地再现莲花佛国本应有的水上意境。

5. 莲心桥

莲依水而灵动，水因桥而有情。在桥体和拦水坝部分，利用部分支流和原有

图 5 流光溢彩祈福地，地涌金莲（绘制：吴文雯）

的生硬公路，稍做巧妙设计，即在视觉上营造出车在桥中行的优美意境。此外，我们还利用莲花与佛的特殊载体，设计了独具特色的莲心桥。展开的莲花瓣排立在桥体两侧，人行其间可参悟"佛心"，人行其外可远观"佛表"。阵列的造型犹如千只佛手，超然其外，只见众生渡桥间，佛祖度众生。另外，在桥体两侧特配合莲桥造型设置了规整大气的活动场地，以佛为主题的小品点缀其间，佛国禅境，跃然心间！

五、结语

吴用之当年为答谢金地藏的《酬惠米》诗，回赠一首《太乙岩》，诗曰："太乙真人去不回，仙岩胜境长莓苔。料得百年千载后，金乔菩萨再重来。"

吴诗《太乙岩》说的是汉代太乙真人窦子明在陵阳

山修道乘白龙升仙，一去不回，其遗下的仙岩胜境已经薜萝缠绕，长满了莓苔。"料得百年千载后，金乔菩萨再重来。"在金地藏证道九华山成为"金乔菩萨"1200多年后的今天，将在九华山下出现以 99m 地藏菩萨像为首的莲花佛国、水上佛国。这是机缘，还是历史的巧合，真是不可知，亦不可思议！　❀

作者简介：
吴文雯，出生于 1984 年 5 月，女，现任深圳文科园林股份有限公司景观规划设计院设计总监。
慎海霞，出生于 1987 年 10 月，女，现任深圳文科园林股份有限公司景观规划设计院设计师。

富兴·湖畔欣城景观设计
LANDSCAPE DESIGN OF FUXING LAKESIDE XINCHENG

陈小兵 CHEN Xiaobing

项目位于辽宁省辽中县，总占地面积约 14 万 m²，其中景观面积约 10 万 m²。项目景观设计以北欧湖畔的莫尔日小镇为蓝本。

一、设计理念：幻境天成，湖岸天籁

每个城市的文脉都是由多个点构成的，或是自然或是人文。湖畔欣城所体现的独特气质恰恰是城市的自然脉络与人文脉络的结合，既融合了自然元素，又兼备了艺术品质，让人们在大都市中享受少数人拥有的"生态自然、内敛优雅"的休闲生活方式。

我们以一株象征生命与活力的爬藤为蓝本，将藤条覆盖整个场地。当我们将藤蔓的脉络放大、继续放大，直到一个全新的世界浮现时，眼前曼妙的藤条构成了小区活泼灵动的交通网络；同时手掌状的绿叶伸进每个组团，形成了一个个异彩纷呈的组团景观；而螺旋状藤蔓则伸进组团构成了奇趣梦幻的活动空间。如此，密布的脉络便变成了条条道路。整个设计采用自然式造景的手法，浓缩了异域风情的精髓，沉淀了当地的人文脉络，并兼具居家生活的情趣与浪漫的异域风情，打造出一个体现"幻境天成、众生合奏"意境的北欧风情园林景观。

二、北欧小镇风情园林——瑞士莫尔日小镇印象

结合项目欧式风格的建筑产品特征以及自然资源的优势，整个设计以欧洲莱蒙湖畔的莫尔日小镇为设计蓝本。

小镇印象：瑞士像一首诗，由山川、湖泊与城镇串成，韵律舒缓而幽雅，风情万种，各有韵致。莫尔日是位于莱蒙湖畔的一个小镇，是鲜花与美酒的代名词。这里的湖畔风光美得令人窒息。湖水像一幅巨大的蓝色绸缎在阳光中舒展，湖面浮游着天鹅、野鸭、鹭鸶等各种水鸟……让人不由感叹，世上竟有如此精致的地方，把种种绝美风光浓缩到一幅画框里。在莫尔日的湖畔小道上，展现着当地居民最日常的生活状态：清晨，老人在湖边散步、遛狗、喂鸟；午间，年轻人坐在堤岸上一边吃三明治一边聊天；下午，母亲们牵着孩子出来嬉戏；黄昏，放学的少年在这里玩滑板；晚上，岸边的一个个餐厅登场了，美丽的灯烛如星星闪烁，灯下衣香鬓影，座无虚席……

三、总体布局

湖畔欣城的总体布局为两环、两轴、七大主题庭院区。

1."两环"

"两环"是指项目外围的"市政绿色生态环"和"北欧风情小镇休闲商业环"。

2."两轴"

"两轴"是指连接基地横向与纵向的两条景观轴线。

一为人文轴线，主要贯穿西入口与东北入口，结合项目自身特色，发掘当地的人文精髓，引入莲的主题；再结合异域风情，为人们打造具有北欧风情的居家氛围。同时，这也是整个小区高尚品位的展示轴线。

二为生态轴线，贯穿项目南北基地。整个小区从北至南形成主景观轴线，以象征生命与活力的藤蔓为设计形态，以水景的不同形态贯穿轴线，并运用自然的设计手法将以自然元素（森林、山丘、湖泊、阳光、空气等）为设计主题的各个院

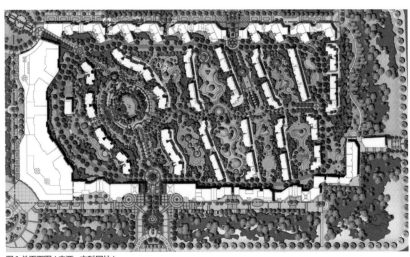

图1总平面图（来源：文科园林）

图2 主入口鸟瞰图（来源：文科园林）

落景观空间串联成有机的整体。

　　收放开合的场地空间通过地形变化、道路转承、绿化配置等，形成了一系列生态休闲场地、林荫活动场地等多种生态公共活动空间，供居民休闲、娱乐、交流，提升了小区的功能和品位。

3. 七大主题庭院区

　　主题庭园区定位为景观功能片区，包括莫尔日花园、兰幽谷、滴翠园、藤语园、蝶彩园、畅天庭、静谧园。

　　（1）莫尔日花园：低调、尊贵

　　通过运用绿化与硬景的相互转换，营造了一系列开合有致、四季有景的景观空间：环绕中心组团片区的溪流；一系列活泼灵动的水景空间；彰显人文内涵的莫尔日钟塔；藤蔓缠绕的亲水廊架；随旋律起舞的音乐喷泉；中央开放的草坪广场；随意点缀的景观小品……共同营造出低调尊贵的异域风情景观。

　　（2）兰幽谷：梦幻、唯美

　　通过上层乔木形成树影婆娑的光影空间，结合地形围合景观空间的同时，点缀以香花馥郁、通透自然的植物景观，营造出梦幻、唯美的北欧风情景观。

　　（3）滴翠园：悠然、闲适

　　通过上层乔木形成半郁闭的林荫空间，山林馥郁，上层景观郁闭，下层景观通透自然，结合游园步道，或欢快，或休闲，不同的景观空间演绎着不同的生活体验，悠然、舒适的生活不言而喻。

　　（4）藤语园：健康、休闲

　　绿化平均散布于庭院，处处有景，勾勒出一幅幅美不胜收的画卷。立体式绿化（结合花廊、藤蔓植物），使景观错落有致，既突出了空间的立体感和韵律感，同时也为康体休闲提供了绝好去处。

　　（5）蝶彩园：浪漫、纯美

　　这里是地形起伏的中心花园，以高大乔木搭配多层次的花灌木，再加上生态自然的旱溪、自由蔓延的花坡和花境、富有情趣的休闲小广场、风情的雕塑小品等，将浪漫、纯美演绎到极致。

　　（6）畅天庭：宁静、祥和

　　通过对中庭景观的全面考虑，设计以平缓起伏的草坡、匍匐低矮的灌木丛、点缀的景石、蜿蜒的散步道与不规则的活动场地为要素，营造出温馨、舒适的景观休闲空间。

图 3 中央景观鸟瞰图（来源：文科园林）

（7）随想园：自然、质朴

运用地形围合景观空间，以开放的阳光草坪为景观的中心。在这里，或席地而坐，或追逐奔跑，人们可以随心所欲地释放压力，感受天空、大地、一花一草带来的惬意。

七个庭院分别以自己独特的特色给人留下深刻的印象，尤其是在植物的设计上更让居民体验到了多姿多彩的自然风情。此外，设计还将人与自然、文化融合起来，提升了居住品位和生活境界，给人带来一种全新的社区生活体验。

五、结语

设计师以不同的手法，营造出一个个鲜活的居住环境，让居民在享受异域风情的同时，更能体会自然景观的真正韵味。

作者简介：

陈小兵，出生于 1982 年，男，华南热带农业大学（今海南大学）学士，武汉大学硕士，现任深圳文科园林股份有限公司景观规划设计院设计总监，主要研究方向为园林设计、景观生态学、未来居住形态。

图 5 标志塔透视图（来源：文科园林）

图 4 东入口轴线节点透视图（来源：文科园林）

图 6 庭院节点透视图（来源：文科园林）

倾注热情 追求极致
——在地产景观设计中的感悟
POURING PASSION AND PURSUING PERFECTION
—REFLECTIONS ON ESTATE LANDSCAPE DESIGN

占吉雨 ZHAN Jiyu

图 2 南京万科·金域蓝湾标识墙

图 3 南京万科·金域蓝湾鸟瞰图

在国内，景观设计行业往往以房地产景观为主要业务方向，这和国内房地产业近二十年的飞速发展是分不开的。在房地产业不断发展的过程里，人们对居住环境逐渐有了更高的要求，希望生活的空间能够赏心悦目，这就给景观设计业带来了极大的发展空间。

在本人设计的万科项目中，南京万科·金域蓝湾和深圳万科·金域华府比较有特色。本文主要就这两个项目谈谈在设计中的一些个人感受和对房地产景观的理解。

一、南京万科·金域蓝湾

南京万科·金域蓝湾位于南京江宁百家湖以南、双龙大道以东、清水亭东路以北，项目处于双河交汇之处，是江宁百家湖、东山、科学园、九龙湖四大板块的几何中心。小区总占地面积约 27 万 m²，总建筑面积约 68 万 m²，其中地上部分约 54 万 m²，地下部分约 14 万 m²，包含多幢 16~33 层高层板式楼和低、多层住宅，住户约 3800 户（图 1）。

在我们启动该项目的景观设计之前，已有其他设计方进行过部分施工，现场消防道路已经硬化处理，地下管线也已局部铺设，这就对我们提出了更高的要求。

图 1 南京万科·金域蓝湾平面图

在紧张的施工工期要求下，我们来回奔波于深圳、南京两地，确保实时进行的设计与施工相衔接，最终得以顺利完成该项目的景观设计（图2）。

此项目景观在风格上和建筑主体保持一致，运用自然式布局，凸显地中海风情。对原有蛛网般的消防道路进行了细分和优化处理，减少了大约30%的多余消防硬化面积，形成流畅的步行道路系统；并且增加绿化量，用自然的步道穿插衔接不同的院落，形成更富层次的景观（图3）。另外，设计以用户的体验和生活的实用性为指导，在27万 m² 的社区中，设置了3个篮球场、3个网球场、多个羽毛球场以及儿童活动场所等，占地近3000 m²。在细节处理上，采用陶瓷马赛克、古城堡石搭配手扫面肌理漆的手法，结合精巧的铁艺灯饰和小品，营造出典雅、厚重的景观特色（图4~8）。

图4 庭院入口

图5 结合消防设计的洗米石步道

图6 极具趣味的宠物便便桶

图7 采用透水砖与石材铺贴的商业广场

图8 阳光下的廊架庭院

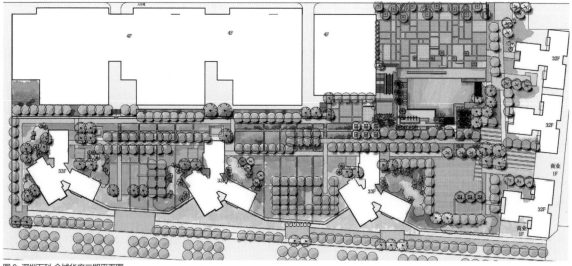

图 9 深圳万科·金域华府二期平面图

二、深圳万科·金域华府

深圳万科·金域华府坐落在深圳市的中心轴带北延段——龙华新城，占地约 6.8 万 m²，分南北两区，总建筑面积约 24 万 m²，为七合院围合式布局的别墅和板式高层，建筑立面风格为现代中式（图 9、10）。

该项目的园林设计灵感，来自绘画大师蒙德里安的绘画结构及色块特点（图 11）。设计将蒙特里安的抽象画分解成简洁的几何图形，让线与线、线与面、面与面之间相互关联，并在图形中加入软、硬景的设计元素，让不同材质、肌理、色彩的物质相互融合和呼应，形成相互依存的场地空间。在细节设计上采用大量灰色元素，使空间成为一个和谐的整体；在园林布局上采用高差原则，并引入循环水景营造多重景观体系（图 12~17）。

设计通过简单但富有特色的装饰，建构出流畅的线条感，让空间洋溢出具有现代感的艺术风情。抽象与秩序，简约与纯朴，在这里得到了完美的融合。

三、结语

在设计中修改，在修改中完善，在完善中追求所能达到的极致。一个好的景观必定是倾注了项目设计师无限的热情、专业的态度以及长时间的专注而结出的硕果。🌼

作者简介：

占吉雨，出生于 1982 年 9 月，男，现任深圳文科园林股份有限公司景观规划设计院设计总监。

图 10 入口处

图 13 小区实景

图 14 小区实景

图 15 小区实景

图 11 园林一角

图 12 水景

图 16 石雕

图 17 水景

延承三国文化，展现古城新貌
——赤壁市建设大道入口生态绿岛景观设计
INHERIT THREE KINGDOMS CULTURE, SHOW NEW IMAGE OF ANCIENT CITY
—LANDSCAPE DESIGN OF CHIBI JIANSHE AVENUE ENTRANCE'S ECOLOGY GREEN ISLAND

王雪刚 WANG Xuegang

大江东去，浪淘尽，千古风流人物。故垒西边，人道是，三国周郎赤壁。乱石穿空，惊涛拍岸，卷起千堆雪。江山如画，一时多少豪杰。

遥想公瑾当年，小乔初嫁了，雄姿英发。羽扇纶巾，谈笑间，樯橹灰飞烟灭。故国神游，多情应笑我，早生华发。人生如梦，一尊还酹江月。

——苏轼《念奴娇·赤壁怀古》

当读起苏轼的《念奴娇·赤壁怀古》，"赤壁之战"的画面就会涌现心头。"三国"是让人心生向往的英雄辈出的年代，是万千男儿魂牵梦绕的悲壮史诗，是一首铁与血铸就的"男儿歌"。

笔者有幸踏临昔日战火纷飞的地方，为赤壁古城打造新的靓丽名片——赤壁市建设大道入口生态绿岛。

一、项目概况：优秀的场地和自然条件

项目位于赤壁市新区赤壁大道和建设大道的交叉路口。这里地理位置优越，承载着城市形象展示和城市门户地标的重要责任。根据赤壁市新的城市规划，紧邻项目以东的地块将新建大型的城市体育公园，建成后本地块的区域地位必将更加令人瞩目。

项目场地是一个直径 400m 的规则圆形，景观面积达 8 万多 m²。场地被两条城市主干道分为"三大一小"和中心绿岛共五个区块。场地地势平整，土质优良，为营建景观提供了优越的条件。

图 2 总平面图（来源：文科园林）

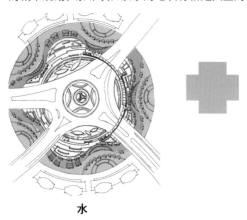

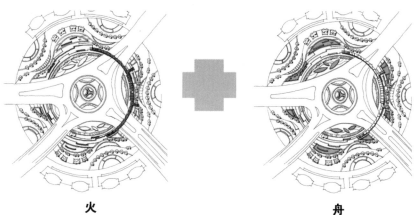

水
（界面围合、艺术铺装）

火
（特色天桥、艺术景墙、铺装灯带）

舟
（特色种植池、灌木造型）

图 1 赤壁之战的三个代表元素：水、火、舟（来源：文科园林）

图 3 方案一夜景效果图（来源：文科园林）

二、战略分析：要打造具有深刻文化含义的景观

"不谋全局者，不足谋一域。不谋万世者，不足谋一时。"要想准确把握项目的方向和脉搏，就必须对项目进行充分的调查和分析，明确项目建设的目的和意义，明晰项目的特点和建设要求。与大多数房地产项目不同的是，本项目不但要实现园林景观"可观、可游、可参与"，还对景观的文化意义和人文象征提出了很高要求。项目要充分而准确地展现赤壁特色文化，使之成为赤壁的新地标。

图 4、5 植物设计

要满足项目的要求，就必须站在整个城市建设发展的高度来看待和解决问题。根据赤壁新区的未来 20 年规划总则，它将成为一个集政务、商业、金融、文化、

体育于一体的综合性宜居新城。新城将秉承和倡导"生

图 6 植物设计

图7 特色廊架

图8 方案一：铜镜映三国，赤壁照古今（来源：文科园林）

态、健康、文化和可持续发展"的建设理念。因此，建设大道入口生态绿岛项目必须牢牢把握城市建设发展的脉搏，走"文化"发展建设道路。

在项目"文化特色元素"的提取上，为了抓住赤壁的本土文化，把握最具代表性的"三国文化"，我们对以"赤壁大战"为主的史实材料进行提炼，找出赤壁三国文化的核心价值和精神上的深刻内涵，用现代景观的表现手段展现和发扬赤壁文化特有的超凡魅力。

三、设计构思：从多角度演绎和展示"赤壁三国文化"

根据委托方的意见，设计将立足于三国文化，从多个角度和视点来展示赤壁文化，所以我们提出了以下三个设计方案。

方案一：景观主题——"铜镜映三国 赤壁照古今"

在充分了解赤壁大战的真实史料和历史传说后，我们提炼出了代表赤壁大战的经典元素——"水、火、舟"，将它们有机地融入整体的设计中，准确地抓住了赤壁最重要的文化特性。

在项目的整体布局中，通过巧妙借用"古铜

镜"这一载体，将铜镜特有的文化肌理具象化地应用到景观的设计中，使整体布局设计散发出浓烈的文化气息。项目的整体设计巧妙而独具匠心，在借用铜镜元素的基础上，整合凝练成"一核两环"的同心圆环状结构（按照景观功能从外到内依次分为集散环、游憩环和内核绿岛），结构严谨，布局合理。项目打破了道路对场地的无序分割，运用"环状"结构，将相邻地块有机地结合在一起。此外，设计创造性地提出了大尺度、半封闭式的过街天桥构思，更在项目的空间造型和文化展示方面实现了重大突破。

项目交通岛正中的"月光樽"主景雕塑，气势磅礴，恢宏大气。红色的主色调更是将中国风淋漓尽致地展现出来。除了主雕塑和过街天桥外，项目中的各个景点构筑在设计上也是别具匠心，不论是小品亭廊、灯柱水景还是花坛坐凳都各具特色、精巧怡人。

图9 方案二：激流搏千古，雄舟藏甲兵（来源：文科园林）

方案二：景观主题——"激流搏千古，雄舟藏甲兵"

为了与方案一在设计上拉开距离，方案二采用了另外一种全然不同的设计思路，即采用再现历史场景的手法，将历史的真实进行艺术化的加工和提炼，提取出"水浪、巨舰、兵阵、箭楼、垛城"等赤壁大战的经典元素，通过景观化的处理，营造出"千帆勇进，百舸争流"的恢宏战争画面，给观者以视觉上的强烈冲击。

方案二同样采用了同心环状的景观结构，以中心绿岛上40m高"古战船"为核心，以"水浪"为纽带，以"兵阵、箭楼、垛城"为亮点，全盘演绎了两军对垒、狭路相逢的战争场面。设计在采用古典形式展示景观场景的基础上，也运用了最新的高科技手段。激光水幕和特色照明技术的应用，使整个项目既有古韵又有新意。

图10 方案三：追溯历史，燃烧梦想（来源：文科园林）

方案三：景观主题——"追溯历史，燃烧梦想"

此方案以"烈火、战船"为主要元素，重点表现火烧赤壁的历史场面，以"串烧的火苗"为构图的基础图案，通过对"火"的演绎来追溯赤壁的悠久历史，展望美好幸福的新生活。

方案三在景观立意上迥异于前两个方案，主要通过植物的造景手段来展示生态化的新赤壁形象。设计中加入了大量"人"参与的元素和设施，体现出人与环境和

图11 方案三鸟瞰效果图（来源：文科园林）

谐统一的理念。

三个设计方案在抓住赤壁大战这一根本文化脉络的基础上，通过不同的角度、视点和手段，充分展示了赤壁的三国文化精神，都有助于将该项目打造成赤壁市的崭新地标，展现出赤壁市区别于其他城市的鲜明特色。

四、结语：学习如何打造具有文化内涵的景观

景观是文化的载体，是人类思想、精神的具象表现。只有凝聚了思想和文化的景观才具有长久的生命力。这次经历对笔者和整个设计团队来说都具有十分重要的意义，也为我们今后的工作提供了宝贵的经验。通过本项目的创作设计，我们深刻了解了用景观诠释和展示特定文化的方法和手段。相信在今后的工作中，我们必将创作出更多具有旺盛生命力的优秀作品。🏵

图12 方案二夜景效果图（来源：文科园林）

作者简介：
王雪刚，出生于1983年3月，男，曾任深圳文科园林股份有限公司景观规划设计院设计师。

中国科学养生兰州示范基地景观设计
LANDSCAPE DESIGN OF LANZHOU DEMONSTRATION BASE FOR CHINESE SCIENTIFIC HEALTH

金星星 JIN Xingxing

一、项目概况

项目位于甘肃省兰州市七里河区，总占地面积 141826m²，东面毗邻狗牙山，西面紧接萧家庄。地块东临 G212 国道，西临 G75 兰海高速，距兰州中川机场约 78.8km，交通便利。

项目景观设计采用新古典主义自然风格，在现代简约的基础上，在细节上选取古典主义的元素与符号，运用更多的自然材料，如原木、石材、板岩、玻璃等，打造出一个舒适雅致的养生、养老社区。

二、基地分析

1.区域位置分析

兰州，甘肃省省会，是中国西北区域的中心城市，位于中国陆域版图的几何中心，地处中国大西北"座中四连"的特殊位置。市区南北群山对峙，东西有黄河穿城而过，蜿蜒百余里，具有带状盆地城市的特征。城市依山傍水而建，层峦叠嶂，展现着西北边关的雄浑壮阔。兰州地处内陆，大陆性特点明显，属温带大陆性气候，降水少，日照多，光能潜力大，气候干燥，年温差、日温差均较大，夏季稍热，最高温 30℃左右，冬季较为寒冷，最低温在 –10℃左右。

2.城市面貌分析

兰州是一个东西向延伸的狭长形城市，夹于南北两山之间，黄河从市北的九州山脚下穿城而过。现在，兰州已形成以石油、化工、机械、冶金四大行业为主体，门类比较齐全的工业体系，是我国主要的重化工、能源和原材料生产基地之一。

全市有林业用地 182550hm²，占总面积 13.46%，其中有林空地 90157hm²，进一步植树造林的潜力较大。全市土地面积为 139.9953 万 hm²，其中，天然草场面积为 77 万 hm²，耕地 21 万 hm²，林地 7.6 万 hm²，牧草地 76.5 万 hm²，还有未利用的荒草地、盐碱地、沙地等近 23.5 万 hm²。

3.基地现状

基地为南北向狭长形地块，长约 1km，最宽处约 173m，南北高差约 25m。建筑呈东西向有序排列，形成"一主轴多组团"的景观结构。

图1 入口效果图（来源：文科园林）

三、项目思考

1.基地气候

当地干旱少雨，夏季稍热，冬季寒冷。怎样在当前环境和气候下打造特色景观？

2.城市当前状况

兰州属干旱污染型工业城市，土地贫瘠，绿化率低，很多土地处于荒芜状态。

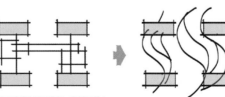

图2 建筑布局（来源：文科园林）

图3 消防布局（来源：文科园林）

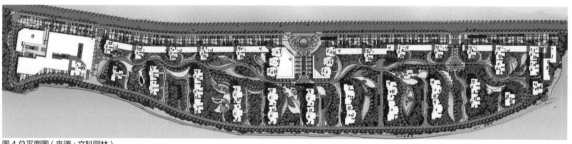

图4 总平面图（来源：文科园林）

应怎样改善项目基地环境，提升绿化率，打造出良好的养生养老生活环境？

3. 上层规划分析

建筑布局：小区为狭长形地块，建筑呈东西向层级排列，整体空间过于方正、庄严，给人带来生硬和压抑的感觉。建议在后期景观设计上以曲线为主导形式，形成自然舒适的空间形态，创造活跃而富有生活情趣的生活体验空间。

消防布局：小区采用环形消防，以建筑单边消防为主。建议合理布置消防道路，保证多个完整的组团空间，为后期景观与特色空间的打造创造有利条件。

日照分析：结合当地夏季炎热、冬季寒冷的特征，并考虑到室外活动夏季多、冬季少的情况，儿童、老人的活动场所设计于建筑阴影处为宜。室外向阳处则以植物绿化为主，适当打造可晒太阳的小空间。

四、设计目标与风格定位

山谷绿洲——从绿洲中提取养生之道。创造具有自我调理、自我修复功能的小生态圈，形成舒适的宜居环境，让人们在此得以享受生活。

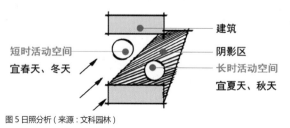

图5 日照分析（来源：文科园林）

五、设计构思与手法

1. 场地特色与提取

场地周边群山环抱，层层叠级而上，形成具有美丽肌理纹路的特色景观。在整体空间与形态的设计上，我们将延续山脉的肌理，提取自然元素进行构图。

2. 景观特色与提取

项目基地欲打造当地稀缺景观——绿洲，形成一片枝繁叶茂、生机盎然的景致。我们将提取叶子这一元素，将叶子的脉络及形态组织运用于整体设计中，充实景观结构与功能。

3. 地域代表与提取

沙枣花生命力很强，于每年初夏盛开，香气沁人。它是当地居民生活及精神寄托中不可或缺的一部分，是人们心目中的守护神。我们将提取沙枣花这一元素，作

图6 设计构思与手法

为设计中的点睛之笔。

六、设计重点

1. 景观成本的控制

　　减少石材的运用，选用当地特色小碎石作为主要材料，以在节约成本的同时，打造特色景观；多选用乡土植物造景，保证植物的存活率与景观的长期效果，节约前期投入与后期维护成本。

2. 耐旱防污，防风固沙

　　根据基地气候干燥、污染较大的特点，选择抗性强、生命力旺盛的速生树种，易形成屏障景观，降低风沙速度，保障社区内部环境；减少硬质铺装面积，增加绿化面积。

3. 养生示范，景观配套

　　在社区内部设置多处养生步道、健身设备、休闲活动中心等；利用植物色彩、芳香、季相变化三个方面的特征，打造以养生为主题的景观空间。

4. 花海入户，别致景观

　　结合植物、小品、构筑等多个元素，打造别致的社区景观；引入花带的概念，打造不同组团空间的独特景观。

七、总体植物设计

1. 植物种植设计理念

　　（1）综合考虑小区场地高差变化及建筑特点，因地制宜打造特色景观。根据空间功能特性选用不同植物品种，结合花灌木、地被形成丰富的植物空间层次，同时点缀以花钵花箱、亭廊雕塑等构筑，打造精致怡人的生活空间。

　　（2）小区整体以新古典主义自然风格为主，

临街商业景观带

主入口景观轴

次入口景观区

特色景观带

组团景观区

休闲景观带

幼儿园景观区

图7 植物分区设计

图8 养生植物种植设计分析

运用纯自然的元素,结合植物打造不同的功能空间。

（3）利用植被季相变化、色彩变化、芳香差异等特性,打造不同主题的植物空间组团,为业主营造一个健康的养生养老生活社区。

（4）多选用防污、耐干旱、树形好的速生树种,提高植物存活率,减少外界对小区的环境影响,在保证景观效果的同时降低成本。

2. 植物设计——养生专题

（1）色彩疗法:用植物打造丰富的色彩空间,帮助老年人找回年轻时的神采飞扬。

古希腊医学之父希波克拉底曾提出:"颜色是人体和内心之间的桥梁。"许多研究证明,植物和植物色彩景观,对人的生理和心理都有着积极的影响,如可帮助人释放压力、缓解疲劳、提高工作效率以及有助于病人的康复、增加人的幸福感等。我们将色彩理论和园林植物应用相结合,以此来调节人的生理和情绪变化,营造一个良好的休闲空间和怡人的生活环境。根据上述科学研究,项目的植物设计将以绿色植物为主,其他植物为辅,并配合景观设计打造多个颜色主题组团。

（2）芳香疗法:不同的植物散发着不同的香味。香味可刺激人体产生明显不同的脑电波,带来心理与生理的反应。国外利用植物的芳香给病人治病和调理身体。我们将运用植物的这一特性,分区利用植物,打造一个良好健康的养生环境。

（3）空气林疗法:万物静观皆自得,四时佳境与人同。根据植物的生长变化,我们将打造"春花含笑、夏绿浓荫、秋叶硕果、枫林层染、冬枝傲雪、枯木寒林"七大反映季相的林地景观;并搭配卵石健身步道、无障碍设计等,让居住在里面的老年人可以体验人生之乐趣,重拾生命之动力。 ⑩

作者简介:

金星星,出生于1987年7月,女,曾任深圳文科园林股份有限公司景观规划设计院设计师。

重塑再生 整合链接
——深圳市华丰创业基地环境景观改造设计

REGENERATION AND INTEGRATION
—LANDSCAPE DESIGN OF HUAFENG ENTERPRISE BASE, SHENZHEN

张凯华 吴宛霖 ZHANG Kaihua , WU Wanlin

本项目位于深圳市宝安中心区，客户要求整合并重新利用现有的旧厂房建立一个产业基地。作为设计者，我们必须同客户一起深入了解基地，并基于场地的现状共同探讨它的未来，最终通过设计来赋予这片基地新的社会形象，以帮助它发挥新的功能效用。

因此，本项目涉及两个重要的理念方向：一是产业园；二是旧址改造。

一、概念解析

产业园是产业集聚的载体，是某产业的聚集区或是技术的产业化项目，是一种孵化平台，也是企业走向产业化道路的集中区域。这种相互接驳的企业集群，构成立体的多重交织的产业链环，对提高创新能力和经济效益都具有实际意义。

旧址改造主要是指有步骤地进行局部或整体的改造，为旧址找到新的利用价值，而不是推倒推平后新建。这种改造方式反映出人们对于因城市建设而产生的资源浪费等一系列问题的反思，是城市环保的一个发展方向。

图2、3旧址改造项目效果展示

1. 相关形式——LOFT

LOFT 是指由旧工厂或旧仓库改造而成的，少有内墙隔断的高挑开敞空间。这个新的定义诞生于纽约 SOHO 区，源于贫困潦倒的艺术家们变旧为宝的设计结果。20 世纪后期，LOFT 这种工业化和后现代主义完美碰撞的艺术，逐渐演化成为一种时尚的居住与工作

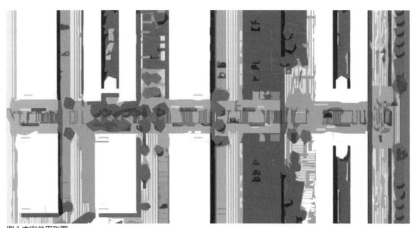

图1本案总平彩图

图4、5旧址改造项目效果展示

方式，并且在全球广为流行。这种以旧易新的方式已经发展为环保的创意性设计。

2. 社会背景

近年来，产业园区建设已成为深圳市产业升级的重要手段和突破口。深圳先后建成了龙岗留学生创业园、华丰留学生产业园、中海信、新木盛等一批创新园区，并通过它们招商引"智"，聚集了一大批具有知识产权和发展潜力的企业，以及一大批具有创新能力和管理能力的高素质人才。可以说，此举为深圳乃至珠三角其他地区的产业升级提供了借鉴。

二、思考与启迪

1、产业园项目的优势在哪里？如何发挥这些优势？此类项目一般是如何打造的？

2、产业园项目内部的产业链条是怎样的？怎样的产业链条才能产生最好的组

合效益?

3、现存产业园项目的成功之处在哪里? 如何利用这些案例来修正我们的设计?

4、启迪: 成功的项目都有鲜明的特色和清晰的定位。

三、案例分析

为更深入地理解产业园设计, 我们考察了 3 个具有代表性的深圳本地项目和 1 个其他城市的项目, 分别是: 田面创意产业园(深圳)、南海意库(深圳)、华侨城 LOFT(深圳)、上海新天地 (上海)。

1. 田面创意产业园

园区位于深圳 CBD 核心区, 由原田面工业区旧厂房改造而成, 占地面积 1.5 万 m², 建筑面积 5 万 m²。项目总体分两期开发建设, 先后于 2007 年 5 月和 2008 年 12 月开业运营, 由目前国内最大的工业设计产业链

图8、9内部空间硬化为主, 绿化点缀, 商业简单低调, 人气不旺

整合与运营服务商灵狮文化产业投资有限公司独立投资运营。

园区定位为以工业设计为主的创意产业园, 打造具有创意设计、研发制作、交易、展览、交流培训、评估及公共服务等综合功能的创意设计文化产业园区。单月租金和物业费分别为 70~80 元 /m²、10 元 /m²。

园区的特点主要在于对建筑的改造——深色立面、名人头像, 整体设计体现了工业化和后现代主义风格, 但建筑环境改造的投资较低。园内业态单一, 商业缺乏特色, 同周边的华强北等地相比毫无竞争力; 餐饮配套服务主要靠周边的田面村供应; 内部交通呈人车混流的情况, 供人使用的空间不足。园区的整个环境品质比较低, 办公体验大打折扣。

2. 南海意库

园区以蛇口工业三路的 6 栋原三洋旧厂房为原型, 改造为绿色写字楼, 占地面积 44125m², 总建筑面积 12 万 m²。招商地产在园区招商之前, 就定下了必须坚持的

图6、7 建筑改造简单统一

图10、11 建筑立面一片清新

图12 建筑立面一片清新

图13、14 精心设计的小品点缀街道和节点

图15 精心设计的小品点缀街道和节点

原则——进驻商家必须为文化创业设计类型。

园区的规划设计注重绿色环保意识，主打绿色地产。单月租金和物业费分别为 80~90 元 /m²、15 元 /m²。

园区特点主要在于，通过绿色新技术对建筑进行节能设计和外观整改，改造投资分建筑和景观两部分。其中，建筑改造投资较高，景观部分投资中等。园内业态丰富，商业主要为内部使用，规模不大但颇有情调，餐饮售卖等配套相对完善。其内部交通基本做到人车分流，但使用空间大多被明显的车行道占用。整个园区环境品质较高，在保持风格统一的同时又有各具特色的空间氛围。

3. 华侨城 LOFT

深圳华侨城东部工业区，是 20 世纪 80 年代早期华侨城的第一批建筑，记录了深圳的成长历史。此项目分南北两区，首期项目（南区）占地 55465m²，原有建筑面积为 59000m²；后期项目（北区）占地 95571m²。

2004 年起，华侨城地产以 LOFT 形式启动，促进该工业区厂房向以创意产业为主体的新空间形式转换，使该区域逐步发展成为创意、设计、艺术领域聚集地。其单月租金和物业费分别为 100~110 元 /m²、20 元 / m²。

此园区以创意产业为主体，通过细腻的手法反映出华侨城的历史印记，体现出浓厚的人文关怀气息。园区改造投入较高，分建筑与景观两部分。园内业态非

图16~19 带有场地历史印记的小品构筑

图20~22 南北两区的特色大道、细腻的铺装细节

常丰富，整合了艺术类相关产业链，涵盖画廊、展厅、演艺、传媒、出版等商业形式，同时生活与办公配套十分齐全。内部交通方面，人车严格分流，使用空间以人为中心展开，细腻舒适。产业园的整个环境品质高端，吸引了大量游客及复合的业态入驻，形成了良性循环。

4. 上海新天地

此地以上海近代建筑的标志"石库门建筑旧区"为设计规划基础，首次改变了石库门原有的居住功能，赋予其商业经营功能，将这片反映了上海历史和文化的老房子，打造成为集餐饮、购物、演艺等功能于一体的时尚休闲文化娱乐中心。

新天地的石库门建筑群在外观上保留了当年的砖墙、屋瓦，每座建筑的内部则按照现代都市人的生活方式、生活节奏和情感体验量身定做，营造出现代休闲生活的氛围。漫步新天地，犹如置身于20世纪二三十年代的上海，但一跨进每个建筑内部，就马上变得非常现代和

图23~25 反映了上海历史和文化的老房子

时尚。这样的环境变换让人们亲身体会到新天地的独特理念：昨天、明天，相会在今天。

新天地定位为时尚、休闲文化娱乐中心，主要特色在于建筑群外观保留了旧时风貌，景观配合建筑形式来延展打造。同时，交通做到人车严格分流，使用空间以人为中心展开。此中心业态丰富、品质高，商业气氛浓厚，衣食商娱一体化，吸引了大量国内外游客及市民。

四、案例总结

1. 设计导则

通过以上分析，我们总结出此类项目的设计导则。

（1）与写字楼相比，此类项目拥有无可比拟的租金优势，同时又可以提供灵活多变的办公空间和优美的、有特色的园区环境，这是吸引著名公司入驻的关键。

（2）项目的打造都是从旧厂房开始的，改造是核心。改造分三方面：一是对建筑的改造，重点在于对其立面的改造；二是对园区环境的改造，重点在于对人的使用空间的营造，主要通过对铺装、植物、小品、构筑物等进行系统改造来实现；三是对内部业态分布的规划，重点在于规划合理的产业链。

（3）复合产业链相互带动的作用显著，利于形成稳定的良性循环，优势十分明显。以华侨城LOFT为例，它构建了艺术、画廊、设计、传媒、出版、演艺、娱乐、展览、摄影、时装、精品、餐饮、酒吧、生活等创意产业链，使该区域逐步发展成为创意、设计和艺术产业的聚集地，极大地提升了知名度和人气，这又进一步促进了园区内公司的发展。

（4）此类成功项目都具有特色鲜明、定位清晰的特点，同时景观规划布局科学合理，景观功能板块、景观轴线、景观节点统一而有特色。

2. 项目设计类型及特点

各类公司往往会选择与自身规模及定位相吻合的园

区入驻，并随着公司发展不断升级办公环境。根据分析与实地考察，我们把项目设计分为三种，并归纳出以下特点。

A 类项目——改造前期投入较少，不太注重环境的营造，租金低廉。

（1）入驻公司规模较小，一般处于创业初期；

（2）入驻公司对办公环境要求较低，品牌意识较弱；

（3）人对空间的使用率低，空间基本被机动车占用；

（4）内部业态单一，需要周边良好配套的支撑。

B 类项目——改造前期投入一般，环境较为优雅，租金较高。

（1）入驻公司有一定的财力，处于发展关键期；

（2）入驻公司对办公环境要求较高，需要良好的环境来衬托公司的品牌；

（3）人对空间的使用率较高，可以形成一定的人气；

（4）内部业态相对丰富，可基本满足使用。

C 类项目——改造前期投入较高，环境品质高端，租金最高。

（1）入驻公司名气大，处于发展的黄金时期；

（2）入驻公司对办公环境要求极高，公司的品牌需要优美的办公环境来匹配；

（3）环境景观设计以人为中心，空间使用率高，吸引了大量游客及市民，成为城市景点；

（4）内部业态十分完善，不但满足了内部人员使用，还能为游客与市民提供各种服务。

3. 设计方式

综上所述，在探寻产业园类项目的设计方法之后，我们认为可以在同一个设计体系内，提供多样的设计选择——同入驻公司的升级需求相契

A 类型	1. 投入较低； 2. 仅满足最基本的功能需求，如交通停车等功能，仅提供大的空间板块； 3. 特色更多的通过对建筑的改造来体现。
B 类型	1. 投入一般； 2. 满足最基本的功能，对使用空间进一步分级优化细分，形成一系列特色空间； 3. 环境景观成为园区特色的重要组成部分。
C 类型	1. 投入较高； 2. 对使用空间进行设计梳理，力求完美； 3. 通过极具特色的铺装、植物、艺术小品及构筑物等来体现园区的氛围和品质； 4. 环境景观的特色成为园区的主要表达部分。

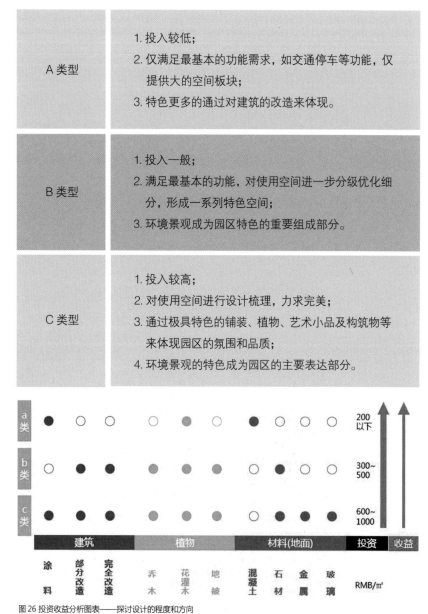

图 26 投资收益分析图表——探讨设计的程度和方向

合的设计，发展出三种互相关联而又不同的解决之道。

五、规划分析

在原始规划中，该园区建筑现状为：建筑规划单调，围合空间缺乏变化；中心轴线过长且单调；宅间距过窄，给人压抑感；建筑为现代风格。交通现状为：人

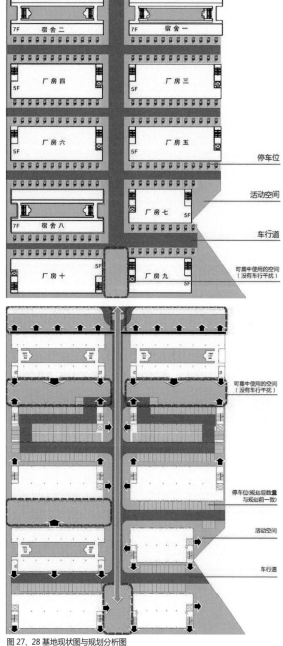

图27、28 基地现状图与规划分析图

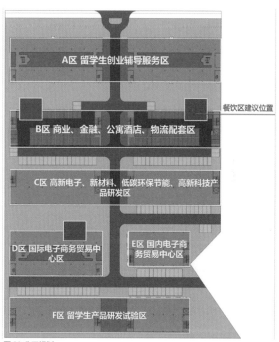

图29 分区规划

车混流，车位占据大部分空间，导致整体空间看上去像大型停车场，品质低、不够人性化；车行道将内部空间完全割碎，缺乏可以集中使用的空间；车辆停放不集中，

管理收费不便。

针对建筑空间单调的问题，我们在设计中注重铺装及竖向的变化，力求营造丰富多彩的空间感受，通过植物水景等来打破轴线的单调，使之序列化。重新组织交通后，车辆可集中停放，最大程度上梳理出可集中使用的空间，并通过机动车道和人行道一体化的设计来增强空间的整体性。

现状业态主要以创新性企业为主，同时有少量商业酒店等配套。从之前的分析中可以知道，复合业态能使效益最大化。因此，我们计划增加部分餐饮，这样既可以保持商业人气，同时还能满足内部人员的需求。

根据现状布局与业态，我们推导出功能齐全、符合本案景观格局的景观体系。

六、总体设计——根据景观体系提炼出方案

方案一：满足基本交通及使用功能。构成内容为混凝土铺装、必要的绿化、车位、球场及必要的灯光。

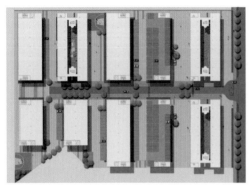

图30 方案一

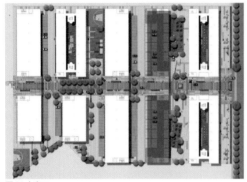

图31 方案二

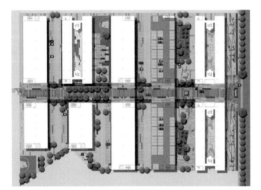

图32 方案三

方案二：不仅满足使用功能，同时建立以人为中心的空间使用格局。构成内容为石材铺装、满足各种活动的场地、丰富的绿化、生态车位、球场和精心设计的灯光效果。

方案三：在建立以人为中心的空间使用格

局之上，精心处理每个细节，使空间富有品质和格调。构成内容在方案二的基础上，增加了精心设计的铺装细节、富有文化创意的艺术装置、连接整个轴线的景观廊架。

七、设计解析

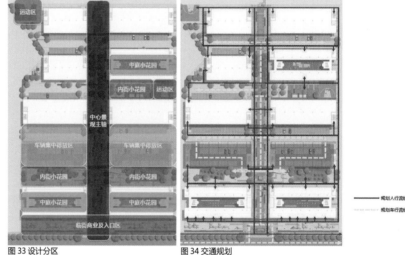

图33 设计分区　　　　　　　　图34 交通规划

总的看来，这三种方案在园区品质级别轴线上，是不断递进并相互关联的，符合不同时期的产业园发展要求。在此，我们主要针对各方面设计与规划程度相对适中的方案二进行解读。相比方案一的朴素简洁，它更加丰富；相比方案三的投资收益，它的投入不高，亦能换来较为可观的回报。

1. 轴线设计

重要十字节点设置中心景观花坛、水景，成为节点标志，使空间轴线富有连续性，统一中有变化，同时还能起到美化环境、提升空间趣味的作用。

原来的空间显得很压迫，经过轴线设计后，植物的配置柔化了刚硬的建筑，空间得以延展，使步行环境变得宜人舒适。

2. 商业区域

商业区域作为设计中的重点，去除了原本的停车场地，扩大了人的使用范围，通过现代的水景和绿化营造出轻松休闲的空间氛围，使居住和办公环境在品质上大大提升。

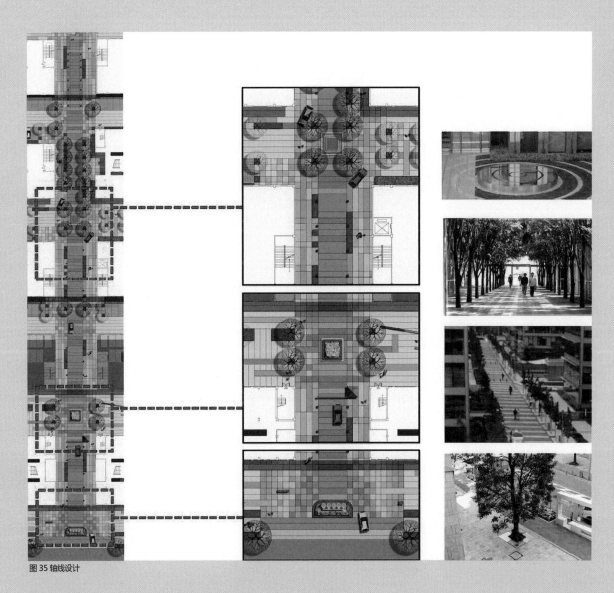

图 35 轴线设计

八、总结

科学设计场地，既能有效节省成本，又能提升场地环境的品质，还能赋予场地标志性特色，在吸引商家的同时响应环保号召，可大大提升地块价值。这类打造自身的产业生态模式，一旦形成稳定的格局，无须投入便能获得高产出。

作者简介：

张凯华，出生于 1984 年，男，现任深圳文科园林股份有限公司景观规划设计院设计总监。

吴宛霖，出生于 1989 年 6 月，女，现任深圳文科园林股份有限公司景观规划设计院设计师。

武汉市蔡甸知音文化广场设计
——传统文化的现代运用
WUHAN CAIDIAN ZHIYIN CULTURE PLAZA
—MODERN APPLICATION OF TRADITIONAL CULTURE

郭领军 GUO Lingjun

该 项目地处楚文化的发源地，也是高山流水遇知音的"知音故里"，地理位置独特，文化韵味浓厚。如何将当地传统文化、自然资源等和场地完美融合？应采用何种表现手法？如何打造具有文化意味的景观空间？这些问题带给我们与以往小区设计截然不同的挑战。

经过反复讨论和尝试，我们得出如下结论：

1、采用简明、流动的现代风格设计手法，诠释传统音乐空间意境。

2、巧妙运用借景、对景等景观表现手法，在有限的空间里打造出一个以历史人文为主线的景观空间。

3、提供多样化、多功能的复合型城市广场空间，营造一个多层次情景体验的立体景观空间。

4、鼓励人文、生态以及艺术的互动与交流，构建出全新诠释的城市绿地广场空间，用现代设计语言塑造城市形象展示的"地标性门户空间"。

一、场地解读

项目位于湖北省武汉市蔡甸区，地处长江和汉江夹角地带；基地位于蔡甸区北部，同时也是武汉市的西大门。基地占地 46682m²，北邻省道汉阳大街；南面为下独山，山体资源丰富；场地内部为农田，地势相对平坦，有利于整体景观打造；西面现有 3 个住宅小区（金家新都汇、知音人家、金家六号）和 1 个莲城广场，周边配套及交通配套比较完善；东面为京珠高速收费站。项目是进入蔡甸的门户空间，是城市独特的形象名片。

成功的城市形象门户空间景观设计包括哪些要素？

（1）空间尺度和比例（Scale of Space）：合理的空间尺度打造门户景观视线。

（2）多样性（Varieties）：多样化的活动空间提供丰富的空间体验。

（3）城市文化底蕴（City Culture）：展现城市丰富的文化内涵。

（4）三维空间体验（3Dimensional Spatial Experience）：平面和立体巧妙结合，展现立体体验景观空间。

（5）地标效果（Landmark Effect）：展示城市界面，打造特色地标景观空间。

二、如何打造场地空间？

1. 传统设计手法——传统的、千篇一律的文化空间形式

具象、浅显的人物雕塑展示；

缺乏对文化内涵更深层次的思考和理解。

图1、2 设计效果图（来源：文科园林）

2. 超现实主义表现手法——独特的艺术语境，流动的抽象情境空间

挖掘文化元素中的深刻内涵；

通过独特的、全新的设计视角来展示文化空间；

表达新时代的公众对传统文化的尊重和理解；

图3 楚河汉街　　　　　　　　　图4 琴台公园　　　　　　　　　　　　　图5 九真山公园

图6 设计效果图（来源：文科园林）

设计出符合时代特征且独树一帜的城市文化窗口空间。

三、设计策略

1. 以小见大

以有限的空间场地勾勒城市山水肌理。

图7、8 设计效果图（来源：文科园林）

2. 有形释无形

以有形的景观空间诠释无形的音乐意境。

图9 设计效果图（来源：文科园林）

3. 借景抒情

以全新的景观设计手法抒发传统的人文情怀。

四、概念构思——知音

图10 设计效果图（来源：文科园林）

"是故审声以知音，审音以知乐，审乐以知政，而治道备矣。是故不知声者不可与言音，不知音者不可与言乐，知乐则几于礼矣。"——《礼记·乐记》

设计构思上提取蔡甸区独特的城市山水肌理及其特有的"知音文化"为元素，运用现代的设计手法，将知音文化的精髓"琴音"独特演绎，和场地巧妙融为一体，形成"天、地、人、音"合一的别致形象景观空间。设计诠释了"现代都市中的远古之风"，构建出一种"高山流水"的知音意境景观空间，形成都市健康之源泉，并与城市形象、体验融为一体，打造出属于蔡甸的独特"知音文化"。

此设计的灵感来源于音乐主体"文武七弦琴"。文武七弦琴本身就是一个具象的古琴，它有七弦，分别为"宫、商、角、徵、羽、文、武"。我们在概念构思上采用七弦结构，运用设计手法将"七弦"穿插在场地中，形成"宫、商、角、徵、羽、文、武"的静态场地空间。在静态空间中抽象思考，运用泛音、滚、拂、绰、注、上、下等指法"拨弄琴弦"，形成动态景观空间。场地静态和动态空间相结合，演绎出"高山流水遇知音"之景观意境空间。

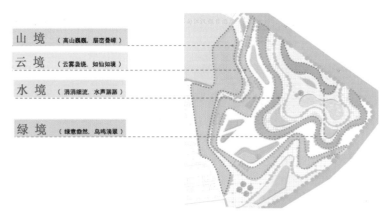

《高山流水》名曲蕴涵着"天地之浩远、山水之灵韵"的如画意境，并展现出"山与水、人与自然、人与人、动与静"的和谐之美。

图12《高山流水》琴音的"如画四境"（来源：文科园林）

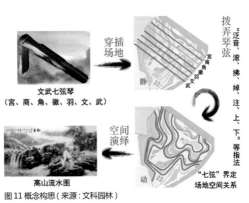

图11 概念构思（来源：文科园林）

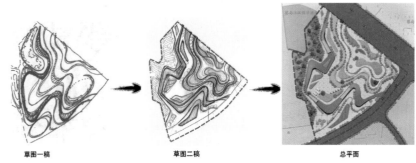

图13 "七弦"、"四境"景观格局（来源：文科园林）

五、四境空间

1. 山境

"山境"位于广场西部。设计利用项目原有场地的格局，人为打造场地高差、景观微地形成景观背景林，形成犹如"高山"之势的户外景观空间，为整个广场提供一个可"呼吸"的生态背景空间。

2. 云境

"云境"位于广场中部，依托"山境"，以南北两端入口为起点，逐渐升高至"云中深处"，制高点设有观景亭。景观台与展示空间完美融为一体，站在台上四周美景尽收眼底。蜿蜒起伏的

景观主题：

"一曲弹唱传千年，
七弦四境画知音"

图例：
1. 主入口　　　2. 木平台
3. 特色种植池　4. 特色铺装带
5. 活动小广场　6. 景观构筑物
7. 临时售卖亭　8. 休闲阳伞
9. 景观小广场　10. 特色坐凳
11. 水景广场　　12. 特色倒影池
13. 特色灯柱　　14. 生态密林
15. 特色景观步道

图14 总平面图（来源：文科园林）

图 15 空间分布（来源：文科园林）

云梯在场地上空千回百转，犹如"高山流水"，余音绕梁三日不绝。独特的景观构架，在为广场带来活力的同时也构造了独特的立体景观空间。

3. 水境

"水境"是一条别致的景观带，主要以特色铺装及灯带表达"行云流水"之意境；辅以特色喷雾、树阵、游乐设施和休憩设施，为人们在不同时段提供不同的景观活动空间。

4. 绿境

"绿境"位于汉阳大街与汉江路的交界处，是广场与汉阳街之间的重要接口，可满足行人对广场的景观欣赏需求。该景观空间是树木围合的可参与性体验空间，拥有开放的空间景观视线，同时也是整个广场的门户空间。

六、植物设计构思

根据方案概念设计，植物配置分为三个特征区域，即生态背景林、装饰绿化带、入口绿化带。

1. 植物设计目标

（1）营造空间：植物种植是营造景观空间的主要手段之一。利用植物的空间营造功能，在不同的区域采取

不同的植物配置手段，营造舒适宜人的空间氛围，满足广场空间多样化需求。

（2）丰富空间景观：硬景观全年效果如一，而植物随季节更替有不同的季相变化。利用植物的这一特质，进行合理搭配，让空间景观四季变幻，确保"三季有花，四季常绿"。

（3）改善小气候：武汉气候环境"冬冷夏热"，十

图 16~18 意境效果图（来源：文科园林）

分不利于市民外出活动。利用植物能改善小气候的功能，夏季遮阴降温，冬季防风防寒，形成良好的生态效应，有力提升环境品质。

2. 植物质感

入口区及活动空间游人较多，绿化以营造景观为主要目标，可种植质感细腻的植物予人亲近之感，如乌桕、银杏等。

生态林区是广场景观空间的背景，活动空间较少，需用质感粗犷的植物营造良好的背景效果，如栓皮栎、刺楸等。

3. 植物搭配

生态密林采取"大乔木＋乔木＋灌木＋地被"的种植模式；

装饰绿化采取"乔木＋地被"的配置方式；

入口绿化采取"乔木＋灌木＋地被"的配置方式。

（1）生态密林植物配置

"大乔木—乔木—灌木—地被"四层植物结构组成人工生态林，植物群落结构完整，不仅可作为项目背景起到衬托作用，在防风、降噪、隔离方面也有良好效果。主要选用抗性强、生长较快的树种，如悬铃木、落羽杉等。

（2）活动空间植物配置

活动空间位于场地中央，起着隔离空间和围合空间的作用，同时为广场活动人群提供遮阴等功能。为不影响人的活动，分枝点不小于 1.8m 的植物是首选，如银杏、日本晚樱、广玉兰等。

（3）入口空间植物配置

入口空间位于项目基地与城市道路交界处，具有隔离外部噪声的作用，并需形成广场标志之一。所以，宜采用抗性强、树形优美的上层植物及具有亲和力的下层开花植物，营造可识别性强的绿化空间。

图 19、20 生态密林植物配置

图 21、22 活动空间植物配置

图 23、24 入口空间植物配置

七、项目的价值和效益

1. 社会效益

改善城市面貌，提升城市形象；

传承、弘扬知音文化；

满足市民生活需求，提供休闲娱乐场所；

进一步完善了蔡甸的旅游环境。

图25 广场一景

2.经济效益

　　本项目通过在重要居住中心和交通中心开发公共广场，形成周边城市组团的城市公共配套空间，其建设意义在于支持和促进蔡甸区经济发展，激发区域经济的发展活力。本项目的成功开发，将为政府后期的储备土地带来可观的直接经济收入。

八、结束语

　　城市门户空间，既是城市历史的载体，也是城市发展的形象。

　　今天的蔡甸需要：

　　属于历史、现在和未来的城市空间，

　　体现当地民众精神归宿的共享空间，

　　可游、可赏、可净化心灵的体验空间。

　　让每一个来过蔡甸的人，记住蔡甸，

　　让居民自豪，让外人瞩目…… 🅜

作者简介：

郭领军，出生于1989年8月，男，现任深圳文科园林股份有限公司景观规划设计院设计师。

大隐于世 皇家宫苑
——太原万达广场 C 区豪宅景观设计
VILLA LANDSCAPE DESIGN OF TAIYUAN WANDA PLAZA DISTRICT C

张仙燕 ZHANG Xianyan

一、设计目标

自然生态的人文居所

绿意盎然的生活空间

尊贵优雅的宫苑花园

二、项目概况

项目位于山西省太原市的传统城市中心区，距离府西街中央商务区仅 500m，拥有优越的自然环境，北接新建道路，东临绿柳巷，西、南面为龙潭公园，场地地势平坦，景观设计面积 31000m²。

图1 整体鸟瞰图（设计：张仙燕）

三、景观风格定位——欧式古典园林结合自然主义风情

通过对项目的分析以及对目标消费人群的了解，我们将景观风格定位为欧式古典风的自然风景园林，旨在以欧式古典园林精湛的细节设计结合自然风景园林的空间流线设计，创造出尊贵、华丽、典雅的人居环境，打造一个优雅浪漫、和谐精致的高档社区。

风格特点解析：

气势宏大的尺度空间、轴线对称的空间布局、精致秀丽的花园场景、层层递进的活动场所、自然闲适的开阔草坪，共同构建出优雅与磅礴共存

的景观，给人以视觉和感官的双重冲击；细腻的空间配合多层次的种植、精致典雅的艺术小品，营造出浪漫典雅的花园式景观；古典手法与自然元素完美结合，传承欧式古典主义的精髓。

四、设计理念——大隐于世 皇家宫苑

项目以法国著名的皇家宫苑"雪侬梭城堡"为设计蓝本，借鉴其布局结构与浪漫唯美的花园特点，结合东方人文精髓，通过轴线对称、对景、夹景、障景等设计手法，营造出优雅尊贵、恢宏大气、大隐于世的法式皇家园林景观，使整个园区与龙潭公园形成对景和借景的关系。

雪侬梭城堡位于法国西北部的卢瓦尔河谷大区，她的美与地形充分融合在一起。城堡建在横跨希尔河的白色长廊上，由主堡垒、长廊、平台和圆塔串联而成，被喻为"停泊在希尔河上的航船"，是卢瓦河谷所有古堡中最富浪漫情调的一座。其浪漫充分体现在内外装饰与设计布局上，城堡内部装饰华丽，外部环绕着田野和树林，风景秀丽。城堡中央林荫大道两侧隔护城河建有迪安纳花园和美蒂斯花园，宛如两幅图案精美的地毯装饰着城堡周身，与河流、园林、绿树构成了一幅非常自然秀美的风景画。

五、整体布局

整个园区分为四个主题区域：艺术客厅、印象天空、梦幻花园、立体画廊。

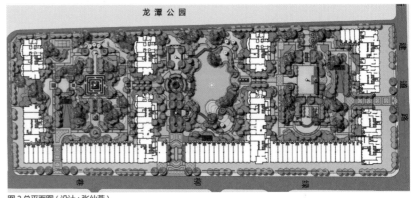

图2 总平面图（设计：张仙燕）

1. 凯旋大道（艺术客厅）：尊贵、奢华

规整的林荫树阵空间、精致的艺术小品、线状水景、风情的喷水雕塑与华丽

Design Practice of Culture Landscape ■

图 3 凯旋大道效果图（设计：张仙燕）

的欧式亭子，形成具有强烈序列感和浓重威仪感的入口
轴线景观，贵族气质优雅呈现。

2. 雪侬梭花园（印象天空）：悠闲、自然

图 4 雪侬梭花园效果图（设计：张仙燕）

开阔的湖面景观配以气势壮观的中心喷水景观，蜿
蜒的小路徜徉湖面周围，草坡地形释放出无限自由，慢
坡花境散发出诱人的芬芳……沉浸于此，仿佛已看到法
式浪漫在此优雅流淌，尊贵气质无法掩盖。

3. 迪安纳花园（梦幻花园）：梦幻、唯美

图 5 迪安纳花园效果图（设计：张仙燕）

梦幻的绿篱迷宫、惬意的绿茵休闲空间、法式的喷
水钵、丰富的地被景观，形成空间感和景观性皆佳的法
胄庭院，将法式园林浪漫、唯美的特点演绎得淋漓尽致。

4. 美蒂斯花园（立体画廊）：华丽、典雅

图 6 美蒂斯花园效果图（设计：张仙燕）

立体的花篱廊架、闲适的矮墙、趣味的儿童休闲空
间，通过借景、框景、对景等设计手法，结合休闲园路，
组织各空间，捕捉细节的精致与完美，营造出丰富的立
体景观，让人不论置身何处都可欣赏到如画的风景。

六、结语

项目独创欧洲古典皇家园林与自然主义风情结合的
景观风格，通过用心的堆坡台地，制造起伏有致的动感
曲线，勾画圆润的道路，勾勒圆满的人生，让人无论置
身何处，都能感受自然情趣带来的舒畅。碧水、风林、
阳光、大地等自然气息与形式独特的欧式园林、建筑交
相辉映，让人尽享尊贵的法式皇家园林居住体验，领略
生命的不凡格调。🌸

作者简介：
张仙燕，出生于 1984 年 7 月，女，现任深圳文科园林股份有限公司景
观规划设计院主创设计师。

文化之"魂"在商业景观中的运用
——西安大明宫万达广场景观设计
THE ADOPTION OF CULTURE IN DESIGNING COMMERCIAL LANDSCAPE
—LANDSCAPE DESIGN OF XI'AN DAMING PALACE WANDA PLAZA

张瀚宇　ZHANG Hanyu

当今社会,城市建设飞速发展,中心商务区充斥着各式各样的高楼大厦,越来越趋同的城市建设,不得不靠一个又一个地标建筑来区分城市形象。随着社会的发展和人们对生活品质要求的提高,城市商业的形态也发生着巨大的变化,从零散的流动商铺,到集中的商业街道,再到一站式的综合商业MALL。商业综合体的出现,满足了人们对一站式服务的需求。但随着越来越多的综合体不断涌现,其千篇一律的造型和环境越来越不具备识别性,商业景观失去了原本的功能,而纯粹沦为装饰,不能很好地为商业功能服务。

一个商业综合体项目是否出色是由多方面的综合因素决定的,其最终的目的是为了吸引和满足不同需求的使用者,从而达到盈利的目的。随着生活水平的提高,现代消费者开始不同程度地追求精神层面的享受与满足,这就要求商业空间也随之转化——由纯粹购物的环境转化为可满足消费者休闲生活的综合体。因此,一个好的商业综合体应该兼顾人们物质和精神层面的需求,同时创造出拥有自身特质的精神场所,树立一个独特的标志,这就要求景观设计更注重地域文化和设计意境的表现。那么,引入特有的文化便成为提升商业景观品质的重要手段之一。

文化是什么? 为什么做商业景观要引入文化? 商业景观设计应该如何结合文化?

结合广义和狭义的文化定义,"文化"是灵魂和创新动力的源泉,是树立自身独特性的强烈标识,是景观项目深入人心产生共鸣和凝聚力的所在。

商业景观设计不应该仅仅为了美化建筑外环境,还应该为商业功能提供更多的服务,吸引和留住人流。文化的引入是塑造具有特色参与性场所和有强大凝聚力的城市标识的重要手段之一,它使整个项目更具有独特性,也让当地的居民更

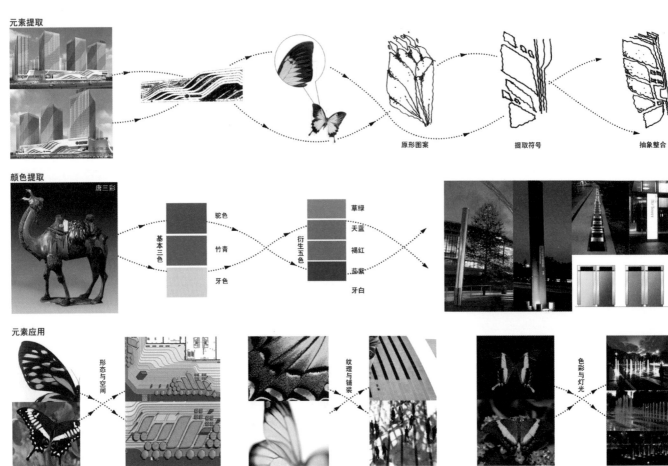

元素提取

原形图案　提取符号　抽象整合

颜色提取

唐三彩

基本三色　驼色　竹青　牙色

衍生五色　草绿　天蓝　褐红　茄紫　牙白

元素应用

形态与空间　纹理与铺装　色彩与灯光

图1 设计思路(来源:文科园林)

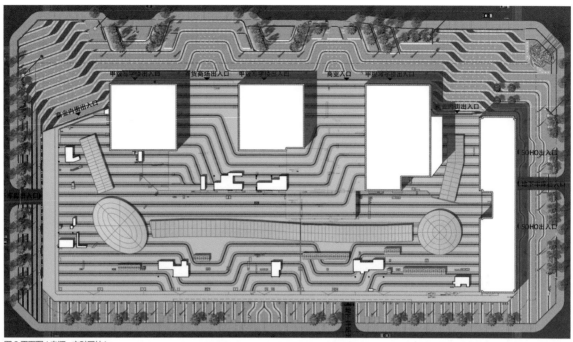

图 2 平面图（来源：文科园林）

有认同感和自豪感。设计可以通过增加基础设施、参与性娱乐性的项目、小品等，使更多人融入其中；通过深入挖掘文化特色、历史背景，提取相关典故、文化符号等加以组合运用，使设计本身更有表达性和代入感。

西安，一座拥有深厚历史文化底蕴的千年古城，曾铸就多少代王朝的辉煌，如今，历史与现代交融于此，正在孕育着大明宫万达广场的崛起。大明宫万达广场位于大明宫遗址东北处，处于凤城一路与凤城二路之间，商业综合用地面积达 5.2 万 m²。其景观设计通过挖掘当地历史文化，结合建筑立面造型而得出理念——穿越时空的繁华，以唐装上的一只蝴蝶为线索，从唐朝穿越时空来到现代，栖息于这片土地，见证了从古到今这片土地的繁华。设计结合建筑立面的形态和蝴蝶翅膀的纹路，将二者糅合抽象，运用于主入口铺装、绿化、小品、城市家具形态的设计中。

该项目对于文化的应用不仅仅局限于最基础的符号化，它通过对唐代繁华街巷的特有商业活动的提炼，将其场景化；将世界著名的唐三彩的色彩提炼出来运用于灯光色彩中；从古典建筑中提取出格栅、屏风、漏窗等加以运用；将青砖、麻石、灰瓦等具有典型古典特色的建筑材料运用于铺装、小品、城市家具的设计等。

（1）铺装的设计

起初我们单纯以线条的延续变化构成各种图案来诠释不同空间的地位，随后发现此铺装虽然具有非常强烈的功能性，但单调的线条缺乏色彩变化，在视觉比例以及效果上与设想有较大出入。最终，在保证大的功能原则不变的前提下，我们精简铺装的形式，用更直接的语言与建筑相呼应，同时增加铺装的色彩、材质变化等，用深色的青砖间隔，以白色的麻石为基调色，在主广场铺装上通过加入"回字纹"进行点睛并演绎传统文化，使整个铺装体系既有古典韵味又有现代风格。

（2）带状广场花池的设计

去除多变的异形设计思想，将花池统一高度。在细节的处理上，将原本由不同铺装材料组成的线条，改为通过对贴面进行拉丝纹理处理以满足造型需求和凹凸纹理的设计，同时加入灯光效果，使其在夜间更加绚丽多彩。材料的色彩选择上，以白色麻石为面、深色青砖和石材为展示立面，古典又不失现代。

图 3 设计效果图（来源：文科园林）

图 4 设计效果图（来源：文科园林）

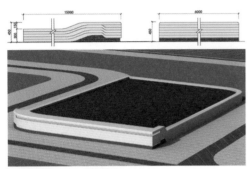

图 5 花池详图（来源：文科园林）

图 6 花池实景（来源：文科园林）

图 7 景观小品（来源：文科园林）

图 8 景观小品（来源：文科园林）

（3）景观小品与雕塑设计

没有文化的设计就像没有灵魂的躯壳，那么如何在景观小品中体现文化、融入什么文化便成为我们着重思考的问题。我们通过对唐朝文化中文字、图案、配饰、用品、风俗、色彩等的提取，结合原设计理念重新塑造了一系列城市家具、小品及雕塑。青砖基座、木色格栅、祥云灯具、文字的抽象与装饰、唐三彩的色彩运用，使景观小品与设施同时具有现代的造型和古典的韵味，富含当地文化特色。

项目不仅创造出一处比例协调、风景怡人的环境，更通过场景化的雕塑再现了唐朝盛世的街巷景象，吸引着人们参与其中，感受文化气息。雕塑主题有马球运动、仕女出游、繁华商业、歌舞升平等，其中广场主雕塑为龙形玉璧，寓意富贵吉祥。

通过上述案例可以看出，文化在商业景观空间的塑造中具有重要作用。要打造具有独特魅力的商业景观空间，就要有效结合当地文化特性和商业需求进行景观环境的营造。

（1）结合本地文化，突出地域特色。

每个城市都有其辉煌的历史，将这些独一无二的历史文化资源融入商业空间

图 9 广场雕塑一（来源：文科园林）

图 10 广场雕塑二（来源：文科园林）

图11 广场雕塑三（来源：文科园林）

中，既能体现本商业空间的独特性，同时也是吸引人流客流的重要因素[1]。

（2）汲取文化符号，传承商业文化。

传统的商业空间作为传统文化的载体，浓缩和体现了本地的文化经济和社会的发展史，展示着一定时期城市发展的风貌特征，成为城市独特的构成肌理，具有很高的商业、旅游发展的潜力[1]。

（3）利用地域文化，增强商业竞争力。

日趋激烈的商业竞争促使商家通过各种手段增加商业的吸引力，一些商业空间通过文化活动来吸引客流、增加收益，比如上海新开的K11购物中心，在地下设置了一个艺术中心，同时在每层都设有艺术装置，使顾客感受到别具一格的商业氛围。

任何创作都需要强大的灵魂支撑，"文化"便是这种魂，是商业空间设计之魂，更是未来设计之魂。只有将文化融入设计之中，才会是有"灵魂"的设计，才会是一个独特的设计。文化这一"魂"的运用为商业空间的景观设计提供了较大的潜在价值，同时它也如同催化剂一般，将在未来的各个设计领域发挥巨大的主导作用。 Ⓜ

参考文献：

[1] 张琳琳. 传统文化在现代商业空间中的运用 [J]. 中国商贸，2012(35).

作者简介：

张瀚宇，出生于1982年7月，男，现任深圳文科园林股份有限公司景观规划设计院设计总监，研究方向：商业综合体、产业园规划及景观设计，风景园林景观规划设计。

合肥恒大中心景观设计
LANDSCAPE DESIGN OF HEFEI EVERGRANDE CENTER

原雪刚 YUAN Xuegang

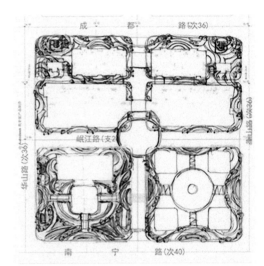

图1 总平方案草图一（来源：文科园林）

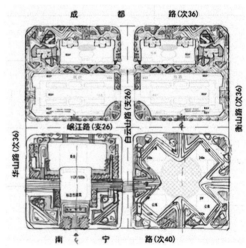

图2 总平方案草图二（来源：文科园林）

一、项目概况

合肥恒大中心位于安徽省合肥新区岷江路以北、成都路以南、衡山路以西、华山路以东，交通便利，区位优势明显。

合肥素有"江南之首，中原之喉"之称，文化底蕴深厚，以徽派建筑、木坑竹海、鱼米之乡、黄山毛尖、宣纸文化等一系列独特的历史文化著称于世。合肥于唐朝年间建城，因其天文分野处于"斗"区，于是名为"金斗城"，取"日进斗金"之意；而流经合肥的南淝河区域，曾有"百货骈集，千樯鳞次"的景象，因此有"小秦淮"之称。

项目净用地面积13万 m²，分为A、B、C、D四个地块，其中A、B地块为住宅、商业区，作为项目第一期开发；C地块为500多米的超高层建筑——"安徽第一高楼"国际金融中心，以6段竹节作为主体造型，寓意"节节高升"；D地块由高级公寓、办公楼四栋建筑组合而成。整个项目建成后将成为合肥新区的地标性综合体。

本项目的第一期景观设计范围为A、B地块。在景观设计工作正式开始前，设计组对我国一线城市和世界各地的100多个地标项目的景观设计案例进行了系统的分析整理，总结出每个项目的设计思路和标志性设计的特点，发现每个项目具有可识别性、独特性、创意性的亮点都与其富有特色的文化内涵密切相关。可见，项目的生命力在于内涵的表达，内涵的表达离不开文化，文化的表达需要借助景观元素，因此，设计景观元素重点要对文化进行提炼，这样才能设计出具有强大生命力的景观。

二、设计思路

1. 第一阶段

刚开始与甲方沟通时，我们在无头绪的脑袋空白时期，急急忙忙出了两个总平方案草图，让甲方选择是以曲线为主还是直线为主来做一张漂亮的彩色平面图（图1、2）。

看到这两幅设计草图，甲方提出疑问：选择直线或曲线的意义在哪里？我们给出的回答是曲线成本高、现代感强，直线成本低、比较呆板。回答这个问题的同时，我们才突然意识到，甲方要建地标项目，成本根本不是最敏感的问题，如何把项目做好做成功才是最核心和根本的问题。

2. 第二阶段

认识到项目的核心问题后，我们迅速组织设计团队进行地标项目的分析研究工作，把每个项目的总图、节点、功能、小品、铺装、绿化、雕塑、水景、灯光等

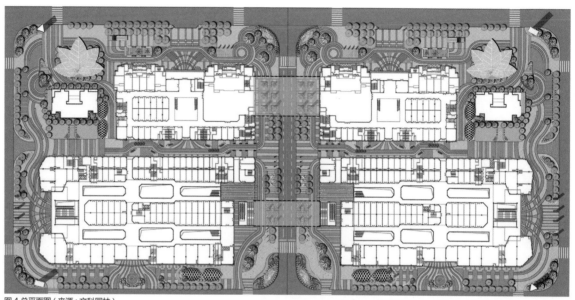

图 4 总平面图（来源：文科园林）

元素进行解剖分析，从中得到了重大启示：每个项目都有独特之处，其独特之处均具有鲜明的文化内涵，例如：哈利法塔的建筑结构是采用伊斯兰教风格的元素设计，底座的图案设计寓意"沙漠之花"；植物品种"斯派德利利"在希腊语中的意义为"美丽膜"等。因此，我们在设计时首先要找到项目本身所蕴含的文化元素（图 3）。

我们将项目所在地安徽的地域文化特色融入整个项目设计中，赋予项目独特的地域性格，同时结合甲方恒大地产的企业文化，在设计中注入恒大精神，完成了总图设计（图 4）。

图 5 主入口效果图（来源：文科园林）

图 6 特色水景雕塑效果图（来源：文科园林）

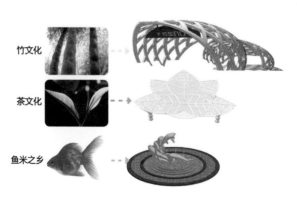

图 3 文化元素分析（来源：文科园林）

图 7 商业内街效果图（来源：文科园林）

图 8 商业外街效果图（来源：文科园林）

图 9 红云雕塑效果图（来源：文科园林）

图 11 屋顶花园水景效果图（来源：文科园林）

图 10 儿童活动空间效果图（来源：文科园林）

3. 第三阶段

项目景观设计定位为打造国际性、地标性、文化性、可识别性的景观，因

图 12 屋顶花园效果图（来源：文科园林）

此，我们通过解析当地的人文历史与周边环境，汲取了建筑的"竹"这一建筑语言，最终形成了"金斗银河，恒运大成"的设计主题。"金"代表财富、商业、地位；"斗"代表日进斗金；"银河"寓意商业人流、水系源源不断；"恒"代表永恒、恒大；"运"喻示财运红日，红红火火；"大"代表地标项目、大器天成；"成"为诚信、成功之愿。

项目设计以打造大气简约的现代主义景观为主，根据名噪一时的"小秦淮"的历史背景，将"银河"概念融入景观之中，沿景观轴线贯穿其中，塑造出繁华、富贵的大都市综合体形象。为突出景观的可识别性，我们重点打造了四大节点景观，加强内街与外街的景观展示面效果，并通过提炼当地的文化特色，将鱼文化、茶文化、宣纸文化等景观语言，与建筑形态相结合，设计出系统性的景观元素，展示出景观场所丰厚的文化内涵，提升了项目的整体品质和景观的可读性，营造出繁华、现代的金斗银河的景观愿景。 🌸

图 13 下沉广场效果图（来源：文科园林）

作者简介：
原雪刚，出生于 1981 年 10 月，男，现任深圳文科园林股份有限公司景观规划设计院设计总监。

附文 EPILOGUE

论设计创造价值

李从文 LI Congwen

价值是谁创造的？

马克思说劳动创造了价值，马克思没有说清楚，劳动的哪个环节创造了价值。笔者认为，低端的可替代的劳动创造不了多少价值，它们只能形成劳动力成本的转移，真正创造价值的是创意设计。创意也是设计的一部分，也就是说，设计创造价值。

设计一种体制，可以创造无穷的价值。邓小平先生是中国改革开放的总设计师，他设计了中国改革开放的宏伟蓝图，所以，改革开放以来，国家和人民创造了无穷的财富。邓小平的设计是大手笔的设计，这种设计，用现在时髦的话说，叫做"顶层设计"。没有这种设计，再拼命地工作也无法创造财富，在体制约束的前提下，劳动不能创造价值。在改革开放之前，在错误的方针指导下，许许多多的劳动毫无价值，甚至毁灭了价值。

在改革开放的总格局下，顶层设计创造无限价值。十八届三中全会提出的一系列顶层设计的构想和指导意见，极大地促进了国家生产力水平的提高，从而创造巨大的财富和价值。

以上都是从宏观层面论述设计创造价值，从微观角度来看，也是设计在创造价值。

产品设计创造价值。比尔盖茨设计了微软产品，成就了全球的首富传奇。乔布斯设计了苹果的一系列产品，从而造就了全球最高市值的上市公司。

商业模式的设计创造价值。马云设计了阿里巴巴的商业模式，马化腾设计了腾讯的商业模式，他们都创造了超额的价值。

为苹果代工的富士康等企业是否创造了财富？他们只是创造了劳动力的剩余价值，形成劳动力成本的转移，并没有真正地创造财富和价值。

高科技企业如此，传统的行业呢？比如房地产行业。

房地产公司本身不生产一砖一瓦，他们只是整合了资源，但是房地产的价值是由谁创造的？我们认为，其价值是由所有设计人员创造的。地产项目的设计包

图1 辽宁普兰店市鞍子河景观规划设计效果图（来源：文科园林）

图2 广东佛山市绿岛湖别墅区景观设计效果图（来源：文科园林）

图3 美丽·泽京（长寿）景观设计效果图（来源：文科园林）

图4 四川自贡市恒大名都景观设计效果图（来源：文科园林）

图5 广东清远恒大世纪旅游城园林景观实景图（来源：文科园林）

括规划设计、建筑设计、景观设计等各个方面。

我们知道，房地产的地段是与生俱来的，我们不可能改变。但同样地段的房子，其价值取决于其品质。而品质的差异主要取决于两个方面，一方面是它的建筑结构是否合理，其建筑立面是否美观；另一方面就是它的园林景观是否漂亮。以上两方面的决定性因素都在于设计，而园林景观设计在房地产价值中起到越来越重要的作用。

景观设计是如何创造房地产的价值的？我们知道，园林景观的品质主要取决于景观设计水平，施工的细节是否完美固然重要，但是若没有良好的景观设计水平，施工效果是很难出来的。没有很好的设计，就不会有很好的产品。

我们来分析一下房地产的价值构成：

房地产的价值＝土地成本＋创意设计成本＋建筑成本＋配套工程成本＋税费＋资金成本＋管理费用和销售费用＋房地产价值溢价（或抑价）。

以上等式可以简略如下：

房地产的价值＝土地成本＋房地产建设成本＋房地产价值溢价（或抑价）。

一般而言，土地成本和房地产建设成本是相对比较确定的，它们在房地产产品上体现的价值只是成本的转移，而这些转移能否实现，取决于产品的品质是否得到了保证。从上式我们可以看出，决定房地产价格的因素，往往取决于房地产的价值溢价（或抑价）。

下面我们再来分析一下影响房地产价值溢价（或抑价）的有哪些因素。首先，当然是市场需求状况。显然，市场供不应求，房地产会溢价；供过于求，房地产会抑价。其次，房地产所处的地段。这点也无需细说，地段好的房地产会产生更多的溢价。事实上地段也决定了房地产的需求水平，地段通过需求水平体现自身的价值。第三，应该就是房地产本身的品质了。品质越好，价值会越高；相反，品质越差，价值会降低。而房地产本身的品质主要是由设计决定的。规划设计、建筑设计、景观设计，构成了创造房地产品质和价值的核心要素。

以上三个方面，前面两方面，是不以人的意志为转移的，它取决于宏观经济环境和房地产本身固有的特征，它们构成了房地产的溢价，或者抑价；而第三点，房地产本身的品质，则往往是由人来决定的，这里的"人"包括房地产的业主、建设者和设计者，最重要的是设计者。

图6 安徽淮南联华金水城园林景观实景图（来源：文科园林）

图7 广东东莞万科金域松湖园林景观实景图（来源：文科园林）

图8 重庆金碧天下园林景观实景图（来源：文科园林）

笔者从事的是景观设计行业。园林景观是房地产建设过程的最后一道工序，在房地产品质构成中举足轻重。一个优良的园林景观环境，会给小区房地产带来巨大的正面效应，形成房地产巨额的升值；相反，一个低质的小区环境，会给房地产带来负面效果，给房地产带来抑价效应。据简单测算，一般来说，在一定的价格区间范围内，开发商在园林景观上每投入一个单位的成本，会形成五倍的收益回报。而景观设计水平往往是园林景观效果最重要的决定性因素。从这个意义上来说，景观设计创造了房地产的价值。

同样的资金投入，未必会产生相同的品质效果。更甚的是，有时高的资金投入，景观效果却差强人意，而有些园林景观资金投入并不很高，但景观效果却非常的好。这种差异产生的主要原因就是园林设计水平。从这个方面来说，好的设计产生更高的园林景观性价比，它创造了房地产的超额价值；而低劣的景观设计会产生更低的园林景观性价比，它会毁灭房地产的价值。

景观设计如此，规划设计、建筑设计亦然。不仅房地产的价值由设计者的设计水平决定，从大的方面来说，国家的经济水平、城市土地的价值、城市的品位都是由设计者的设计水平决定的；从小的方面来说，企业的价值、工业品的价值、服务产品的价值也是由设计水平决定的。一种可以大批量生产的产品，或者可以不断复制的产品，其设计创造的价值更是非常惊人的。

从以上分析中，我们可以得出结论，资金与成本的转移形成了产品的基准价格，供需水平形成了产品的溢价（或者抑价），而设计创造了产品的价值。用公式表示如下：

产品的价值 = 资金转移形成的成本 + 供求关系形成的溢价（或抑价）+ 设计创造的价值。

我们明白了设计创造价值的原理，就可以将更多的时间投入到创意设计中去，让设计的经济成果在劳动报酬中得到体现。设计创造了价值，让我们充分尊重创意设计人员的劳动成果，更好地认识产品的价值构成，从而更好地把握人类社会的未来。

作者简介：

李从文，出生于1969年10月，男，现任深圳文科园林股份有限公司董事长。

图书在版编目（CIP）数据

文化造园 / 孙潜主编 . -- 北京：中国林业出版社 ,2014.6

ISBN 978-7-5038-7485-7

Ⅰ . ①文… Ⅱ . ①孙… Ⅲ . ①景观 – 园林设计 – 作品集 – 中国 – 现代 Ⅳ . ① TU986.2

中国版本图书馆 CIP 数据核字 (2014) 第 092814 号

主　　编：孙　潜

副 主 编：程智鹏　　鄢春梅

编　　委：张信思　　姚建成　　郑建平　　谢良生　　陶　青　　周　庆

　　　　　李从文　　田守能　　高育慧　　夏　靖　　黄　亮　　吴文雯　　林瑞君

中国林业出版社·建筑与家居出版分社

特约编辑：曹　娟

责任编辑：李　顺　　唐　杨

装帧设计：米度设计机构

出版咨询：（010）83143569

出　　版：中国林业出版社（100009 北京西城区德内大街刘海胡同 7 号）

网　　站：http://lycb.forestry.gov.cn/

印　　刷：北京卡乐富印刷有限公司

发　　行：中国林业出版社

电　　话：（010）83143500

版　　次：2015 年 5 月第 1 版

印　　次：2015 年 5 月第 1 次

开　　本：889mm×1194mm 1 / 16

印　　张：15

字　　数：200 千字

定　　价：198 .00 元